全国高职高专教育建筑工程技术专业新理念教材

# 建筑钢结构制作与安装

季荣华
吴东锋　主　编

田江永　副主编
侯小伟　主　审

同济大学 出版社
TONGJI UNIVERSITY PRESS

## 内 容 提 要

本教材结合高职高专教育特点，根据现行国家相关规范、标准和技术规程等编写而成。在保证理论知识系统性和完整性的前提下，教材以项目案例的形式组织编写，突出了实践性和综合性。

本书分为6个单元，主要包括：钢结构施工详图绘制与审查、钢结构焊接工艺、钢构件工厂制作、单层钢结构厂房安装、大跨度桁架钢结构安装和多、高层钢结构安装等内容。教材收录了框架钢结构、实腹式和格构式单层工业厂房施工图，可供学生进行项目训练使用。

本书可作为高职高专建筑工程技术专业钢结构工程及土建类相关专业的教材，同时可作为成人教育及相关职业岗位培训教材，也可作为从事钢结构工程及相关项目工程技术人员的参考资料或自学用书。

### 图书在版编目（CIP）数据

建筑钢结构制作与安装/季荣华，吴东锋主编. --上海：
同济大学出版社，2012.8
全国高职高专教育建筑工程技术专业新理念教材
ISBN 978－7－5608－4914－0

Ⅰ．①建… Ⅱ．①季…②吴… Ⅲ．①钢结构－结构
工程－工程施工－高等职业教育－教材 Ⅳ．①TU391

中国版本图书馆CIP数据核字（2012）第144168号

全国高职高专教育建筑工程技术专业新理念教材

## 建筑钢结构制作与安装

季荣华 吴东锋 主编 田江永 副主编 侯小伟 主审
责任编辑 马继兰 责任校对 徐春莲 封面设计 陈益平

出版发行 同济大学出版社
（www.tongjipress.com.cn） 地址：上海市四平路1239号 邮编：200092 电话：021－65985622）
经　　销 全国各地新华书店
印　　刷 上海叶大印务发展有限公司
开　　本 787 mm×1092 mm 1/16
印　　张 19.25
字　　数 480 000
版　　次 2012年8月第1版 2012年8月第1次印刷
书　　号 ISBN 978－7－5608－4914－0

定　　价 39.00元

# 编　委　会

"十一五"期间，中央财政投入 100 亿元专项资金支持职业技术教育发展，其中包括建设 100 所示范性高职学院计划，各省市也纷纷实施省级示范性高职院校建设计划，极大地改善了办学条件，有力地促进了高等职业教育由规模扩张向内涵提升的转变。

但是，我国高等职业教育的办学水平和教学质量有待迅速提高。课程、教材、师资等"软件"建设明显滞后于校园、设备、场地等"硬件"建设。课程建设与教学改革是提高教学质量的核心，也是专业建设的重点和难点。在我国现有办学条件下，教材是保证教学质量的重要环节。用什么样的教材来配合学校的专业建设、来引导教师的教学行为是当前大多数院校翘首以盼需要解决的课题。

同济大学出版社依托同济大学在土木建筑学科教学、科研的雄厚实力，借助同济大学在职业教育领域研究的领先优势，组织了强有力的编辑服务团队，着力打造高品质的土建类高等职业教育教材。他们按照教育部教高［2006］16 号文件精神，在全国高职高专土建施工类专业教学指导分委员会的指导下，组织全国土建专业特色鲜明的高职院校的专业带头人和骨干教师，分别于 2008 年 7 月和 10 月召开了"全国高职高专教育建筑工程技术专业新理念教材"研讨会，在广泛交流和充分讨论的基础上，确立了教材编写的指导思想。主要体现在以下四个方面：

**一、体系上顺应基于工作过程系统的课程改革方向**

我国高等职业教育课程改革正处于由传统的学科型课程体系向工作过程系统化课程体系转变的过程中，为了既顺应这一改革发展方向又便于各个学校选用，这套教材又分为两个系列，分别称之为"传统教材"和"新体系教材"。"传统教材"系列的书名与传统培养方案中的课程设置一致，教材内容的选定完全符合传统培养方案的课程要求，仅在内容先后顺序的编排上会按照教学方法改革的要求有所调整。"新体系教材"则基于建设类高职教育三阶段培养模式的特点，对第一阶段的教学内容进行了梳理和整合，形成了"建筑构造与识图"、"建筑结构与力学"等新的课程名称，或在原有的课程名称下对课程内容进行了调整。针对第二阶段提高学生综合职业能力的教学要求编写了系列综合实训教材。

**二、内容上对应行业标准和职业岗位的能力要求**

建筑工程技术专业所对应的职业岗位主要有施工员、造价员、质量员、安全员、资料员等，课程大纲制定的依据是职业岗位对知识和技能的要求，即相关职业资格标准。教材内容组织注重体现建筑施工领域的新技术、新工艺、新材料、新设备。表达方式上紧密结合现行规范、规程等行业标准，忠实于规范、规程的条文内容，但避免对条文进行简单罗列。另外在每章的开始，列出本章所涉及的关键词的中、英文对照，以方便学生对专业英语的了解和学习。

### 三、结构上适应以职业行动为导向的教学法实施

职业教育的目的不是向学生灌输知识，而是培养学生的职业能力，这就要求教师以职业行动为导向开展教学活动。本套教材在结构安排上努力考虑到教学双方对教材的这一要求，采用了项目、单元、任务的层次结构。以实际工程作为理论知识的载体，按施工过程排序教学内容，用项目案例作为教学素材，根据劳动分工或工作阶段划分学习单元，通过完成任务实现教学目标。目的是让学生得到涉及整个施工过程的、与施工技术直接相关的、与施工操作步骤和技术管理规章一致的、体现团队工作精神的一体化教育，也便于教师运用行动导向教学法，融"教、学、做"为一体的方法开展教学活动。

### 四、形式上呼应高职学生的学习心理诉求，接应现代教育媒体技术

针对高职学生的心智特点，本套教材在表现形式上作了较大的调整。大幅增加图说的成分，充分体现图说的优势；版式编排形式新颖；装帧精美、大方、实用。以提高学生的学习兴趣，改善教学效果。同时，利用现代教育媒体技术的表现手法，开发了与教材配套的教学课件可供下载。利用视频动画解释理论原理，展现实际工程中的施工过程，克服了传统纸质教材的不足。

在同济大学出版社和全体作者的共同努力下，"全国高职高专教育建筑工程技术专业新理念教材"正在努力实践着上述理念。我们有理由相信该套教材的出版和使用将有益于高职学生良好学习习惯的形成，有助于教师先进教学方法的实施，有利于学校课程改革和专业建设的推进，并最终有效地促进学生职业能力和综合素质的提高。我们也深信，随着在教学实践过程中不断改进和完善，这套教材会成为我国高职土建施工类专业的精品教材，成为我国高等职业教育内涵建设的样板教材，为我国土建施工类专业人才的培养作出贡献。

高职高专教育土建类专业教学指导委员会<br>
土建施工类专业指导分委员会<br>
**2009 年 7 月**

# 前　言

本教材编者结合高职高专教育特点，力求为师生提供与岗位能力相衔接的教学教材。在保证理论知识系统性和完整性的前题下，教材以项目案例的形式组织编写，突出了实践性和综合性，通过理论学习和项目训练，强化学生专业技能的培养。

本书根据现行国家相关规范、标准和技术规定，主要有《钢结构工程施工质量验收规范》（GB 50205—2001）、《钢结构工程施工工艺标准》（ZJQ00－SG－005—2003）、《建筑钢结构施工手册》、《建筑钢结构焊接技术规程》（JGJ 81—2002，J218—2002）、《门式刚架轻型房屋钢结构技术规程》（CECS102：2002）、《建筑现场临时用电安全技术规范》（JGJ 46—2005）、《建筑施工高处作业安全技术规范》（JGJ 80—1991）等。全书力求优化教材结构，体现精讲多练、理论联系实际的教学思路，在学生具备一定理论知识和基本技能的基础上（可配合其他基础课程），能结合工程项目进行实操训练，加强对理论知识的实际应用，全面培养学生的职业素质和职业能力，为零距离上岗打好基础。

本书分为 6 个单元，主要包括：详图审阅与材料准备、钢结构焊接工艺、钢构件工厂制作、单层钢结构厂房安装、多高层钢结构安装、大跨度桁架钢结构安装等内容。教材收录的工程施工图，可供学生进行项目训练。

本书为校企合作教材，由常州工程职业技术学院季荣华、江苏常虹钢结构有限公司吴东锋主编。编写分工如下：单元 1 至单元 3 由季荣华编写；单元 4 由常州工程职业技术学院田江永编写；单元 5 由成都航空职业技术学院余成影编写；单元 6 由常州工程职业技术学院顾艳阳、季荣华编写。全书由季荣华统稿和定稿，吴东锋进行技术校核。

本书由江苏常虹钢结构有限公司高级工程师侯小伟审阅。在教材编写过程中，徐州建筑职业技术学院孙韬提供部分资料；部分 CAD 节点图由常州工程职业技术学院杨波绘制；书中收录整理的部分案例来自参考书目，附录工程由江苏常虹钢结构有限公司提供；在此表示衷心的感谢和敬意。

由于编者水平有限，教材中难免有不妥之处，恳请读者批评指正。

编　者
2012 年 07 月

# 目　录

# 单元1
# 详图审阅
# 与材料准备

**单元概述**：框架结构、轻型门式刚架结构和大跨度桁架结构是钢结构中常见的结构类型。本单元首先进行这三种结构施工详图的分析和审阅，主要包括施工详图的阅读、节点连接审查、构件与材料统计，为钢构件加工做好准备，是钢结构施工前的准备环节。

**学习目标**：

1. 明确施工详图审查内容与目的，审阅施工详图。

2. 进行构件构成分析，明确加工要求。

3. 进行构件统计、做好材料准备。

**学习重点**：梁、柱节点连接构造；梁柱施工详图识读。

**教学建议**：本单元教学，宜结合工程项目组织任务的训练，采用教、学、练相结合的方式。配合多媒体、实物观摩进行钢结构构造和详图的学习，可用案例分析、图纸会审、模型校核等形式控制项目训练质量。

# 项目 1.1  审阅钢结构施工详图

## 第一部分  项目应知

### 1.1.1  钢结构施工阶段的划分

建筑钢结构近年来在我国得到蓬勃发展，从一般钢结构发展到高层和超高层结构、大跨度空间钢结构、预应力钢结构、钢-混凝土组合结构、轻型钢结构等。从材料、制作、安装到成品，对不同的结构都有不同的要求，如何科学地考虑各种因素，合理安排和组织以保证工程质量、安全生产、降低成本，这是钢结构工程师们所考虑和关心的问题。

钢结构项目施工分为制作和安装两个阶段。这两个阶段往往是在两个不同的单位分别进行。前一阶段是钢结构的各种单体（或组合体）构件的制作，是提供钢结构产品的商品化阶段；后一阶段是将各个单体（或组合体）构件组合成一个整体。其除有商品化的性质外，所提供的整体建筑物将直接投入生产使用，安装上出现的质量问题有可能成为永久性缺陷，同时钢结构安装工程具有作业面广，工序作业点多，材料、构件等供应渠道多，手工操作量大，交叉立体作业复杂，工程规模大小不一以及结构形式变化不同等特点，因此，工程技术与组织工作更为重要。

钢结构设计制图分为设计图和施工详图两个阶段。钢结构设计图应由具有相应设计资质的设计单位完成。设计图是提供编制钢结构施工详图（也称钢结构加工制作详图）的单位作为深化设计的依据。所以钢结构设计图在内容和深度方面应满足编制钢结构施工详图的要求。主要包含以下内容：①图纸目录；②设计总说明；③柱脚锚栓布置图；④纵横立面图；⑤结构布置图；⑥节点详图；⑦构件图；⑧钢材及高强度螺栓估算表等内容。设计图必须对设计依据、荷载资料、建筑抗震设防类别和设防标准、工程概况、材料选用和材料质量要求、结构布置、支撑设置、构件选型、构件截面和内力以及结构的主要节点构造和控制尺寸等均应表示清楚，注明编制钢结构施工详图的人员，明确设计意图，以便供有关主管部门审查。

钢结构施工详图通常由钢结构制造公司根据设计图编制，由具有钢结构专项设计资质的加工制作企业完成，或委托具有该项资质的设计单位完成。在加工厂进行详图设计，优点是能够结合工厂条件和施工习惯，便于采用先进的技术，经济效益较高。

钢结构详图是指导构件制造和安装的技术文件。钢结构详图设计是继钢结构施工设计之后的深化设计阶段，在此阶段中，设计人员根据施工图提供的构件布局、构件形式、构件截面及各相关数据和技术要求，严格遵守《钢结构设计规范》的规定，对构件的构造予以完善，同时通过焊缝连接或螺栓连接的计算，以确定某些构件焊缝的长度和连接板的尺寸；进而按照《钢结构工程施工质量验收规范》的标准，根据制造厂的生产条件和便于施工的原则，确定构件中连接节点的形式，并考虑运输部门、安装部门的运输和安装能力，确定构件的分段；最后在《建筑制图标准》规定的基础上，运用钢结构制图专门的工程语言，将众多构件的整体形象，构件中各零件的加工尺寸和要求以及零件间的连接方法等，详尽地介绍给构件制作人员，也将各构件所处的平面和立面位置以及构件之间的连接方法详尽地介绍给构件安装人员，以便制造和安装人员通过图纸，即能容易地领会设计意图和要求，并贯穿到工作中去。

一项钢结构工程的加工制作，一般应遵循下述图 1-1 工作顺序：

图 1-1　钢结构制作顺序

## 1.1.2　施工详图组成

通常一套施工图会包括以下 6 部分内容：

（1）图纸目录。

（2）钢结构设计总说明。

（3）构件布置。依据钢结构设计图，以同一构件系统（如屋盖结构、刚架结构、吊车梁、工作平台等）为绘制对象，绘制各系统的平面布置和剖面布置图。

（4）构件详图。依据设计图及布置图中的构件编制，主要供构件加工厂加工并组装构件用，也是构件出厂运输的单元图。

（5）安装节点图。详图中一般不再绘制节点详图，仅当构件详图无法清楚表示构件相互连接处的构造关系时，可绘制相关的节点图。

（6）零件图。有时也称加工工艺图。图纸表达的是在加工厂不可拆分的构件最小单元，如板件、型钢、管材、节点铸件、机加工件和球节点等。图纸直接由技工阅读并据此下料放样。

通常零件图用于下料，构件图用于零件的装配、编号、发运，布置图用于安装。

钢结构详图设计还应准确地编制构件表和材料表，以便施工预算人员根据表中提供的各种数据和详图表达的构件加工难易程度，迅速地编制施工图预算。另外，业主可以通过阅读施工详图，很快地了解构件质量要求及施工的难度。钢结构详图在业主和总包商之间架起了一座桥梁，起到了沟通作用。

## 1.1.3 施工详图审阅步骤

### 1. 阅读钢结构工程概况

对于一套完整的钢结构施工图，首先确定绘图的对象是什么结构类型，按其结构特点来看。通常从上往下看，从左往右看，由外向里看，由大到小看，由粗到细看，图样与说明对照看，建施与结施结合看。

1）通常的识图步骤（以框架结构为例）

（1）首先看设计总说明、房屋平面图、立面图、剖面图，了解建筑的总体布局和结构特点。

（2）看基础平面图、锚栓布置图，了解基础类型、埋深及构造。

（3）看结构平面布置图，了解结构构件类型和布置。

（4）结合平面图和构件详图，识读和想象各构件形式及构造特点。

（5）进行梁、柱、支撑连接拼图，明确连接方法及构造要求。

（6）在上述基础上细读每张图，弄清每根构件的外形尺寸、构造组成、零件拼装要求、安装定位准线。

2）读图注意事项

（1）施工图是由投影原理绘制的，应用投影规律识读和分析布置图和构件图。

（2）注意看图纸上的图例和文字说明，弄清各种连接符号和位置关系。

（3）从粗到细看，注意审核各部分的尺寸关系。

（4）培养三维空间想象能力，理解构件在空间的构造连接情况。

（5）可进行构件或材料的统计工作，以帮助理顺整套施工图。

### 2. 审阅钢结构施工详图

钢结构施工详图关键在于"详"。图纸是直接下料的依据，故尺寸标注要详细准确，图纸表达要"意图明确"、"语言精练"，用尽量少的图形，清楚地表达设计意图。不同结构类型的施工详图会有一定变化，多层框架及门式刚架结构施工详图的主要内容有：

（1）施工详图总说明：施工详图总说明是对加工制造和安装人员要强调的技术条件和提出施工安装的要求，主要内容有结构选用钢材的材质和牌号要求、焊接材料的材质和牌号要求或螺栓连接的性能等级和精度类别要求、构件在加工制作过程和安装过程中的技术要求和注意事项、对构件质量检验方法和等级要求、钢结构除锈和防腐防火要求等。

（2）锚栓布置图：锚栓布置图确定每个预埋件的平面位置和标高，布置图上标有预埋件编号，为确保预埋件安装过程中位置和标高不发生移位，通常用锚栓支架进行固定，或采用角钢焊接固定锚栓位置。

（3）柱脚平面布置图：柱脚平面布置图是反映柱埋件在建筑平面的位置。用粗实线反映柱脚的截面形式；根据柱脚断面尺寸及地脚螺栓的不同，给柱脚进行不同的编号；说明柱脚中心线与轴线的关系尺寸，给柱子定位。

（4）结构布置图：绘制结构构件的布置情况，构件以粗实线或简单外形表示，并对所有构件进行编号，按类型对构件进行依次编号；在布置图中标明各构件的轴线关系或定位尺寸；布置图中有构件表和相关设计说明，构件表内列出了所有的构件信息。

（5）隅撑或支撑平面布置图：轻钢结构为清楚表达平面布置图中的部分构件，单独对某类构件用平面布置图表示，如隅撑或支撑平面布置图。

（6）支撑立面布置图：在框架立面图中，表示出钢支撑的立面布置形式及支撑杆件中心线定位尺寸；编注钢支撑构件型号；引出相关节点详图的编号索引。

（7）安装节点图：如主、次结构相交处连接关系和安装位置详图、柱脚及锚栓节点处构造位置详图。

（8）构件详图：按类型依次绘制各构件的加工详图，绘制构件的平、立、侧三视图形，或附若干剖面以清楚表达各零部件及其组装关系；对构件中的零件编号，可按一个项目或施工流水段进行整体编号，也可以构件为单元单独编号；附材料表及加工安装说明等。绘制桁架式构件时，应放大样确定构件组合、端部尺寸和节点板尺寸。

（9）零件详图：某些零件需放大样确定，如节点板、端板或开孔板；有些曲面结构，需对结构进行所有零件详图的绘制，以便于加工时曲板放样下料用。零件需整理材料表，包括零件的规格、材料和数量。

**3. 审阅构件布置图**

1）构件布置图是反映构件在结构中的位置，在布置图中标明各构件组合关系及其定位尺寸。构件需按不同类型分别编号，如分设主梁、次梁、支撑等；同一类型构件按不同构造形式、几何尺寸、与其他构件连接形式、在结构中的重要程度依次编号。

2）构件编号的原则

对于结构形式、构造组成、几何尺寸、材料截面、零件加工、焊脚尺寸和长度完全一样的可以编为同一个号，否则应另行编号，如附录 D 钢结构厂房中，GJ-1、GJ-2 及 GJ-3 的区别，只在于是否与支撑、抗风柱之间存在连接板，在钢结构设计图中，这三种刚架可编为同一编号，而在施工详图中，因加工成品间存在细微差别而分别编号。

对超长度、超高度、超宽度或箱形构件，若需要分段、分片运输时，应将各段、各片分别编号。

一般选用汉语拼音字母作为编号的字首，编号用阿拉伯数字按构件主次顺序进行标注，而且只在构件的主要投影面上标注一次，必要时再以底视图或侧视图补充投影，但不应重复。各类构件的编号必须连续，例如上、下弦系杆，上、下弦水平支撑等的编号必须各自按顺序编号，不应出现反复跳跃编号。

3）构件编号的方法

（1）对于厂房柱网系统的构件编号，柱子是主要构件，柱间支撑次之，故先编柱子编号，后编支撑编号；对于高层钢结构，先编框架柱，后编框架梁，然后次梁及其他构件。

（2）平面布置图：先编主梁——先横向，从左至右，后竖向，自下而上；后编次梁——先横向，从左至右，后竖向，自下而上。

（3）立面布置图：先编主要柱子，后编较小柱子；先编大支撑，后编小支撑。

（4）对于屋盖体系：先下弦平面图，后上弦平面图。依次对屋架、托架、垂直支撑、系杆和水平支撑进行编号，后对檩条及拉条编号。

（5）构件表：在结构布置图中必须列出构件表，构件表中要标明构件编号、构件名称、构件截面、构件数量、构件单重和总重，以便于阅图者统计。

**4. 审阅构件详图**

构件详图首先提供给加工厂进行构件加工，再运至工地拼装成形。施工详图按不同规格绘制构件详细构造，以满足工厂制作加工和现场施工安装的要求。通过制图将构件的整体形象、构件中各零件的规格、零件间的连接方法等详尽地介绍给构件制作人员；将构件所处的平面和立面位置，以及构件之间、构件与外部其他构件之间的连接方法等详尽地介绍给构件的安装人员。

1）图形简化：为减少绘图工作量，尽量将图形相同和图形相反的构件合并画在一个图上。若构件本身存在对称关系，可以绘制构件的一半，如附录 C 中 GZ-F5，位于Ⓕ轴与⑥轴、⑦轴、⑫轴、⑬轴相交处，共 4 榀，正反各 2 榀。

2）绘制构件详图时尽量将同一构件集中绘制在一张或几张图上，图形排放应满而不挤，井然有序，详图中应突出主视图位置，剖面图放在其余位置，图形要清晰、醒目，并符合视觉比例要求。图形中线条粗、细、实、虚线要明显区别，尺寸线粗细与图形大小要适中，如附录 D 中 Z5-1 主视图及其 1-1～4-4 剖面图。

3）构件详图应依据布置图的构件编号按类别按顺序绘制，构件主投影面的位置一般与布置图一致，并标注定位轴线；要审阅构件主投影面上节点构成、零件的加工尺寸、装配定位尺寸和连接形式。

4）零件编号：可采用整体编号，也可以构件为单位单独编号。

整体编号：可按先主结构，后次结构，再围护结构的顺序编号；先主要构件，后次要构件；先主要部件，后连接板件，再加劲板进行编号。整套图没有重复的编号。

单一构件的零件编号：以构件为单位，每个构件的零件均从头开始编号，如附录 C。

① 对多图形的图面，如门式刚架，按从左至右，自下而上的顺序编零件号。

② 先对主材编号，后其他零件编号，如附录 C 中 GKZ1，①②号为柱身板，先编，再从下向上对各个板件编号，梁柱连接处对前后左右 4 个牛腿进行编号。

③ 先型材，后板材、钢管等，先大后小，先厚后薄，如附录 C 中钢柱 Z5-1，①号为中翼缘 H 型钢，属型材，先编号。

④ 两根构件相反，只给正的构件（零件）编号。

⑤ 对称关系的零件应编为同一零件号。

⑥ 当一根构件分画于两张图上时，应视作同一张图纸进行编号。

5）材料表

材料表是一张详图纸上构件所用全部材料的汇总表格，包括零件编号、截面规格、零件数量及重量。

材料表中所标零件尺寸为加工后的尺寸，弯曲零件的长度，按重心线计算。加工时需加放余量；零件数量指同一构件相同编号零件的总数量，包括视轴对称布置的零件数；重量包括单个零件的重量、相同零件的重量和及一根构件所有零件重量的总和。

备注栏主要注明对零件材质要求或加工要求。

6）说明：说明是钢结构详图中对某些钢构件吊装、加工要求的文字描述，主要阐述每类构件加工制造方面的工艺要求。

**5. 审阅零件详图**

对于简单结构的零件图，有时可与构件图结合在一起绘制，如附录 C 构件详图中只针对较复杂的零件进行图形放样,对简单零件不予绘制;但对较复杂的结构,尤其是整体编号的零件,常要求绘制所有零件的详图。

零件图是下料的依据,应依据编号按顺序绘制详图,绘制零件投影图并标注加工后的直线尺寸、展开尺寸或弧线尺寸,注明开孔定位尺寸及孔规格;对特殊板件,如弯曲板件,可用平面图结合立面图表示清楚。

零件号与构件详图上零件编号一致;截面尺寸为加工后的尺寸,下料时尚须增加加工余量和焊接收缩量。若板材填写板厚×板宽×板长,如 –12 ×749 ×2986。

零件数量。不同构件可能有相同的零件,将所有构件相同的零件集中统计,标注所属构件号及相应零件数量。

重量计算。单重:指单个零件的重量;总重:指所有构件中该零件重量的总和。

## 1.1.4　施工详图审查

加工前,要检查图纸设计的深度能否满足施工的要求,核对图纸上构件的数量和安装尺寸,检查构件之间有无矛盾等;另一方面也对图纸进行工艺审核,即审查在技术上是否合理,构造上是否便于施工,图纸上的技术要求按加工单位的施工水平能否实现等。做好变更签证的手续,即详图审查。

### 1. 图纸审查的主要内容

(1) 设计文件是否齐全,设计文件包括设计图、施工图、图纸说明和设计变更通知单等。

(2) 构件的几何尺寸是否正确,零部件组装尺寸是否齐全。

(3) 相关构件的尺寸是否正确。

(4) 节点连接构造是否清楚,是否符合国家标准。

(5) 构件表内构件的数量是否符合工程的总数量。

(6) 结构用材料是否符合规范要求,在力学性能和化学成分上有无特殊要求。

(7) 构件之间的连接形式是否合理。

(8) 板件坡口要求是否明确,构件分段是否合理。

(9) 焊接要求是否合理、焊接符号是否齐全。

(10) 结合本单位的设备和技术条件考虑,能否满足图纸上的技术要求。

(11) 图纸的标准化是否符合国家现行规范。

### 2. 图纸审查后要做技术交底准备的主要内容

(1) 根据构件尺寸考虑原材料对接方案,明确接头在构件中的位置。

(2) 考虑总体的加工工艺方案及重要的工装方案。

(3) 对构件结构不合理处或施工有困难的地方,要与需方或者设计单位做好变更签证的手续。

(4) 列出图纸中的关键部位或者有特殊要求的地方,加以重点说明。

## 第二部分　项目训练

### 1. 训练目的

通过训练,熟悉钢构件详图的组成和构造特点,分别针对框架结构、厂房结构、桁架结构施工图的组成特点进行分析。

2. 能力标准及要求

能够对不同类型结构的构造组成进行分析，明确各类结构加工和安装的特点。

3. 活动条件

综合实训室及构件生产车间。

4. 训练步骤提示

（1）收集并整理工程施工图。
（2）识读工程施工详图，审核图纸中存在的问题。
（3）审读构件施工详图，明确构件各部分组成及构造要求。

5. 项目实施

# 训练 1-1 施工详图审读

**【案例 1-1】** 框架结构施工详图审读

框架钢结构是钢结构中的一种常用结构形式，主要由框架柱、框架梁、框支撑和组合楼盖组成，为便于工厂加工、构件运输和安装，钢柱通常以 2—4 层为一加工单元，钢梁、钢支撑以一节间为单元，钢构件施工详图即依据划分单元来绘制。

仔细阅读某套框架钢结构施工图，回答以下问题：

（1）工程中选用的钢材分别为哪几种？哪些构件可直接采购相关型材进行二次加工？
（2）工程中选用的焊接方法有哪些？分别采用哪些焊接材料？
（3）工程共有几层？说出其总高、总长和总宽，各楼层的结构标高是多少？
（4）工程的基础类型是什么？其与钢结构的连接采用什么方法？
（5）工程柱采用什么形式？共有几种规格？
（6）仔细看各层结构平面图，说出每层共有几种梁编号？分别是什么规格？
（7）从构件图中能否看出梁、柱节点采用哪些连接方法？是铰接还是刚接？
（8）仔细阅读柱施工详图，分析柱脚、悬臂梁段或连接板、柱头部分的连接构造，说明各部分都有哪些零部件组成，对应编号是什么？
（9）选择一柱施工详图（如附录 C 中钢柱 Z5-1 详图、GKZ1 详图），结合投影图和材料表，找出所有零件位置，查看编号、尺寸和数量是否正确。
（10）尝试用 CAD 绘制构件中所有零部件详图。

**【案例 1-2】** 门式刚架结构施工详图审读

请结合门式刚架轻型房屋钢结构图集：02SG518-1，04SG518-2，04SG518-3，或参考附录 D。

1. 门式刚架的结构特点

门式刚架轻型钢结构主要指承重结构为单跨或多跨实腹门式刚架、具有轻型屋盖和轻型外墙、可以设置起重量不大于 20t 的中、轻级工作制桥式吊车或 3t 悬挂式起重机的单层厂房钢结构。主要由门式刚架系统、柱间支撑和屋盖支撑系统、吊车梁系统及屋盖和外墙系统组成。

1）门式刚架系统

门式刚架的结构形式是多种多样的。按构件体系分，有实腹式与格构式；按截面形式分，有等截面与变截面；按结构选材分，有普通型钢和薄壁型钢。实腹刚架的截面形式一般为 H 形；格构式刚架的整体截面为矩形或三角形。

通常门式刚架的横梁与柱为刚接，柱脚与基础宜采用铰接；当水平荷载较大，檐口标高较高或刚度要求较高时，柱脚与基础可采用刚接。主刚架斜梁下翼缘和刚架柱内翼缘的平面外稳定，由与檩条或墙梁相连接的隔撑保证；为便于工厂加工、构件运输和安装，通常钢柱整体加工，屋盖梁分为若干单元，运至现场后进行拼装。

2）支撑系统

在每个温度区段或者分期建设的区段中，应分别设置能独立构成空间稳定结构的支撑体系，包括柱间支撑和屋盖支撑。

柱间支撑的间距应根据房屋纵向柱距、受力情况和安装条件确定。当无吊车时宜取 30～45m；当有吊车宜设在温度区段中部，或当温度区段较长时宜设在三分点处。且间距不宜大于 60m。当建筑物宽度大于 60m 时，在内柱列宜适当增加柱间支撑。房屋高度较大时，柱间支撑要分层设置。

在设置柱间支撑的开间应同时设置屋盖横向支撑以组成几何不变体系。屋盖横向支撑宜设在温度区间端部的第一或第二个开间。当端部支撑设在第二个开间时，在第一开间的相应位置应设置刚性系杆。

门式刚架轻型房屋钢结构的支撑，可采用带张紧装置的十字交叉圆钢支撑，圆钢与构件夹角应在 30°～60°范围内，宜接近 45°。当设有起重量不小于 5t 的桥式吊车时，柱间支撑宜采用型钢支撑。在温度区段端部吊车梁以下不宜设置柱间刚性支撑。

刚架转折处（单跨房屋边柱柱顶和屋脊，以及多跨房屋某些中间柱顶和屋脊）应沿房屋全长设置刚性系杆。通常在刚架斜梁间设置钢管、H 型钢或其他截面形式的杆件，有时可用檩条代替。

3）屋盖及外墙系统

门式刚架轻型房屋钢结构体系中，屋盖应采用压型钢板屋面板和冷弯薄壁型钢檩条，常用卷边 C 形或 Z 形钢材，可采用隔热卷材做屋盖隔热和保温层，也可采用带隔热层的板材作屋面；外墙宜采用压型钢板墙板和冷弯薄壁型钢墙梁，也可采用砌体外墙或底部为砌体上部为轻质材料的外墙，称为有檩体系。檩条应用檩托与主刚架连接，为保证檩条的侧向稳定性，采用拉条和撑杆从檐口一端通长连接到另一端，连接每一根檩条。

单层厂房结构的连接节点有柱脚、牛腿、柱与屋面梁的连接及分段屋面斜梁间的连接节点。山墙处可设置由斜梁、抗风柱和墙架组成的山墙墙架，或直接采用门式刚架。

2. 门式刚架结构施工详图

1）门式刚架及山墙柱布置图：门式刚架的构件编号按自左向右的顺序编排。考虑到门式刚架与支撑间连接件的不同分别编号；山墙柱自下而上分别编号。

2）支撑布置图：分屋盖支撑布置图和柱间支撑布置图。屋盖支撑尽可能从构造设计上使各水平支撑几何尺寸统一，可编为一个号，刚架柱间支撑为一个编号，柱支撑分层时，分别编号，刚性檩条、脊檩、刚性系杆和隔撑根据各自的不同长度与构造分别编号，最后列出构件表。

3）檩条布置图：按设计图标注檩条、檩托、檩距，按檩条的不同长度和不同连接编制不同编号，首先从中间标准长度的檩条编号，然后编带悬挑长度的檩条，自下而上按顺序编，再编制刚性檩条和屋脊檩条，最后编制直拉条和斜拉条以及撑杆，圈出不同类型的安装节点，列出构件表，统计出各种构件的数量。

4）墙梁布置图：根据布置图按不同长度不同构造对墙梁进行编号，自下而上地编，先编纵向墙梁，后编山墙墙梁的编号；先编直拉条，后编斜拉条，最后给门柱和门梁编上号，列出构件表，统计好各种构件的数量。

5) 安装节点图：按具体情况绘制柱脚安装节点图，端部刚架柱顶处各构件连接关系图，水平支撑安装位置及与刚性檩条关系图，刚性檩条与刚架斜梁及山墙柱连接关系图，屋面斜拉条和撑杆与檐口刚性檩条关系图，屋脊处构件连接图，纵向墙梁与山墙梁的连接图，墙梁上斜拉条和直拉条安装位置关系图等。

6) 门式刚架详图：绘制深度满足工厂加工的要求，故各零件尺寸要准确，可采用放大样确定具体尺寸，如刚架柱顶附近连接的构件较多，必须保证构件间不相碰，并留有操作空间，刚架的端部要表示清楚与山墙柱、水平支撑、垂直支撑、柱间支撑及墙梁等的连接位置，材料表要详细以便下料。

门式刚架上各剖面是为表达各零件的具体尺寸及连接螺栓的排列方法、螺栓间距和螺栓孔大小，其间距应符合规范要求并考虑施拧时的可操作性，图中清楚表示焊缝的形式和焊脚尺寸，端板上的加劲肋设置非常重要，不能减少。

7) 支撑详图：刚性系杆传递压力，故端面连接竖板要满足稳定要求，不宜太薄，在满足构造要求的情况下，尽量短，直拉条和拉杆端部丝扣长度应考虑调节余地，斜拉条丝扣长度应垂直连接件。隔撑弯折一般为45°，通常用冷弯角钢，水平支撑端部连接板尺寸需经放大样决定，柱间支撑通常在工地先安装螺栓后焊接，要考虑端部不与其他零件相接触。

8) 山墙柱详图：山墙柱顶部靠斜梁一侧与斜梁连接要考虑适应斜梁挠度的变化，故螺栓孔开成椭圆形，外侧设置墙梁支托。柱间设支撑处需作开孔处理。

9) 檩条详图：檩条上应考虑檩托、直拉条、斜拉条、隔撑等与之连接时的螺栓孔设置位置和高度。

10) 墙梁详图：纵向墙梁平放在与刚架柱翼缘相连的支托上，应考虑与拉条、隔撑等连接时的螺栓孔设置，端部支承山墙墙梁的悬挑部分，连接会有一些变化；而山墙墙梁因悬挑长度不同和有斜坡的影响，也要注意其连接和长度。

【案例1-3】　桁架结构详图审读

采用型材或管材作为杆件，在杆件汇交处（节点）用焊缝连接而成的普通钢桁架，具有受力性能好、制造安装方便、取材容易、与支撑体系形成的屋盖结构整体刚度好、工作可靠、适应性强，因而在工业与民用建筑的屋盖结构中得到较广泛的应用，常见的有梯形和三角形屋架。

近年来不少大跨结构采用钢管桁架的结构形式，节点采用钢管之间直接相贯的焊接连接；管桁结构连接节点主要是由弦杆、腹杆交汇形成的各类节点。直接焊接管节点又称相贯节点，指在节点处主管保持连续，其余支管通过端部相贯线加工后，不经任何加强措施，直接焊接在主管外表的节点形式。当节点交汇的各杆轴线处于同一平面时，称为平面相贯节点，否则称为空间相贯节点。基本节点有Y形、X形、K形等形式。

与工业厂房结构类似，桁架结构屋盖通常由主桁架、次桁架、系杆、檩条组成。大跨度桁架结构施工详图包含支座预埋件平面布置图、屋面结构布置图、屋面檩条和拉条布置图、安装节点图、桁架详图、支撑详图、檩条、拉条详图等内容。

识读桁架结构施工图，尤其是桁架施工详图时，应注意如下问题：

1) 整榀桁架可根据制作、运输和安装要求划分若干段，在施工图中标明，制作时预先起拱处理。

2）构件详图先确定工作点，后绘制桁架的工作线，再将相应圆钢管按轴线布置上去。

3）支座高度、宽度与支座底板的大小、厚度、垫板的做法，预留孔径均由设计图确定，不得任意改小。

4）零件编号的原则为从上到下，从左到右，先钢管，后节点板，按顺序排列，由于图幅的限制，相关尺寸有的表达不清楚的，可将详图中零件单独放大绘制大样图，以便加工。材料表应根据零件编号的顺序列表，标注截面、零件长度、数量，每个零件的单重、总重、材质及该榀桁架的总重量，作为备料加工、运输、吊装和成本核算依据。

5）主管的外部尺寸不应小于支管的外部尺寸，主管的壁厚不应小于支管的壁厚，在支管与主管连接处不得将支管插入主管内；主管与支管或两支管轴线之间的夹角不宜小于30°；在有间隙的平面桁架K形、N形节点中，两腹杆管壁间的间距应大于两管壁厚之和。

6）螺栓连接的节点，其杆件和节点板的螺栓端距≥2d，螺栓的工作线应与桁架的几何尺寸重合，避免产生偏心。同时注意在一种构件中尽量采用相同的螺栓直径、孔距，减少构件及零部件编号。

7）放大样确定腹杆的长度及端部相贯线的形状、坡口角度；放大样确定节点板的尺寸及各杆件间的装配尺寸。

8）应注明节点板的尺寸和各杆件螺栓孔中心或中心距，以及杆件端部至几何中心线交点的距离（图1-2）。切割的板材，应标注各轴线段的长度和位置，弯折的板件应绘制其展开图。

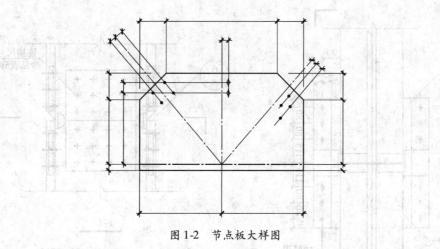

图1-2　节点板大样图

9）设计图中注明需要起拱的屋架、桁架，在详图设计时应按起拱后的桁架几何尺寸及杆件长度绘制详图。

设计规范规定：对跨度L≥15 m的三角形屋架或跨度L≥24 m的梯形或平行弦屋架，当下弦无曲折时宜起拱，拱度约为跨度的1/500。

梯形或平行弦桁架的起拱应保持桁架高度不变，竖杆垂直且高度不变，上弦坡度不变，上下弦仍为直线而在中点处拐折。

【项目训练】

　　［1-1］　审阅附录D厂房钢结构施工图，分析结构形式、构件布置及连接构造。

　　［1-2］　审阅附录C中各构件详图，用CAD绘制构件详图及所有零件图。

# 项目1.2   分析详图对构件加工工艺的要求

## 第一部分   项目应知

　　钢结构中的构件是由若干零件或部件拼接而成的,其连接方式是否合理直接影响到结构的使用寿命、施工工艺和工程造价;连接构造同构件本身一样重要。

　　框架梁与柱的连接宜采用柱贯通型。钢框架柱以2~4层为一节,先在加工厂制作,然后运往工地拼接。框架梁的安装单元为每跨1根。框架梁与框架柱之间的连接一般采用刚接,连接时,预先在工厂进行柱与悬臂钢梁段全熔透坡口焊接;主梁的现场拼接可采用翼缘焊接腹板螺栓连接或全螺栓连接;次梁常采用高强度螺栓与主梁连接。

### 1.2.1   钢构件拼接构造要求

　　1)柱在工地拼接的构造要求如图1-3所示,柱拼接接头上下各100 mm范围内,工字形截面柱翼缘与腹板间及箱形截面柱角部壁板间的焊缝,应采用全熔透焊缝;箱形柱与梁翼缘对应位置的隔板应采用全熔透对接焊缝与壁板相连;十字形截面柱的横向加劲肋与柱翼缘应采用全熔透对接焊缝连接,与腹板可采用角焊缝连接。

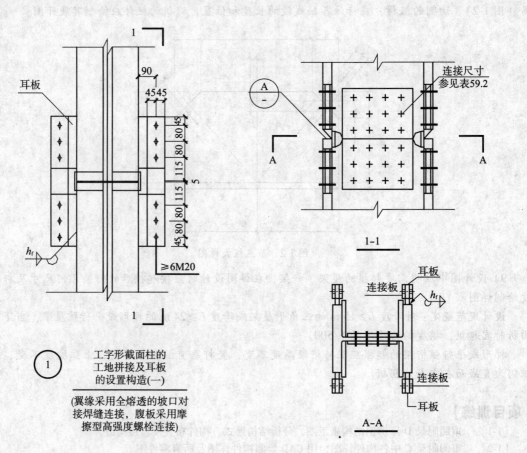

图(1) 工字形截面柱的工地拼接及耳板的设置构造(一)

(翼缘采用全熔透的坡口对接焊缝连接,腹板采用摩擦型高强度螺栓连接)

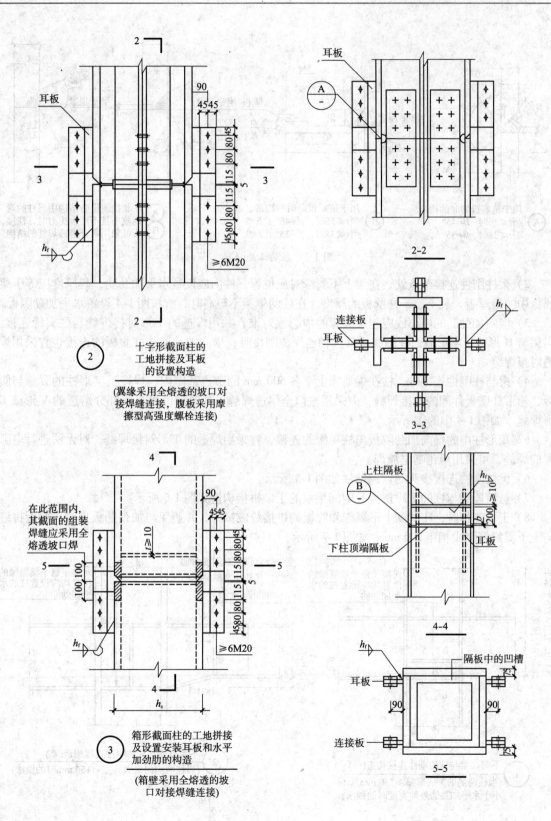

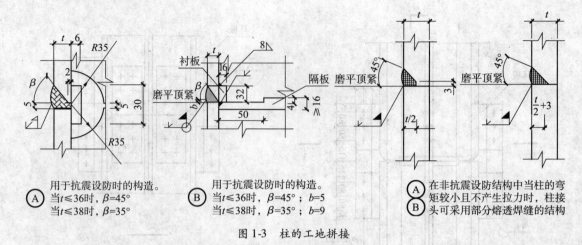

衬板

磨平顶紧

隔板 磨平顶紧

磨平顶紧

磨平顶紧

Ⓐ 用于抗震设防时的构造。
当 $t ≤ 36$ 时，$β=45°$
当 $t ≤ 38$ 时，$β=35°$

Ⓑ 用于抗震设防时的构造。
当 $t ≤ 36$ 时，$β=45°$；$b=5$
当 $t ≤ 38$ 时，$β=35°$；$b=9$

Ⓐ 在非抗震设防结构中当柱的弯
矩较小且不产生拉力时，柱接
Ⓑ 头可采用部分熔透焊缝的结构

图 1-3　柱的工地拼接

2）梁柱刚性连接节点处，在梁上下翼缘对应位置，柱内应设置水平加劲肋，其厚度应等于梁翼缘中的最厚者，且不小于柱壁板的厚度。在柱两侧梁不等高时，宜按图 1-4 设置水平加劲隔板。

3）横向加劲肋的中心线应与梁翼缘的中心线对准，并用焊透的 T 形对接焊缝与柱翼缘连接。当梁与 H 形或工字形截面柱的腹板垂直相连形成刚接时，横向加劲肋与柱腹板的连接也宜采用焊透对接焊缝。

4）梁与柱刚性连接时，柱在梁翼缘上下各 500 mm 的节点范围内，焊接工字形柱的翼缘与腹板、箱形柱壁板件间的连接焊缝，应采用坡口全熔透焊缝。其他部位可采取部分熔透的 V 形或 U 形焊缝，如图 1-4 中的④所示。

5）箱形柱中的横向加劲隔板与柱翼缘的连接，宜采用焊透的 T 形对接焊缝，对无法进行电弧焊的焊缝，可采用熔化嘴电渣焊。

6）梁柱刚性连接接头的常用做法如图 1-5 所示。

7）悬臂段梁与柱的工厂拼接及中间梁段的工地拼接构造如图 1-6 所示。

8）工厂制作时，H 型钢上下翼缘和腹板的拼接缝应错开，并避免与加劲肋板重合，腹板拼缝与上下翼缘缝至少相距 200 mm，如图 1-7 所示。

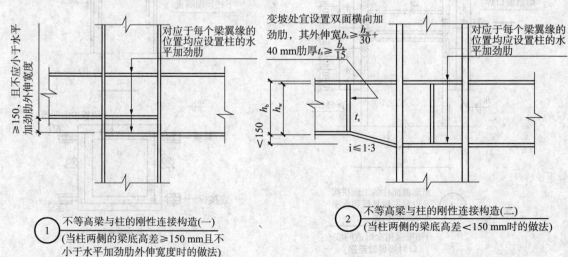

① 不等高梁与柱的刚性连接构造(一)
（当柱两侧的梁底高差≥150 mm且不
小于水平加劲肋外伸宽度时的做法）

② 不等高梁与柱的刚性连接构造(二)
（当柱两侧的梁底高差＜150 mm时的做法）

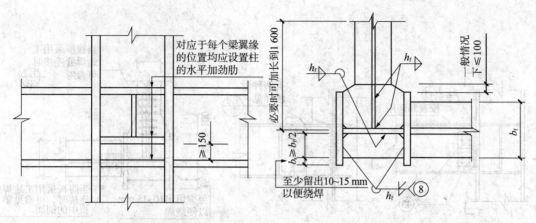

对应于每个梁翼缘的位置均应设置柱的水平加劲肋

≥150

必要时可加长到1 600

一般情况下≤100

$b_f$

$b_s \geq b_f/2$

至少留出10~15 mm 以便绕焊

$h_f$

$h_f$

$h_f$

⑧

③ 不等高梁与柱的刚性连接构造(三)
(在柱的两个互相垂直的方向的梁底高差≥150且不小于加劲肋外伸宽度时的做法)

梁与H形柱连接处加劲肋构造

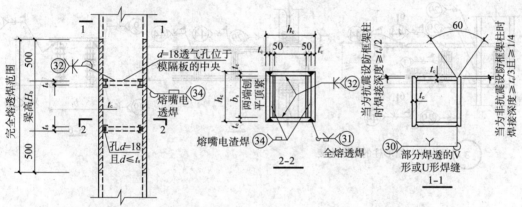

完全熔透焊范围

500

梁高$H_b$

500

$t_b$

$t_b$

$t_c$

$d=18$透气孔位于模隔板的中央

熔嘴电透焊

孔$d=18$且$d \leq t_b$

32

34

$h_c$

50  50  $t_c$

$t_c$

$t_c$

$b_c$  $h_c$  $t_c$

两端刨平顶紧

熔嘴电渣焊  34

全熔透焊  31

2-2

当为抗震设防框架柱时焊接深度≥$t_c/2$

当为非抗震设防框架柱时焊接深度≥$t_c/3$且≥1/4

60

$t_c$

$t_c$

部分焊透的V形或U形焊缝
1-1

32

30

④ 箱形截面柱的工厂拼接及当框架梁与柱刚性连接时柱中设置水平加劲肋的构造

图1-4 柱的工厂拼接

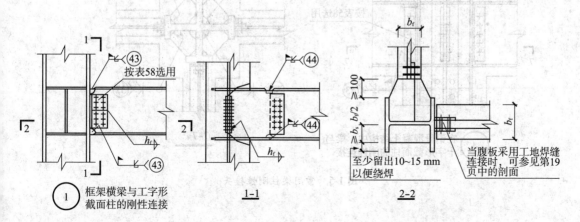

43
按表58选用

44

44

2

2

$h_f$

43

① 框架横梁与工字形截面柱的刚性连接

1-1

$b_f$

≥100

$b_s \geq b_f/2$  $b_f$

至少留出10~15 mm以便绕焊

当腹板采用工地焊缝连接时，可参见第19页中的剖面

2-2

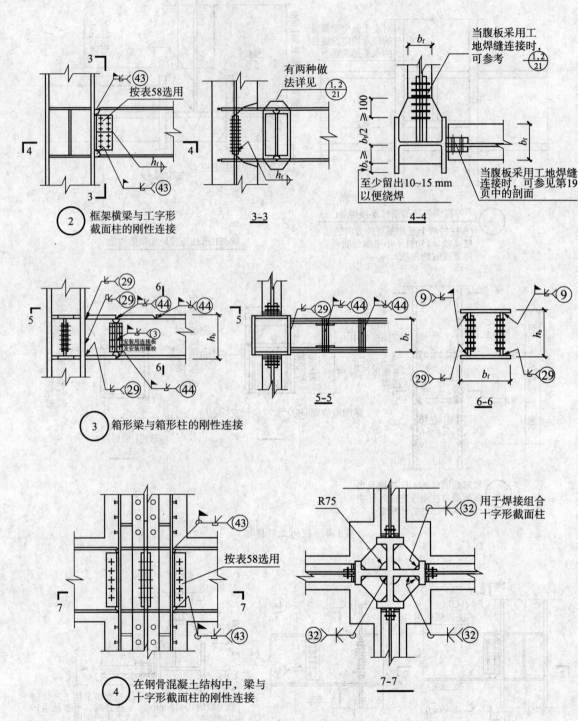

图 1-5　常用梁柱刚性接头

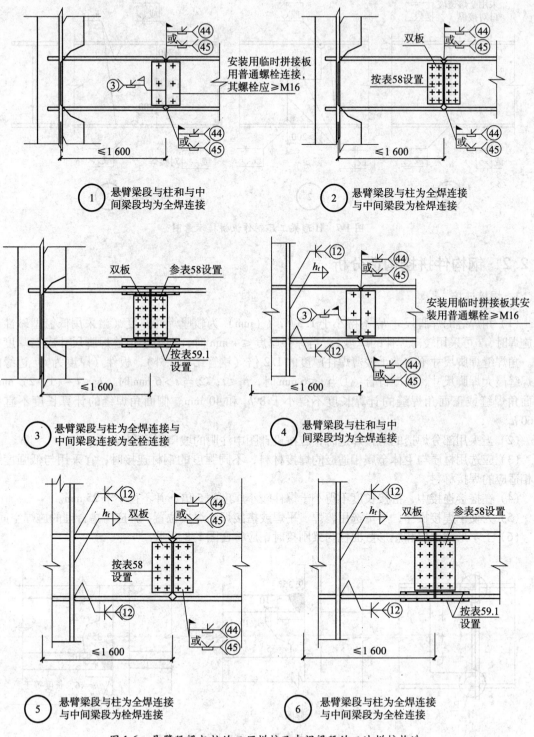

图1-6　悬臂段梁与柱的工厂拼接及中间梁段的工地拼接构造

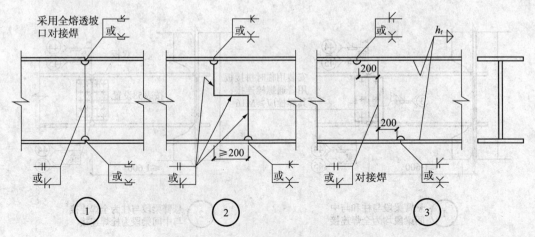

图 1-7　H 形梁工厂制作板拼接示意图

## 1.2.2　钢构件拼接构造分析

### 1. 焊接连接

（1）角焊缝的焊脚尺寸 $h_f$ 不得小于 $1.5\sqrt{t}$，$t$（mm）为较厚焊件厚度（当采用低氢型碱性焊条施焊时，$t$ 可采用较薄焊件的厚度）；当焊件厚度 ≤4 mm 时，则最小焊缝焊脚尺寸应与厚度相同。角焊缝焊脚尺寸不宜大于较薄焊件厚度的 1.2 倍（钢管结构除外），板件（厚度为 $t$）边缘的角焊缝最大焊脚尺寸，尚应符合：①当 $t≤6$ mm 时，$h_f≤t$；②当 $t>6$ mm 时，$h_f≤t-(1~2)$ mm。侧面角焊缝或正面角焊缝的计算长度不得小于 8 $h_f$ 和 40 mm。侧面角焊缝的计算长度不宜大于60 $h_f$。

（2）当采用部分焊透的对接焊缝时，应按设计图中注明的坡口形式和尺寸。

（3）应选用材质与主体金属相适应的焊接材料，不同强度的钢材连接时，宜采用与低强度钢材相适应的焊接材料。

（4）在搭接连接中，搭接长度不得小于焊件较小厚度的 5 倍，并不得小于 25 mm。

（5）为便于焊接操作，尽量选用俯焊、平焊或搭接焊的焊接位置，并应考虑合理的施焊空间。

（6）工字形截面柱和箱形截面柱与梁刚接时，应符合图 1-8 要求：

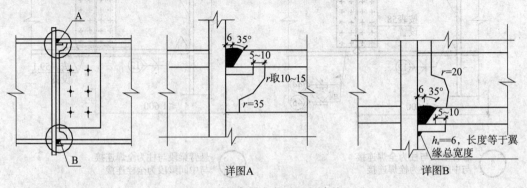

图 1-8　框架梁与柱的现场连接

**2. 焊缝连接构造注意事项**

（1）合理的选择焊缝尺寸和形式，尽量采用较小的焊缝尺寸。因为焊缝尺寸大，不但焊接量大，而且焊缝的焊接变形和焊接应力也大。

（2）合理地安排焊缝的位置。安排焊缝时尽可能对称于截面中性轴，或者使焊缝接近中性轴，如图 1-9（a），（c）所示，这对减少梁、柱等构件的焊接变形有良好的效果。而图 1-9 中（b）图和（d）图是不合理的。

（3）尽量避免焊缝的过分集中和交叉。如几块钢板交汇一处进行连接时，应采用图 1-9（e）的方式，避免采用图 1-9（f）的方式，以免热量集中，引起过大的焊接变形和应力，恶化母材的组织构造。又如图 1-9（g）中，为了让腹板与翼缘的纵向连接焊缝连续通过，加劲肋进行切角，其与翼缘和腹板的连接焊缝均在切角处中断，避免了三条焊缝的交叉。

（4）采用合理的节点设计防止层状撕裂，一般在满足设计要求焊透深度的前提下，宜采用较小的坡口角度和间隙，以减小焊缝截面积和减小母材厚度方向承受的拉应力。在角接接头中采用对称坡口或偏向于侧板的坡口，使焊缝收缩产生的拉应力与板厚方向成一角度，尤其是在特厚板时，侧板坡口面角度应超过板厚中心，可减少层状撕层倾向；或使板厚方向承受焊接拉应力的板材端头伸出接头焊缝区；采用对称双面坡口也可减小焊缝截面积，减小层状撕裂倾向。如图 1-9（i），（j）所示，避免采用（k）节点形式。

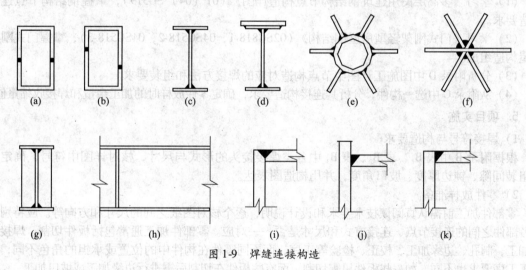

图 1-9　焊缝连接构造

**3. 螺栓连接**

螺栓连接是钢结构连接中常采用的一种连接形式，由于它安装方便，且传递拉力性能好，所以，广泛应用于承受静力荷载或间接承受动力荷载的结构中。高强度螺栓安装简单、迅速、构件无应力集中现象，无收缩应力，便于拆换和加固，但是它的制造精度要求高，连接的接触面要求处理，施工机具较复杂，工程造价偏高。

（1）螺栓连接中螺栓布置、间距应满足构造要求。

（2）对直接承受动力荷载的普通螺栓连接应采用双螺母或其他防止松动的有效措施。

（3）在高强度螺栓连接范围内，构件接触面处理方法及抗滑移系数 $\mu$ 值应按施工图中要求，常用方法有：喷砂（丸），喷砂（丸）后涂无机富锌漆，喷砂（丸）后生赤锈，钢丝刷清除浮锈或未经处理的干净轧制表面等。

（4）在同一工程项目中，螺栓直径种类不宜过多。转角处螺栓应预留扳手空间，尺寸按规范要求。

（5）高强度螺栓孔应采用钻成孔。摩擦型高强度螺栓的孔径比螺栓公称直径大 1.5 ~ 2.0 mm；承压型高强度螺栓的孔径比螺栓公称直径大 1.0 ~ 1.5 mm。

（6）高强度螺栓产品有扭剪型和大六角型两种，除其本身构造及施工时采用的机具和施拧方法不同外，连接要求和承载性能相同。

## 第二部分　项目训练

### 1. 训练目的

通过分析构件详图各部分的组成及连接形式，确定零部件加工工艺及组装要求。

### 2. 能力标准及要求

能根据构件详图，确定板件连接方法、焊缝形式及组装要求，用 CAD 软件绘制零件样板。

### 3. 活动条件

工程施工详图、综合实训室或电脑房。

### 4. 训练步骤提示

（1）学习《多高层民用建筑钢结构节点构造详图》（01（04）SG519），掌握钢结构节点连接构造要求。

（2）学习《门式刚架轻型房屋钢结构》（02SG818-1，04SG518-2，04SG518-3），掌握门式刚架房屋构造组成。

（3）分析附录 D 中图施工详图中节点构造对应的焊接方法和组装要求。

（4）从附录 C 中选一构件，分析其连接构造要求，确定零件放样时的加工余量和焊接收缩量值。

### 5. 项目实施

1）焊接符号与构造要求

根据附录 B 中表 $B_1$、表 $B_2$、表 $B_3$ 中各类焊接接头的形式与尺寸，核对详图中符号，确定板件组装间隙、钝边厚度、坡口角度，并用构造图表达。

2）零件放样准备

零部件加工前需认真阅读技术要求和设计说明，逐个核对图纸之间的尺寸和方向等。应特别注意各部件之间的连接节点、连接方式和尺寸是否一一对应。零部件加工通常包括板件切割、焊接坡口加工、制孔、边缘加工、校正、检验等工序，而不同零件在构件中的位置或承担的角色不同，其加工工序要求也不同，如一些板件只需切割，而有些板件在切割后需进行边缘加工或坡口加工。

对零部件放样、下料时应考虑加工余量、焊接收缩量。加工余量由加工工序确定，焊接收缩量包括焊缝全长的收缩量和每道筋板的收缩量，估算数据见表 2-5 及表 3-1。放样尺寸 = 成品尺寸 + 焊接收缩量 + 加工余量。零件放样时增加的加工余量和焊接收缩量应在加工前确定。

3）板件加工要求

当图纸要求或下列部位时，一般需要边缘加工。

（1）吊车梁翼缘板。

（2）支座支承面。

（3）对接焊缝焊接坡口。

（4）尺寸要求严格的加劲板、隔板、腹板和有孔眼的节点板等，如箱形柱、十字形柱中的工艺隔板、加劲板。

（5）有配合要求的部位，如全熔焊接 H 型钢翼缘与腹板的间隙要求。

（6）设计要求的部位。

较复杂或精度要求较高的构件在部件组装时需进行端部加工，如构件端部支承面要求刨平、顶紧构件端部截面精度要求较高时，须进行端部铣平。

4）高强度螺栓摩擦面应按设计要求进行加工，并应进行摩擦面抗滑移系数的检验。

5）孔加工前要对孔位及孔径进行确认，应分清是精制螺栓孔（A 级、B 级螺栓孔-Ⅰ类孔）还是普通螺栓孔（C 级螺栓孔-Ⅱ类孔），高强度螺栓孔（大六角头螺栓孔、扭剪型螺栓孔）、普通螺栓孔、半圆头铆钉孔等都属于普通螺栓孔。

# 项目 1.3　构件统计与材料准备

## 第一部分　项目应知

### 1.3.1　钢结构制作流程

钢结构在工厂加工制作的主要工作如图 1-10 所示。

建筑钢结构制作的最小单元为零件，它是组成部件和构件的基本单元，如腹板、翼缘板、节点板、加劲肋等；由若干零件组成的单元称为部件，如焊接 H 型钢、牛腿等；构件则往往由若干零件、部件组成的结构基本单元，如梁、柱、支撑等。不同类型的结构虽然构造会有区别，但均由构件、节点通过某种连接方法（焊接、螺栓连接或铆接）连接而成。一般构件首先由零件通过组装焊接成为部件，再由零件、部件组装焊接形成的。

### 1.3.2　钢结构制作准备

1. 复核施工详图

详见项目一。

2. 编制工艺规程

根据钢结构工程加工制作的要求，加工制作单位应在制造前，按施工图的要求编制出完整正确的制作工艺规程。

制定工艺规程的原则是在一定的生产条件下，操作时能以最快的速度、最省的劳动量和最低的费用，可靠地加工出符合设计图纸要求的产品。制定工艺规程时，应注意如下问题：

（1）技术上的先进性。在制定工艺规程时要了解国内外本行业工艺技术的发展，通过必要的工艺试验，充分利用现有设备，结合具体生产条件，采用先进的工艺和工艺装备。

（2）经济上的合理性。在相同的生产条件下，可以有多种能保证达到技术要求的工艺方案，应全面考虑，核算对比，选择出经济上最合理的方案。

（3）有良好的劳动条件和安全性。为使制作过程具有良好而安全的劳动条件，编制的工艺规程应尽量采用机械化和自动化操作，以减轻繁重的体力劳动。

1）工艺规程编制的内容

（1）根据执行的标准编写成品技术要求。

（2）为保证成品达到规定的标准而制订的具体措施：

① 关键零件的加工方法、精度要求、检查方法和检查工具；

② 主要构件的工艺流程、工序质量标准、为保证构件达到工艺标准而采用的工艺措施（如组

**建筑钢结构制作与安装**

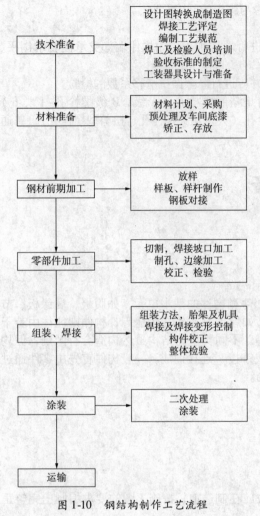

图 1-10 钢结构制作工艺流程

装顺序、焊接方法）；

③ 采用的加工设备和工艺装备。

2）工艺规程编制的依据

（1）工程设计图纸及根据设计图纸绘制的施工详图。

（2）图纸设计总说明和相关技术文件。

（3）图纸和合同中规定的国家标准、技术规范和相关技术条件。

（4）制作厂的作业面积、动力、起重和设备的加工制作能力，生产者的组成和技术等级状况，运输方法和能力情况等。对于普遍通用的问题，可不必单独制订工艺规程，可以制订工艺守则，说明工艺要求和工艺过程，作为通用性的工艺文件用于指导生产过程。

工艺规程是钢结构制造过程中主要的和根本性的指导性技术文件，也是生产制作中最可靠的质量保证措施。因此，工艺规程设计必须经过一定的审批手续，一经制订就必须严格执行，不得随意更改。

3. **工号划分**

根据产品的特点、工程的大小和安装施工进度，将整个工程划分成若干个生产工号（或生产单元），以便分批投料，配套加工配套出成品。生产工号（单元）的划分一般可遵循以下几个原则：

（1）条件允许的情况下，同一张图纸上的构件宜安排在同一生产工号中加工。

（2）相同构件或特点类似、加工方法相同的构件宜放在同一生产工号中加工。如按钢柱、钢梁、桁架、支撑分类划分工号加工。

（3）工程量较大的工程划分生产工号时要考虑安装施工顺序，先安装的要优先安排工号进行加工，以保证安装顺序的需要。

（4）同一生产工号中的构件数量不要过多，可与工程量统筹考虑。

4. **材料统计**

结合构件布置图、构件详图、安装节点图，对同一区段内的各类构件、连接板、零配件进行复核与统计。

5. **材料准备**

根据钢结构设计图纸预算出各种规格材料的用量，并根据构件的不同类型和供货条件，增加一定的损耗率（一般为实际所需量的5%左右）并包算出材料预算量。确定焊接收缩量和加工余量：焊接收缩量由于受焊缝大小、气候条件、施焊工艺和结构断面等因素影响，其值变化较大。因铣刨加工时常常成叠进行操作，尤其长度较大时，材料不易对齐，在编制加工工艺时要对加工边预留加工余量。

1）钢材准备

（1）仔细核对采购材料的规格、数量、品种、重量是否与订货合同相符。

（2）进行材料检查：检查材质证明书中炉号、钢号、化学成分和机械性能。检查钢材表面质量，若不符合标准要求时，应按要求进行复验，经复验合格方可入库，不合格钢材应另作处理。

（3）入库的钢材应进行标记，标明钢材的规格、钢号、数量和材质验收证明书编号。

（4）材料堆放应做好场地处理、防排水等工作；钢材应按顺序排放，保证堆放时的安全稳定，并预留通道，以便运输。

2）焊接材料准备

（1）焊接材料应遵循择优、定点选购原则，选择有信誉的知名厂商，不随意变更厂家，以保证选购质量的稳定、可靠。

（2）根据焊材型号（牌号）、规格、数量编制采购计划，并经有关部门批准。特殊焊接材料应由焊接主管人员和材料采购人员共同选购。

（3）钢结构用焊接材料（包括焊条、焊丝、焊剂等）的质量应符合现行国家标准的要求，且必须具有完整的质量证明书和合格证，并有清晰的标记。

（4）重要钢结构采用的焊接材料应进行抽样复验，复验结果应符合现行国家产品标准和设计要求。焊条外观不应有药皮脱落、焊芯生锈等缺陷。

（5）焊接材料应遵循统一的储存、保管和发放制度。

### 6. 工艺装备和机具的准备

编制工艺流程，确定各工序的公差要求和技术标准。根据用料要求和来料尺寸统筹安排、合理配料，并确定拼装位置。按工艺和图纸要求，准备加工制作主要设备及基础设施。有原材料加工所需的工艺装备：各类定位靠模、切割套模、冲切模、压模等；拼装所需的工艺装备：定位器、夹紧器、拉紧器、推撑器，以及装配焊接用的各种拼装胎、焊接转胎等；加工制作用机具设备：切割机；气割机；剪板机；刨床、铣床；电焊机；埋弧焊机；二氧化碳气体保护焊机；钻床；抛丸除锈机；碳弧气刨、各类检验、测量仪器及吊装设备等。

## 第二部分  项目训练

### 1. 训练目的

通过对工程构件与用料的统计，熟悉工程结构情况，核查详图中问题，为开工作准备。

### 2. 能力标准及要求

能审查施工详图中存在的问题，能对构件布置图进行整理，对构件详图进行翻样。

### 3. 活动条件

综合实训室或电脑房

### 4. 训练步骤提示

（1）仔细阅读钢结构施工图，结合构件布置图进行构件统计。

（2）仔细阅读构件详图，核查每个零件的具体尺寸和组装位置，并从构件布置图中找到安装位置。

（3）参观钢构件加工厂，了解构件加工过程，熟悉生产流水线及配套设备。

### 5. 项目实施

## 训练 1-2  钢结构工程材料统计

【案例 1-4】  结合某框架钢结构二层平面布置图和部分梁图，对其 1—13，h—k 轴区间构件进行材料统计，表格如下（摘选）：

表1-1  2层＊＊区构件统计清单

| 主梁部分 | | | | | | |
|---|---|---|---|---|---|---|
| 序号 | 编号 | 规格 | 长度 | 数量 | 材质 | 备注 |
| 1 | 2GKL1 | H450×200×8×14 | 7 680 | 5 | Q345B | |
| 2 | 2GKL3 | H500×200×10×16 | 7 680 | 4 | Q345B | |
| 3 | 2GKL2 | H500×250×14×18 | 6 580 | 7 | Q345B | |
| 4 | ＊2GKL4-2 | H600×300×16×22 | 8 080 | 1 | Q345B | |
| … | … | … | … | … | … | |
| 次梁部分 | | | | | | |
| 序号 | 编号 | 规格 | 长度 | 数量 | 材质 | 备注 |
| 1 | ＊2GL1 | H400×180×8×14 | 8 950 | 18 | Q345B | |
| 2 | 2GL2 | H450×150/250×8×12/18 | 8 730 | 6 | Q345B | |
| 3 | ＊2GL2 | H450×200/250×10×14/18 | 8 630 | 1 | Q345B | |
| 4 | 2GL1-7 | H370×150×6×12 | 8 900 | 2 | Q345B | |
| … | … | … | … | … | … | |

表1-2  ＊＊层＊＊区主梁连接板汇总

| 序号 | 规格 | 数量 | 孔径 | 备注 |
|---|---|---|---|---|
| 1 | −10×210×340 | 32 | 8φ26 | |
| 2 | −12×200×510 | 36 | 12φ24 | |
| 3 | −12×75×510 | 72 | 6φ24 | |
| 4 | −8×210×325 | 4 | 8φ24 | |
| | … | … | … | |
| 小计 | | … | | |

表1-3  ＊＊层＊＊区次梁螺栓统计

| 螺栓长度＝板厚＋附加值 | 螺栓规格 | 数量 | 编号 |
|---|---|---|---|
| 14（＋35）＝49 | M20 | 22 | M20×49 |
| 16（＋35）＝51 | M20 | 23 | M20×51 |
| … | … | … | |

## 【项目训练】

[1-3]  对附录C中构件进行零件CAD放样。

[1-4]  对附录D中的门刚厂房进行用料统计，整理各类构件及连接件统计表。

# 单元2

## 钢结构焊接工艺

**单元概述**：本单元主要讲述钢结构工程中的焊接工艺方案，技术要点，检查标准，是钢结构施工中不可缺少的一个环节。

**学习目标**：

1. 熟悉钢结构焊接的主要方法和工艺要求。

2. 根据不同焊接特点，确定焊接工艺参数。

3. 编制构件焊接工艺并对过程进行质量控制。

4. 对钢结构焊接质量进行检查和验收。

**学习重点**：焊接工艺要求；常用焊接的焊接规范与焊接质量控制。

**教学建议**：本单元教学，宜采用现场教学相结合的方式，带学生参观钢结构加工厂，让学生有感性的认识，同时配以多媒体、动手实践进行学习，再结合现行规范标准编制工艺方案。

# 项目 2.1 焊接工艺要求

## 第一部分 项目应知

### 2.1.1 基本概念

焊接连接是现代钢结构最主要的连接方法。焊接是借助于能源，使两个分离的物体产生原子（分子）间结合而连接成整体的过程。钢结构中常用的焊接方法有手工电弧焊、埋弧焊、气体保护焊、电渣焊和栓钉焊。构件主要连接处的焊接，对于短连接主要采用 $CO_2$ 气体保护焊，柱以及梁等长连接采用自动埋弧焊，或者采用 $CO_2$ 气体保护自动焊接；箱形柱的加劲板以及梁柱节点的部分也可以采用电渣或者气保焊；而工程中的锚固件，如焊钉、栓钉、剪力钉则需采用栓钉焊。各种焊接方法的特点如表 2-1 所示。

表 2-1　　　　　　　　　　　　　　焊接方法及特点

| 焊接方法 | 焊接材料 | 特点与应用 |
| --- | --- | --- |
| 手工电弧焊 | 焊条 | 通电后，在涂有药皮的焊条和焊件间产生电弧熔化焊件进行的焊接。手工电弧焊设备简单，操作灵活方便，适于任意空间位置的焊接，特别适于焊接短焊缝 |
| 埋弧焊（自动或半自动） | 焊丝焊剂 | 埋弧焊是电弧在焊剂层下燃烧的电弧焊方法，焊丝送进和焊接方向的移动可有专门机构控制。自动埋弧焊接工艺稳定，焊缝化学成分均匀，焊缝质量好，焊件变形小 |
| 气体保护焊 | 焊丝、$CO_2$、$Ar_2$ 等 | 气体保护焊采用裸焊丝用从焊枪中喷出的气体保护施焊过程中的电弧、熔池和高温焊缝金属，用保护气体代替了焊剂，$CO_2$ 作为保护气体，称为 $CO_2$ 气体保护焊。$CO_2$ 气体保护焊的焊接效率高，金属熔化深度大，焊缝质量好，是一种良好的焊接方法，施焊时周围的风速要小，以免气体被吹散 |

（续表）

| 焊接方法 | 焊接材料 | 特点与应用 |
|---|---|---|
| 电渣焊 | 焊丝、焊剂 | 电渣焊是利用电流通过熔渣所产生的电阻热作为热源，将填充金属和母材熔化，凝固后形成金属原子间牢固连接。电渣焊主要有熔嘴电渣焊、非熔嘴电渣焊、丝极电渣焊、板极电渣焊等 |
| 栓钉焊 | 瓷环 | 将金属螺柱焊到平面工件上去的方法，是一种熔态压力焊。常用于锚栓或剪力钉的焊接 |

　　焊接不同类别钢材时，焊接材料的匹配应符合设计要求：焊接所用的焊条应与焊件钢材（或称主体金属）相适应，不同钢种的钢材相焊接时，宜采用与低强度钢相适应的焊条。埋弧焊、气保焊等所用焊丝和焊剂应与主体金属的力学性能相适应，并应符合现行国家标准的规定。如表 2-2 所示。

表 2-2　　　　　　　　　　　常用钢材及焊接材料的选配

| 钢材牌号 | | 焊条 | 埋弧焊焊剂和焊丝 | $CO_2$ 气体保护焊实芯焊丝 |
|---|---|---|---|---|
| Q235 | A | E4303 | F4A0-H08A | ER49-1 |
| | B | E4303，E4315 E4316，E4328 | | |
| | C | E4315，E4316 E4328 | | ER50-6 |
| | D | | F4A2-H08A | |
| Q345 | A | E5003 | F5004-H08A，F5004-H08MnA，F5004-H10Mn$_2$ | ER49-1 |
| | B | E5003，E5015 E5016，E5018 | F5014-H08A，F5014-H08MnA，F5014-H10Mn$_2$，F5011-H08A，F5011-H08MnA，F5011-H10Mn$_2$ | ER50-3 |
| | C | E5015，E5016 E5018 | F5024-H08A，F5024-H08MnA，F5024-H10Mn$_2$，F5021-H08A，F5021-H08MnA，F5021-H10Mn$_2$ | ER50-2 |
| | D | | F5034-H08A，F5034-H08MnA，F5034-H10Mn2，F5031-H08A，F5031-H08MnA，F5031-H10Mn | |

## 2.1.2　基本规定

### 1. 施工图中应标明下列焊接技术要求

　　（1）应明确规定结构构件使用钢材和焊接材料的类型和焊缝质量等级，有特殊要求时，应标明无损探伤的类别和抽查百分比。

　　（2）应标明钢材和焊接材料的品种、性能及相应的国家现行标准，并应对焊接方法、焊缝坡口形式和尺寸、焊后热处理要求等作出明确规定。对于重型、大型钢结构，应明确规定工厂制作单元和工地拼装焊接的位置，标注工厂制作或工地安装焊缝符号。

### 2. 施工单位资质

　　制作与安装单位承担钢结构焊接工程施工图设计时，应具有与工程结构类型相适应的设计资质等级或由原设计单位认可。

3. 钢结构工程焊接制作与安装单位应具备下列条件

（1）应具有国家认可的企业资质和焊接质量管理体系。

（2）应具有规定资格的焊接技术责任人员、焊接质检人员、无损探伤人员、焊工、焊接预热和后热处理人员。

（3）对焊接技术难或较难的大型及重型钢结构、特殊钢结构工程，施工单位的焊接技术责任人员应由中、高级焊接技术人员担任。

（4）应具备与所承担工程的焊接技术难易程度相适应的焊接方法、焊接设备、检验和试验设备。

（5）属计量器具的仪器、仪表应在计量检定有效期内。

（6）应具有与所承担工程的结构类型相适应的企业钢结构焊接规程、焊接作业指导书、焊接工艺评定文件等技术软件。

（7）特殊结构或采用屈服强度等级超过 390 MPa 的钢材、新钢种、特厚材料及焊接新工艺的钢结构工程的焊接制作与安装企业应具备焊接工艺试验室和相应的试验人员。

4. 建筑钢结构焊接有关人员的资格应符合下列规定

（1）焊接技术责任人员应接受过专门的焊接技术培训，取得中级以上技术职称并有 1 年以上焊接生产或施工实践经验。

（2）焊接质检人员应接受过专门的技术培训，有一定的焊接实践经验和技术水平，并具有质检人员上岗资质证。

（3）无损探伤人员必须由国家授权的专业考核机构考核合格，其相应等级证书应在有效期内；并应按考核合格项目及权限从事焊缝无损检测和审核工作。

（4）焊工按规定考试合格并取得资格证书，其施焊范围不得超越资格证书的规定。

（5）气体火焰加热或切割操作人员应具有气割、气焊操作上岗证。

（6）焊接预热、后热处理人员应具备相应的专业技术。用电加热设备加热时，其操作人员应经过专业培训。

5. 建筑钢结构焊接有关人员的职责应符合下列规定

（1）焊接技术责任人员负责组织进行焊接工艺评定，编制焊接工艺方案及技术措施和焊接作业指导书或焊接工艺卡，处理施工过程中的焊接技术问题。

（2）焊接质检人员负责对焊接作业进行全过程的检查和控制，根据设计文件要求确定焊缝检测部位、填报签发检测报告。

（3）无损探伤人员应按设计文件或相应规范规定的探伤方法及标准，对受检部位进行探伤，填报签发检测报告。

（4）焊工应按焊接作业指导书或工艺卡规定的工艺方法、参数和措施进行焊接，当遇到焊接准备条件、环境条件及焊接技术措施不符合焊接作业指导书要求时，应要求焊接技术责任人员采取相应整改措施，必要时应拒绝施焊。

（5）焊接预热、后热处理人员应按焊接作业指导书及相应的操作规程进行作业。

6. 其他基本规定

（1）建筑钢结构用钢材及焊接填充材料的选用应符合设计图的要求，并应具有钢厂和焊接材料厂出具的质量证明书或检验报告；其化学成分、力学性能和其他质量要求必须符合国家现行标准规定。当采用其他钢材和焊接材料替代设计选用的材料时，必须经原设计单位同意。

（2）钢材的成分、性能复验应符合国家现行有关工程质量验收标准的规定；大型、重型及特殊钢结构的主要焊缝采用的焊接填充材料应按生产批号进行复验。复验应由国家技术质量监督部门认可的质量监督检测机构进行。

（3）钢结构工程中选用的新材料必须经过新产品鉴定。钢材应由生产厂提供焊接性资料、指导性焊接工艺、热加工和热处理工艺参数、相应钢材的焊接接头性能数据等资料；焊接材料应由生产厂提供贮存及焊前烘焙参数规定、熔敷金属成分、性能鉴定资料及指导性施焊参数，经专家论证、评审和焊接工艺评定合格后，方可在工程中采用。

（4）焊接 T 形、十字形、铰接接头，当其翼缘板厚度等于或大于 40 mm 时，设计宜采用抗层状撕裂的钢板。钢材的厚度方向性能级别应根据工程的结构类型、节点形式及板厚和受力状态的不同情况选择。钢板厚度方向性能及相应的含硫量、断面收缩率应符合相应规定。

（5）焊条、焊丝和焊剂应符合现行国家标准的规定。

（6）气体保护焊使用的氩气、$CO_2$ 气体应符合国家现行标准的规定，大型、重型及特殊钢结构工程中主要构件的重要焊接节点采用的 $CO_2$ 气体质量应符合该标准中优等品的要求。

（7）焊条、焊丝、焊剂和熔嘴应储存在干燥、通风良好的地方，由专人保管。

（8）焊条、熔嘴、焊剂和药芯焊丝在使用前，必须按产品说明书及有关工艺文件的规定进行烘干。

（9）低氢型焊条烘干温度应为 350℃～380℃，保温时间应为 1.5～2 h，烘干后应缓冷放置于 110℃～120℃ 的保温箱中存放、待用；使用时应置于保温筒中；烘干后的低氢型焊条在大气中放置时间超过 4 h 应重新烘干；焊条重复烘干次数不宜超过 2 次；受潮的焊条不应使用。

（10）实芯焊丝及熔嘴导管应无油污、锈蚀，镀铜层应完好无损。

（11）焊钉的外观质量和力学性能及焊接瓷环尺寸应符合现行国家标准《圆柱头焊钉》（GB 10433）的规定，并应由制造厂提供焊钉性能检验及其焊接端的鉴定资料。焊钉保存时应有防潮措施；焊钉及母材焊接区如有水、氧化皮、锈、漆、油污、水泥灰渣等杂质，应清除干净方可施焊。受潮的焊接瓷环使用前应经 120℃ 烘 2 h。

（12）焊条、焊剂烘干装置及保温装置的加热、测温、控温性能应符合使用要求；$CO_2$ 气体保护电弧焊所用的 $CO_2$ 气瓶必须装有预热干燥器。

## 2.1.3　焊接工艺评定

1. 焊接工艺评定范围及要求

（1）凡符合以下情况之一者，应在钢结构构件制作及安装施工之前进行焊接工艺评定：

① 国内首次应用于钢结构工程的钢材（包括钢材牌号与标准相符但微合金强化元素的类别不同和供货状态不同，或国外钢号国内生产）；

② 国内首次应用于钢结构工程的焊接材料；

③ 设计规定的钢材类别、焊接材料、焊接方法、接头形式、焊接位置、焊后热处理制度以及施工单位所采用的焊接工艺参数、预热后热措施等各种参数的组合条件为施工企业首次采用。

（2）焊接工艺评定应由结构制作、安装企业根据所承担钢结构的设计节点形式、钢材类型、规格、采用的焊接方法、焊接位置等，制定焊接工艺评定方案，拟定相应的焊接工艺评定指导书，按本规程的规定施焊试件、切取试样并由具有国家技术质量监督部门认证资质的检测单位进行检测试验。

（3）焊接工艺评定的施焊参数，包括热输入、预热、后热制度等应根据被焊材料的焊接性制订。

（4）焊接工艺评定所用设备、仪表的性能应与实际工程施工焊接相一致并处于正常工作状态。焊接工艺评定所用的钢材、焊钉、焊接材料必须与实际工程所用材料一致并符合相应标准要求，具有生产厂出具的质量证明文件。

（5）焊接工艺评定试件应由该工程施工企业中技能熟练的焊接人员施焊。

（6）焊接工艺评定所用的焊接方法、钢材类别、试件接头形式、施焊位置分类代号应符合《建筑钢结构焊接技术规程》的有关规定。

（7）焊接工艺评定试验完成后，应由评定单位根据检测结果提出焊接工艺评定报告，连同焊接工艺评定指导书、评定记录、评定试样检验结果一起报工程质量监督验收部门和有关单位审查备案。

2. 焊接工艺评定流程

焊接工艺评定流程如图 2-1 所示。

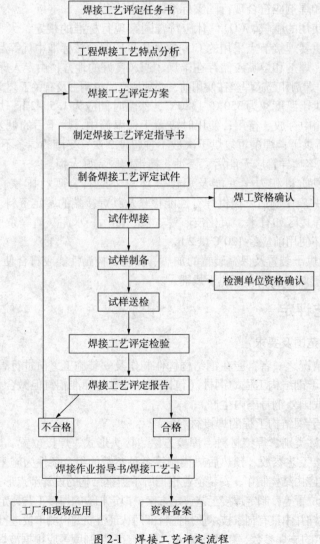

图 2-1　焊接工艺评定流程

3. 焊接工艺文件应符合下列要求

（1）施工前应由焊接技术责任人员根据焊接工艺评定结果编制焊接工艺文件，并向有关操作人员进行技术交底，施工中应严格遵守工艺文件的规定。

（2）焊接工艺文件应包括下列内容：

① 焊接方法或焊接方法的组合；

② 母材的牌号、厚度及其他相关尺寸；

③ 焊接材料型号、规格；

④ 焊接接头形式、坡口形状及尺寸允许偏差；

⑤ 夹具、定位焊、衬垫的要求；

⑥ 焊接电流、焊接电压、焊接速度、焊接层次、清根要求、焊接顺序等焊接工艺参数规定；

⑦ 预热温度及层间温度范围；

⑧ 后热、焊后消除应力处理工艺；

⑨ 检验方法及合格标准；

⑩ 其他必要的规定。

## 2.1.4　焊接作业环境要求

（1）焊接作业区风速当手工电弧焊超过 8 m/s、气体保护电弧焊及药芯焊丝电弧焊超过 2 m/s时，应设防风棚或采取其他防风措施。制作车间内焊接作业区有穿堂风或鼓风机时，也应按以上规定设挡风装置。

（2）焊接作业区的相对湿度不得大于 90%。

（3）当焊件表面潮湿或有冰雪覆盖时，应采取加热去湿除潮措施。

（4）焊接作业区环境温度低于 0℃ 时，应将构件焊接区各方向大于或等于 2 倍钢板厚度且不小于 100 mm 范围内的母材，加热到 20℃ 以上后方可施焊，且在焊接过程中均不应低于这一温度。实际加热温度应根据构件构造特点、钢材类别及质量等级和焊接性、焊接材料熔敷金属扩散氢含量、焊接方法和焊接热输入等因素确定，其加热温度应高于常温下的焊接预热温度，并由焊接技术责任人员制订出作业方案经认可后方可实施。作业方案应保证焊工操作技能不受环境低温的影响，同时对构件采取必要的保温措施。

（5）焊接作业区环境超出规定但必须焊接时应对焊接作业区设置防护棚并由施工企业制订出具体方案，连同低温焊接工艺参数、措施报监理工程师确认后方可实施。

## 2.1.5　焊接作业操作要求

1. 引弧板、引出板、垫板焊接作业操作要求

（1）严禁在承受动荷载且需经疲劳验算构件焊缝以外的母材上打火、引弧或装焊夹具。

（2）不应在焊缝以外的母材上打火、引弧。

（3）T 形接头、十字形接头、角接接头和对接接头主焊缝两端，必须配置引弧板和引出板，其材质应和被焊母材相同，坡口形式应与被焊焊缝相同，禁止使用其他材质的材料充当引弧板和引出板。

（4）手工电弧焊和气体保护电弧焊焊缝引出长度应大于 25 mm。其引弧板和引出板宽度应大于 50 mm，长度宜为板厚的 1.5 倍且不小于 30 mm，厚度应不小于 6 mm；非手工电弧焊焊缝引出

长度应大于 80 mm。其引弧板和引出板宽度应大于 80 mm，长度宜为板厚的 2 倍且不小于 100 mm，厚度应不小于 10 mm。

（5）焊接完成后，应用火焰切割去除引弧板和引出板，并修磨平整。不得用锤击落引弧板和引出板。

**2. 定位焊**

定位焊必须由持相应合格证的焊工施焊，所用焊接材料应与正式施焊相当。定位焊焊缝应与最终焊缝有相同的质量要求。钢衬垫的定位焊宜在接头坡口内焊接，定位焊焊缝厚度不宜超过设计焊缝厚度的 2/3，定位焊焊缝长度宜大于 40 mm，间距宜为 500~600 mm，并应填满弧坑。定位焊预热温度应高于正式施焊预热温度。当定位焊焊缝上有气孔或裂纹时，必须清除后重焊。

**3. 多层焊的施焊操作要求**

（1）厚板多层焊时应连续施焊，每一焊道焊接完成后应及时清理焊渣及表面飞溅物，发现影响焊接质量的缺陷时，应清除后方可再焊。在连续焊接过程中应控制焊接区母材温度，使层间温度的上、下限符合工艺文件要求。遇有中断施焊的情况，应采取适当的后热、保温措施，再次焊接时重新预热温度应高于初始预热温度。

（2）坡口底层焊道采用焊条手工电弧焊时宜使用不大于 $\phi$4 mm 的焊条施焊，底层根部焊道的最小尺寸应适宜，但最大厚度不应超过 6 mm。

**4. 其他要求**

（1）栓钉焊施焊环境温度低于 0℃时，打弯试验的数量应增加 1%；当焊钉采用手工电弧焊和气体保护电弧焊焊接时，其预热温度应符合相应工艺的要求。

（2）塞焊和槽焊可采用手工电弧焊、气体保护电弧焊及自保护电弧焊等焊接方法。平焊时，应分层熔敷焊缝，每层熔渣冷却凝固后，必须清除方可重新焊接；立焊和仰焊时，每道焊缝焊完后，应待熔渣冷却并清除后方可施焊后续焊道。

（3）电渣焊和气电立焊不得用于焊接调质钢。

（4）焊工必须经过培训合格后方可上岗操作。

（5）碳弧气刨如发现"夹碳"，应在夹碳边缘 5~10 mm 处重新起刨，所刨深度应比夹碳处深 2~3 mm；发生"黏渣"时可用砂轮打磨。Q420，Q460 及调质钢在碳弧气刨后，不论有无"夹碳"或"黏渣"，均应用砂轮打磨刨槽表面，去除淬硬层后方可进行焊接。

## 2.1.6 现场安装焊接程序

焊接工艺流程和检查点如图 2-2 所示。

## 第二部分　项目训练

**1. 训练任务**

进入工厂实地参观焊接过程，结合工程图的要求进行焊接准备工作，明确焊接注意事项。

**2. 能力标准及要求**

（1）能够根据不同的钢结构焊接方法选配合适的焊接材料，按焊接要求进行施工准备。

（2）整理焊接过程中的注意事项。

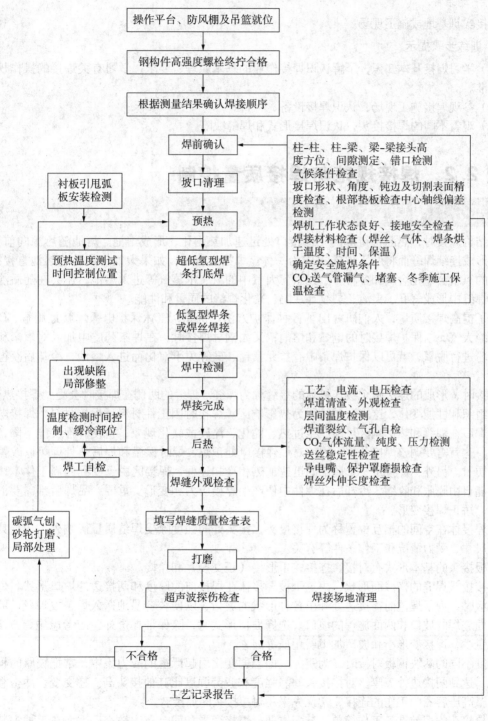

图 2-2　现场安装焊接程序

3. 活动条件

焊接实训基地或施工现场。

4. 训练步骤提示

（1）学习焊接基本知识，了解认识焊接作业的基本原理、要求，学习有关焊接的操作规范和工艺标准。

（2）参观焊接施工现场，认识焊接设备、材料。

（3）观看不同的焊接接头，认识焊接形式和焊缝缺陷。

# 项目2.2  焊接规范与焊接质量控制

## 第一部分  项目应知

钢结构焊接时，热源将待焊两工件接口处迅速加热熔化，形成熔池。熔池随热源向前移动，冷却后形成连续焊缝而将两工件连接成为一体。焊接过程中，如果大气与高温的熔池直接接触，大气中的氧就会氧化金属和各种合金元素。大气中的氮、水蒸气等进入熔池，还会在随后冷却过程中在焊缝中形成气孔、夹渣、裂纹等缺陷，恶化焊缝的质量和性能。

为了提高焊接质量，人们研究出了各种保护方法。例如，气体保护电弧焊就是用氩、$CO_2$ 等气体隔绝大气，以保护焊接时的电弧和熔池；又如钢材焊接时，在焊条药皮中加入对氧亲和力大的钛铁粉进行脱氧，就可以保护焊条中有益元素锰、硅等免于氧化而进入熔池，冷却后获得优质焊缝。

焊接时，形成的连接两个被连接体的接缝称为焊缝。焊缝的两侧在焊接时会受到焊接热作用，而发生组织和性能变化，这一区域被称为热影响区。焊接时因工件材料、焊接材料、焊接电流等不同，焊后在焊缝和热影响区可能产生过热、脆化、淬硬或软化现象，也使焊件性能下降，恶化焊接性。这就需要调整焊接条件，焊前对焊件接口处预热、焊时保温和焊后热处理可以改善焊件的焊接质量。另外，焊接是一个局部的迅速加热和冷却过程，焊接区由于受到四周工件本体的拘束而不能自由膨胀和收缩，冷却后在焊件中便产生焊接应力和变形。重要产品焊后都需要消除焊接应力，矫正焊接变形。

被焊接体在空间的相互位置称为焊接接头，接头处的强度除受焊缝质量影响外，还与其几何形状、尺寸、受力情况和工作条件等有关。

钢板接头的基本形式有对接、搭接、丁形接（正交接）和角接。

对接接头焊缝的横截面形状，决定于被焊接体在焊接前的厚度和两接边的坡口形式。焊接较厚的钢板时，为了焊透而在接边处开出各种形状的坡口，以便较容易地送入焊条或焊丝。坡口形式有单面施焊的坡口和两面施焊的坡口。选择坡口形式时，除保证焊透外还应考虑施焊方便，填充金属量少，焊接变形小和坡口加工费用低等因素。

厚度不同的两块钢板对接时，为避免截面急剧变化引起严重的应力集中，常把较厚的板边逐渐削薄，达到两接边处等厚。对接接头的静强度和疲劳强度比其他接头高。在交变、冲击载荷下或在低温高压容器中工作的连接，常优先采用对接接头的焊接。

搭接接头的焊前准备工作简单，装配方便，焊接变形和残余应力较小，因而在工地安装接头和不重要的结构上时常采用。一般来说，搭接接头不适于在交变载荷、腐蚀介质、高温或低温等条件下工作。

采用丁形接头和角接头通常是由于结构上的需要。丁形接头上未焊透的角焊缝工作特点与搭接接头的角焊缝相似。当焊缝与外力方向垂直时便成为正面角焊缝，这时焊缝表面形状会引起不同程度的应力集中；焊透的角焊缝受力情况与对接接头相似。

角接头承载能力低，一般不单独使用，只有在焊透时，或在内外均有角焊缝时才有所改善，多用于封闭形结构的拐角处。

焊接规程是指焊接过程中的一整套工艺程序及其技术规定。内容包括：焊接方法、焊前准备加工、装配、焊接材料、焊接设备、焊接顺序、焊接操作、焊接工艺参数以及焊后处理等。焊接规程是保证焊接质量的重要因素，其中焊工的操作技能，焊接设备的高性能和稳定性，焊接材料的质量，正确的焊接工艺参数及标准化作业是控制焊接质量的四个环节。

钢结构焊接需根据不同的钢材类别、焊接材料、焊接方法、接头形式、焊接位置采用不同的焊接工艺参数、焊后热处理制度或预热后热措施。《建筑钢结构技术规程》对焊接方法及焊透种类代号，接头形式及坡口形式焊接位置代号等都作了明确的规定。

选择合适的焊接工艺参数，对提高焊接质量和提高生产效率是十分重要.焊接工艺参数(焊接规范)是指焊接时，为保证焊接质量而选定的诸多物理量。如焊接电源种类和极性、焊接电压、电流、焊接速度和焊道层次等。

## 2.2.1 手工电弧焊的焊接工艺参数选择

手工电弧焊工艺参数包括：焊条种类、牌号和直径；焊接电流的种类、极性和大小；焊接电压；焊接速度；焊道层次和每层焊道数目等。选择合适的焊接参数，对提高焊接质量和生产效率是十分重要的。

### 1. 焊接电源种类和极性的选择

焊接电源种类：交流、直流。极性选择：正接、反接。正接：焊件接电源正极，焊条接电源负极的接线方法。反接：焊件接电源负极，焊条接电源正极的接线方法。极性选择原则：碱性焊条常采用直流反接，否则，电弧燃烧不稳定，飞溅严重，噪声大，酸性焊条使用直流电源时通常采用直流正接。

### 2. 焊条直径

可根据焊件厚度进行选择。一般厚度越大，选用的焊条直径越粗，焊条直径与焊件的关系如表 2-3 所示：

表 2-3 焊条直径选用

| 项目 | 项目数值 | | | | |
|---|---|---|---|---|---|
| 焊件厚度/mm | <2 | 2 | 3 | 4~5 | 6~12 | >12 |
| 焊条直径/mm | 1.6 | 2 | 3.2 | 3.2~4 | 4~5 | 4~6 |

### 3. 焊接电流的选择

焊接电流是手工电弧焊的主要规范参数。增大电流可以提高生产率，但电流过大，容易产生咬边和烧穿等缺陷，飞溅也增大，同时使焊条发红，药皮脱落，保护性能下降，焊缝过热，促使

建筑钢结构制作与安装

晶粒粗大。焊接电流过小，则容易产生夹渣、未焊透等缺陷。选择焊接电流时，要考虑的因素很多，如：焊条直径、药皮类型、工件厚度、接头类型、焊接位置、焊道层次等。但主要由焊条直径、焊接位置、焊道层次来决定。

（1）焊条直径：焊条直径越粗，焊接电流越大。如表2-4所示，对于单面焊双面成形的打底焊道，焊条直径一般不超过3.2 mm。

表2-4 焊接电流的选择

| 项目 | 项目数值 | | | | | |
|------|------|------|------|------|------|------|
| 焊条直径/mm | 1.6 | 2.0 | 2.5 | 3.2 | 4.0 | 5.0 | 6.0 |
| 焊接电流/A | 25~40 | 40~60 | 50~80 | 100~130 | 160~210 | 200~270 | 260~300 |

（2）焊接位置：平焊位置时，可选择偏大一些焊接电流。横、立、仰焊位置时，焊接电流应比平焊位置小5%~10%。角焊电流比平焊电流稍大一些。

（3）焊道层次：中、厚钢板手工电弧焊应采用多层多道焊。打底及单面焊双面成型，使用的电流要小一些。碱性焊条选用的焊接电流比酸性焊条小10%左右。

（4）电弧电压：电弧电压主要决定于弧长。电弧长，则电弧电压高；反之则低。在焊接过程中，一般希望弧长始终保持一致，而且尽可能用短弧焊接。所谓短弧是指弧长为焊条直径的0.5~1.0倍，超过这个限度即为长弧。

（5）焊接速度：在保证焊缝所要求尺寸和质量的前提下，由操作者灵活掌握。速度过慢，热影响区加宽，晶粒粗大，变形也大；速度过快，易造成未焊透，未熔合，焊缝成型不良好等缺陷。

速度以及电压与焊工的运条习惯有关，根据经验公式可知，当电流小于600 A时，电压取$20+0.04I$；当电流大于600 A时，电压取44 V。

## 2.2.2 自动埋弧焊焊接工艺参数选择

埋弧焊是电弧在可熔化的颗粒状焊剂覆盖下燃烧的一种电弧焊方法。向熔池连续不断送进的裸焊丝，既是金属电极，也是填充材料。电弧在焊剂层下燃烧，将焊丝、母材熔化而形成熔池。熔融的焊剂成为熔渣，覆盖在液态金属熔池的表面，使高温熔池金属与空气隔开。随着电弧的移动，熔池金属冷却凝固形成焊缝，熔渣形成渣壳，覆盖在焊缝表面。埋弧焊过程中，焊剂形成的熔渣除了起机械保护作用外，还与熔化金属发生冶金反应，从而影响焊缝金属的化学成分。

埋弧焊时，焊丝从导电嘴伸出长度较短，故可以使用较大的焊接电流，加上焊剂和熔渣的隔热作用，热效率高，熔深增大，焊接生产率显著提高。由于熔深增加，工件坡口角度可以减小，减少了填充金属量。18~20 mm厚的工件在不开坡口的情况下也可保证熔透。焊接时，因熔渣的覆盖保护作用，使焊缝缺陷减少，焊接变形也较小，焊缝化学成分和性能比较均匀，同时还能改善焊接工作环境。但由于埋弧焊采用颗粒状焊剂，一般适用于平焊位置的焊接。对其他特殊位置的焊接，需采取附加措施。因此，埋弧焊通常在工厂中使用，适宜于焊接中厚板结构的长焊缝。

埋弧焊的工艺参数主要有焊接电流、电弧电压和焊接速度。它们对焊缝的形状和尺寸有较大的影响。其他参数还有焊丝直径、焊丝伸出长度、焊丝倾角、电流种类和极性等。

在其他条件不变时，随着焊接电流的增加，熔池底部的液态金属被排出的作用加强，电弧直接加热熔池底部的未熔化金属，使熔深成正比增加，此时电弧缩短，焊缝熔宽变化不大，而焊缝余高增大，会影响成形，因此在提高电流的同时，要相应地提高电弧电压。

随着电弧电压的提高，焊缝熔宽明显增加而熔深和余高则有所下降。适当地增加电弧电压，对提高焊缝的质量有一定的作用，但应与焊接电流相匹配，以保证电弧的稳定燃烧。因此电弧电压的变动范围较窄。

焊接速度的变化，将直接影响电弧热量的分配情况，明显地影响焊缝的熔深和熔宽。随着焊接速度增加，焊缝会明显变窄。焊接速度小于 40 m/h 时，速度增加熔深略有增加，而当焊接速度较大时，由于线能量减注的作用增大，熔深和熔宽都会明显减小。实际生产中，为了提高生产率同时保持一定的线能量，在提高焊接速度的同时必须加大电弧功率，以保证一定的熔深和熔宽，获得满意的焊缝形状。

焊丝直径的增加，焊缝的熔宽增加而熔深则有所下降。当焊接电流不变时，随着焊丝直径的变细，电流密度加大，熔深便相应地增加。故使用相同的焊接电流时，采用小直径焊丝可得到较大的熔深。

在其他条件不变的情况下，不同的电流种类和极性也会影响焊缝的形状和尺寸。通常直流反接较直流正接效果好。

对接接头的埋弧焊有单面焊和双面焊之分。单面焊接双面成形自动焊，实际上是使用较大的焊接电流将焊件一次熔透，焊接熔池在衬垫上冷却凝固成形。当工件厚度超过 14 mm 时，通常采用双面焊。双面焊的第一面焊接时不要求完全焊透，其他技术要求与单面焊相同，焊缝的焊透是由反面焊接来保证的。

除了对接接头外，埋弧焊还可在船形位置或平角位置焊接角接接头。

## 2.2.3  $CO_2$ 焊焊接工艺参数选择

$CO_2$ 气体保护电弧焊是惰性气体保护焊中的一种，气体保护焊可分为半自动焊和自动焊两种类型。半自动焊是依靠手工操作焊炬完成焊接的，焊丝的送进由送丝机构执行。$CO_2$ 气体本身具有一定的氧化性，因此为了保证焊接质量，必须使用含有脱氧剂的专用焊丝，由于 $CO_2$ 气体本身热物理性能的影响，焊接过程不如惰性气体保护焊时平稳，飞溅量多，颗粒也较大，因此要选择具有良好动特性的焊接电源和合适的规范参数，改善焊接过程。由于 $CO_2$ 价格低廉，不需要清渣，劳动生产率高。因此，$CO_2$ 气体保护焊是工程焊接中的重要方法。

$CO_2$ 气体保护焊的规范参数有焊接电流、电弧电压、焊接速度、焊丝伸出长度、焊丝直径、保护气体流量、送丝速度等。

通常根据工件的厚度选择焊丝直径，然后再确定焊接电流、电弧电压，随着焊接电流的增大，熔滴过渡的形式会发生变化，由滴状过渡向射流过渡转变，焊缝的熔深和余高会增加，而熔宽则几乎保持不变。在给定焊丝直径的情况下，增大焊接电流，焊丝熔化速度增加，因而需要相应地增加送丝速度。对于同样的送丝速度，较粗的焊丝需要较大的焊接电流。在焊接电流一定时，电弧电压应与焊接电流相匹配，以避免气孔、飞溅和咬边等缺陷。电弧电压增大时，焊缝的熔宽会增加，而熔深和余高会略有减小。

焊接速度是指焊炬沿接头中心线方向的相对移动速度。在焊速增加时，熔深也会增大，并有一个最大值。焊速减小时，熔深减小，熔宽增大；焊接速度过高时，单位长度上电弧传给母材的热量显著降低，母材的熔化速度减慢。随着焊速的提高，熔深和熔宽则减小。焊接速度过高时，还有可能产生咬边缺陷。

焊丝的伸出长度越长，焊丝的电阻热越大，焊丝的熔化速度会加快。焊丝伸出长度过长，会导致电弧电压下降，熔敷金属过多，焊缝成形不良，熔深减小，电弧不稳定；焊丝伸出长度过短，则导电嘴容易烧损，喷嘴容易被飞溅出来的金属颗粒黏附和堵塞。焊丝伸出长度一般为 13 ～ 25 mm。

为了获得良好的气体保护效果，除了要有结构合理的喷嘴形状之外，还要选择合适的保护气体流量。由于熔化极气体保护对熔池的保护要求较高，如果保护不良，焊缝表面就起皱纹，影响焊缝成形，所以熔化极气体保护焊的喷嘴孔径及气体流量均比钨极气体保护焊时要相应增大。通常喷嘴孔径选用 20 mm 左右，气体流量选用 30 ～ 60 L/min。

不同焊接方法选用的焊接工艺参数可参考《钢结构工程施工工艺标准》（ZJQ00-SG-005—2003）。本书附录中 B 摘选了部分内容。

## 2.2.4 焊接工程质量控制

**1. 焊接工程质量控制流程**

焊接工程质量控制流程如图 2-3 所示。

**2. 焊接施工过程的质量保证措施**

1）引弧和熄弧

引弧时由于电弧对母材的加热不足，应在操作上注意防止产生溶合不良、弧坑裂缝、气孔和夹渣等缺陷的发生，另外，不得在非焊接区域的母材上引弧和防止电弧击痕。

当电弧因故中断或焊缝终端收弧时，应防止发生弧坑裂纹，特别是采用 $CO_2$ 半自动气体保护时，更应避免发生弧坑裂纹，一旦出现裂纹，必须彻底清除后方可继续焊接。无论采用何种焊剂方法，焊缝终端的弧坑必须填满。

2）对接坡口焊缝

采用背面垫板的对接坡口焊缝，垫板与母材之间的接合必须紧密，应使焊接金属与垫板完全熔合。

3）完工焊缝的清理

焊接完毕，焊工应清理焊缝表面的熔渣及两侧的飞溅物，检查焊缝外观质量，合格后在工艺规定的部位打上焊工钢印。

4）现场焊接接头的保护

对现场焊接接头区域，应适当作除锈处理。

5）不良焊接的修补

（1）焊缝同一部位的返修次数，不宜超过 2 次，超过 2 次时，必须经过焊接责任工程师及经理工程师核准后，方可按返修工艺进行。

（2）焊缝出现裂纹时，焊工不得擅自处理，应及时报告焊接技术负责人查清原因，订出修补措施，方可修理。

（3）对焊缝金属中的裂纹，在修补前用无损检测方法确定裂纹的界限范围，在去除时，应自裂纹的端头算起，两端至少各加 50 mm 的焊缝一同去除后再进行修补。

（4）对焊接母材的裂纹，原则上应更换母材，但是在得到技术负责人认可后，可以采用局部修补措施进行处理。主要受力构件必须得到原设计单位确认。

6）焊接变形的修正

焊接变形的矫正，以不损坏材质为原则，低合金高强度结构钢在火工矫正过程中严禁浇水激冷，其加热温度严禁超过正火温度。

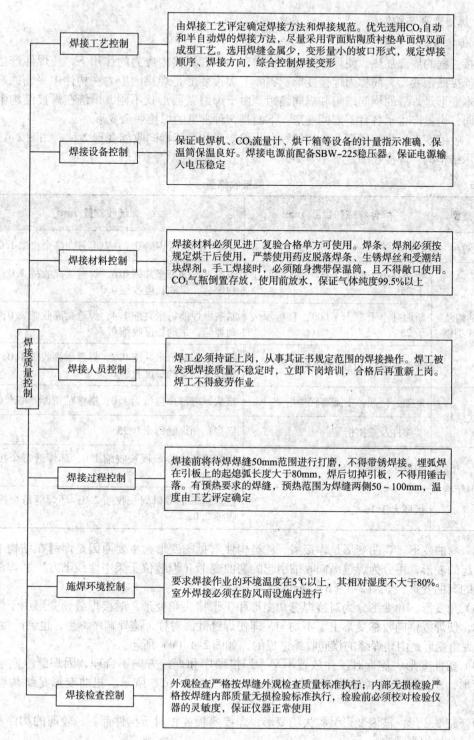

焊接质量控制

| | |
|---|---|
| 焊接工艺控制 | 由焊接工艺评定确定焊接方法和焊接规范。优先选用$CO_2$自动和半自动焊的焊接方法，尽量采用背面贴陶质衬垫单面焊双面成型工艺。选用焊缝金属少，变形量小的坡口形式，规定焊接顺序、焊接方向，综合控制焊接变形 |
| 焊接设备控制 | 保证电焊机、$CO_2$流量计、烘干箱等设备的计量指示准确，保温筒保温良好。焊接电源前配备SBW-225稳压器，保证电源输入电压稳定 |
| 焊接材料控制 | 焊接材料必须见进厂复验合格单方可使用。焊条、焊剂必须按规定烘干后使用，严禁使用药皮脱落焊条、生锈焊丝和受潮结块焊剂。手工焊接时，必须随身携带保温筒，且不得敞口使用。$CO_2$气瓶倒置存放，使用前放水，保证气体纯度99.5%以上 |
| 焊接人员控制 | 焊工必须持证上岗，从事其证书规定范围的焊接操作。焊工被发现焊接质量不稳定时，立即下岗培训，合格后再重新上岗。焊工不得疲劳作业 |
| 焊接过程控制 | 焊接前将待焊焊缝50mm范围进行打磨，不得带锈焊接。埋弧焊在引板上的起熄弧长度大于80mm，焊后切掉引板，不得锤击落。有预热要求的焊缝，预热范围为焊缝两侧50～100mm，温度由工艺评定确定 |
| 施焊环境控制 | 要求焊接作业的环境温度在5℃以上，其相对湿度不大于80%。室外焊接必须在防风雨设施内进行 |
| 焊接检查控制 | 外观检查严格按焊缝外观检查质量标准执行；内部无损检验严格按焊缝内部质量无损检验标准执行，检验前必须校对检验仪器的灵敏度，保证仪器正常使用 |

图 2-3　焊接工程质量控制流程

3. 焊接变形与控制

1）焊接变形及类型

焊接过程的局部加热，使焊件产生焊接内应力，在焊接内应力的作用下，使焊件产生的焊接变形叫焊接残余变形，简称为焊接变形。实际上焊接变形是焊接内应力在构件中平衡的产物，焊接的基本变形是焊缝的横向缩短和纵向缩短。由于焊缝截面形状不同，焊缝在焊接结构中所处的位置不同，也就产生了各种不同的变形。下面是 5 种常见的焊接残余变形。

（1）收缩变形。收缩变形分为焊缝纵向收缩变形和焊缝横向收缩变形 2 种，如图 2-4（a）所示。常用结构构件焊接收缩量参考表 2-5。

表 2-5                                         焊接收缩量

| 结构类型 | 焊件特征和板厚/mm | 焊缝收缩量/mm |
| --- | --- | --- |
| 钢板对接 | 各种板厚 | 长度方向每米焊缝 0.7；宽度方向每个接口 1.0 |
| 实腹结构及焊接 H 型钢 | 断面高小于等于 1 000，且板厚小于 25 | 四条纵焊缝每米共缩 0.6，焊透梁高收缩 1.0；每对加劲焊缝，梁的长度收缩 0.3 |
| | 断面高小于等于 1 000，且板厚大于 25 | 四条纵焊缝每米共缩 1.4，焊透梁高收缩 1.0；每对加劲焊缝，梁的长度收缩 0.7 |
| | 断面高大于 1 000 的各种板厚 | 四条纵焊缝每米共缩 0.2，焊透梁高收缩 1.0；每对加劲焊缝，梁的长度收缩 0.5 |
| 格构式结构 | 屋架、托架、支架等轻型桁架 | 接头焊缝每个接口为 1.0；搭接贴角焊缝每米 0.5 |
| | 实腹柱及重型桁架 | 搭接贴角焊缝每米 0.25 |
| 圆筒形结构 | 板厚小于等于 16 | 直焊缝每个接口周长收缩 1.0；环焊缝每个接口周长收缩 1.0 |
| | 板厚大于 16 | 直焊缝每个接口周长收缩 2.0；环焊缝每个接口周长收缩 2.0 |

（2）弯曲变形。弯曲变形是焊接梁、柱类构件常见的变形，主要原因是焊缝在结构上分布不对称引起的变形，可分为焊缝纵向收缩引起的弯曲变形（焊缝位于梁中性线下方）和焊缝横向收缩引起的弯曲变形，如图 2-4（b）所示。

（3）角变形。角变形分为对接焊缝角变形和 T 形接头角变形。对接焊缝角变形由于焊缝截面不对称，使焊缝横向收缩变形上下不均匀，即使焊缝截面对称，施焊顺序不当，也会产生角变形；T 形接头角变形是由角焊缝的横向收缩造成的，如图 2-4（c）所示。

（4）扭曲变形。施焊时工件放置不平，焊接顺序和焊接方向不合理，因焊缝纵向或横向的缩短变形，引起梁、柱类结构产生扭曲变形，如图 2-4（d）所示。扭曲变形是绕构件的轴线扭转。

（5）波浪变形。波浪变形又称失稳变形，焊接薄板或相对于构件而言，较薄的构件易产生波浪变形。产生的原因为：

① 由于焊缝的纵向缩短，对薄板边缘造成压应力，如图 2-4（e）所示；

② 由于焊缝的横向收缩造成的角变形。

有些波浪变形则是上述两种原因共同作用引起的。

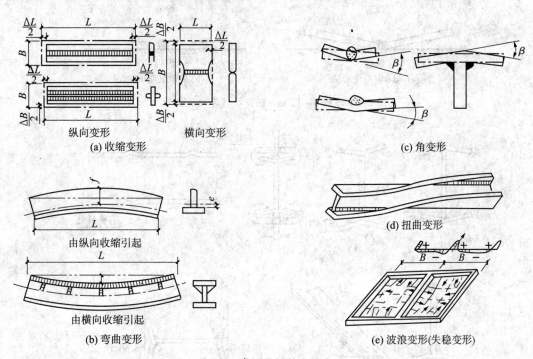

图 2-4　常见的焊接变形类型

实际结构中，焊接残余变形常有多种变形同时存在，如带加强筋板的工字形梁，焊接后既有收缩变形和弯曲变形，又有角变形和波浪变形，有时还可能有扭曲变形。

2）减少焊接应力和变形的措施

可通过合理的焊缝设计和焊接工艺措施来控制焊接结构焊接应力和变形。

（1）合理的焊缝设计。详见单元1项目2项目应知中相关部分内容。

（2）合理的工艺措施。在很多情况下，结构设计为满足功能需要，不可能做到焊缝合理布置或截面对称，如起重机走台只能偏置在主梁一侧，在制造中需采取工艺措施，减少焊接变形。一般的工艺措施有反变形法、刚性固定法及调整焊接顺序等方法。

① 反变形法。为抵消焊接变形，在焊前装配时，预先将工件向变形的反向进行人为变形，此法称为反变形法，是生产中最常用的措施。

V形坡口平板对接反变形。图 2-5 就是采用的平板 V 形坡口对接的反变形措施，板厚 8 ~ 12 mm，预置 1.5°反变形，基本上可消除焊接变形。

工字梁、箱形梁反变形。工字梁由于纵向角焊缝的横向收缩，会引起盖板的"伞形"变形，如图 2-6（a）所示。如采用夹具把上、下盖板夹紧，可获得如图 2-6（c）所示的反变形，对防止盖板"伞形"变形有一定效果。但夹具少，未夹到处仍有角变形，焊后在盖板上会产生如图 2-6（d）所示的波浪变形。盖板边缘可以矫平，而在盖板中部矫正后，形成如图 2-6（e）所示的"三道弯"。因此，生产上常将上、下盖板预先在压制反变形，如图 2-6（f）、（g）所示，以解决工字梁的"伞形"变形。

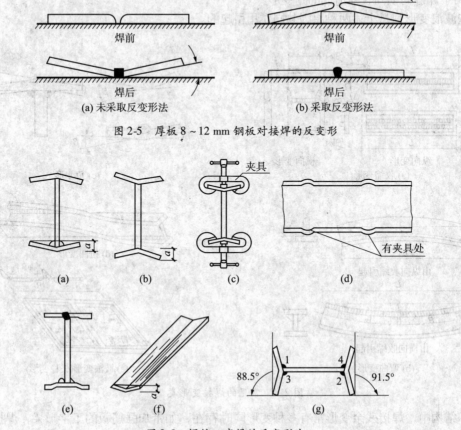

图 2-5　厚板 8 ~ 12 mm 钢板对接焊的反变形

图 2-6　焊接工字梁的反变形法

② 刚性固定法。在焊前采用夹持固定，加强焊件的刚度，减少焊接变形的方法称为刚性固定法。可以用专用胎具或临时定位焊在刚度较大的平台上，或采取焊件两两组合夹紧在一起的办法。刚性固定是生产中常用的减少焊接变形的方法。但刚性固定法焊后还会有少许残余变形，所以常配以反变形法，可以获得较好的效果。

工字梁刚性固定法焊接：小型工字梁可采用刚性固定法减小弯曲变形和角变形，如图 2-7 所示，可以将装配好的梁固定在平台上，或将两根工字梁的盖板两两卡紧（相隔 500 ~ 600 mm），然后由两名焊工按图示方向焊接。焊完上盖板，调头再焊下盖板。

丁字梁刚性固定法：焊接丁字梁刚度较小，焊后易产生梁的弯曲变形、角变形和旁弯。生产中常用刚性固定法，如图 2-7（b）所示。将丁字梁用螺旋夹具夹紧在临时操作台上，中间垫一小板条，在夹具力的作用下，造成盖板反变形。生产批量大时，可利用丁字梁本身"背靠背"地用螺旋夹具夹紧后焊接，如图 2-8（c）所示。

生产中常用刚性固定配合反变形法，可以取得较好效果，但夹紧点要多，或在夹紧部位垫以厚板条，以减少波浪变形。

焊后分割的刚性固定法　如图 2-9 所示为某弯板与立板的组焊件，但组焊时刚度太小易变形。为增大刚度，四件立板连成一体装焊弯板，大大提高了弯板焊接的刚度，焊后再割成四件，可减少变形。

端板焊接刚性固定法　轻钢结构门式刚架节点端板焊接采用夹具刚性固定，每个端板视其长短决定夹具使用数量，一般间隔 200 mm 放置一个，可以控制焊接收缩变形。

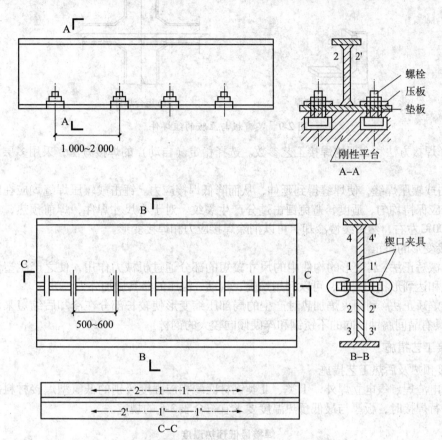

图 2-7　工字梁在刚性夹紧下进行焊接

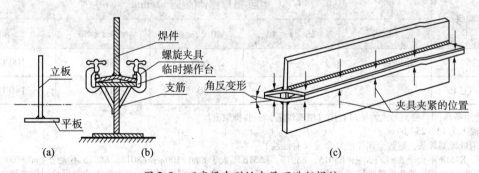

图 2-8　丁字梁在刚性夹紧下进行焊接

③ 采用合理的焊接顺序和方向。尽量使焊缝能自由收缩，先焊工作时受力较大的焊缝或收缩量较大的焊缝。在工地焊接工字梁的接头时，应留出一段翼缘角焊缝最后焊接，先焊受力最大的翼缘对接焊缝，再焊腹板对接缝。又如拼接板的施焊顺序：先焊短焊缝，最后焊长焊缝，可使各长条板自由收缩后再连成整体。上述措施均可有效地降低焊接应力。

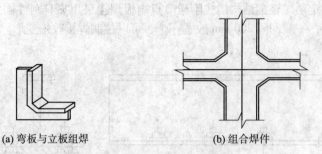

| (a) 弯板与立板组焊 | (b) 组合焊件 |

图 2-9　某弯板与立板的组焊件

④ 选择焊接方法和合理的焊接工艺参数。选择稳定（自动）的焊接方法，采用多层焊代替单层焊。

⑤ 锤击或辗压焊缝，使焊缝得到延伸，从而降低焊接应力。锤击或辗压焊缝均应在刚焊完时进行。锤击应保持均匀、适度，避免锤击过分产生裂纹。对于小尺寸焊件，焊前预热，或焊后回火加热至 600℃ 左右，然后缓慢冷却，可以消除焊接应力和焊接变形。

3）焊接变形的矫正

（1）机械矫正法：将变形的构件中的尺寸较短的部分通过机械力作用，使之产生塑性延展变形，而恢复和达到形状的要求，可以利用螺旋、气动、液压的器具施加外力。

（2）火焰矫正法：利用火焰加热时产生的局部压缩变形使较长部分在冷却后缩短来消除变形（不适用于具有晶间腐蚀倾向的不锈钢和淬硬倾向较大的钢材）。

4. 焊接工艺措施

1）焊接预热及后热工艺措施

（1）除电渣焊、气电立焊外，Ⅰ类、Ⅱ类钢材匹配相应强度级别的低氢型焊接材料并采用中等热输入进行焊接时，板厚与最低预热温度要求宜符合表 2-6 的规定。

表 2-6　　　　　　　　　　　　　焊接最低预热温度

| 钢材牌号 | 接头最厚部件的板厚 $t$/mm | | | | |
| --- | --- | --- | --- | --- | --- |
| | $t \leqslant 25$ | $25 < t \leqslant 40$ | $40 < t \leqslant 60$ | $60 < t \leqslant 80$ | $t > 80$ |
| Q235 | — | — | 60℃ | 80℃ | 100℃ |
| Q295，Q345 | | 60℃ | 80℃ | 100℃ | 140℃ |

注：本表适用条件：1. 接头形式为坡口对接，根部焊道，一般拘束度。

2. 热输入为 15～25 kJ/cm。

3. 采用低氢型焊条，熔敷金属扩散氢含量（甘油法）：

E4315，E4318 不大于 8 mL/100 g；E5015，E5016，E5516 不大于 8 mL/100 g；E8015，E8016 不大于 4 mL/100 g。

4. 一般拘束度指一般角焊缝和坡口焊缝的接头未施加限制收缩变形的刚性固定，也未处于结构最终封闭安装或局部返修焊接条件下而具有一定自由度。

5. 环境温度为常温。

6. 焊接接头板厚不同时，应按厚板确定预热温度；焊接接头材质不同时，按高强度、高碳当量的钢材确定预热温度。

（2）实际工程结构施焊时的预热温度，尚应满足下列规定：

① 根据焊接接头的坡口形式和实际尺寸、板厚及构件拘束条件确定预热温度，焊接坡口角度

及间隙增大时，应相应提高预热温度；

② 根据熔敷金属的扩散氢含量确定预热温度，扩散氢含量高时应适当提高预热温度；

③ 根据焊接时热输入的大小确定预热温度，当其他条件不变时，热输入增大 5 kJ/cm，预热温度可降低 25℃ ~ 50℃，电渣焊和气电立焊在环境温度为 0℃ 以上施焊时可不进行预热；

④ 根据接头热传导条件选择预热温度，在其他条件不变时，T 形接头应比对接接头的预热温度高 25℃ ~ 50℃，但 T 形接头两侧角焊缝同时施焊时应按对接接头确定预热温度；

⑤ 根据施焊环境温度确定预热温度，操作地点环境温度低于常温时（高于 0℃），应提高预热温度 15℃ ~ 25℃。

（3）预热方法及层间温度控制如下：

① 焊前预热及层间温度的保持宜采用电加热器、火焰加热器等加热，并采用专用的测温仪器测量；

② 预热的加热区域应在焊接坡口两侧，宽度应各为焊件施焊处厚度的 1.5 倍以上，且不小于 100 mm；预热温度宜在焊件反面测量，测温点应在离电弧经过前的焊接点各方向不小于 75 mm 处；当用火焰加热器预热时正面测温应在加热停止后进行。

（4）Ⅲ类、Ⅳ类钢材的预热温度、层间温度及后热处理应遵守钢厂提供的指导性参数要求，并经专家论证、评审和焊接工艺评定合格后，方可在工程中采用。

2）防止层状撕裂的工艺措施

（1）T 形接头、十字接头、角接接头焊接时，宜采用以下防止板材层状撕裂的焊接工艺措施：

① 采用双面坡口对称焊接代替单面坡口非对称焊接；

② 采用低强度焊条在坡口内母材板面上先堆焊塑性过渡层；

③ Ⅱ类及Ⅱ类以上钢材箱形柱角接接头当板厚 ≥80 mm 时，板边火焰切割面宜用机械方法去除淬硬层；

④ 采用低氢型、超低氢型焊条或气体保护电弧焊施焊；

⑤ 提高预热温度施焊。

3）控制焊接变形的工艺措施

（1）宜按下列要求采用合理的焊接顺序控制变形：

① 对于对接接头、T 形接头和十字形接头坡口焊接，在工件放置条件允许或易于翻身的情况下，宜采用双面坡口对称顺序焊接；对于有对称截面的构件，宜采用对称于构件中和轴的顺序焊接；

② 对双面非对称坡口焊接，宜采用先焊深坡口侧部分焊缝、后焊浅坡口侧、最后焊完深坡口侧焊缝的顺序；

③ 对长焊缝宜采用分段退焊法或与多人对称焊接法同时运用；

④ 宜采用跳焊法，避免工件局部加热集中。

（2）在节点形式、焊缝布置、焊接顺序确定的情况下，宜采用熔化极气体保护电弧焊或药芯焊丝自保护电弧焊等能量密度相对较高的焊接方法，并采用较小的热输入。

（3）宜采用反变形法控制角变形。

（4）对一般构件可用定位焊固定同时限制变形；对大型、厚板构件宜用刚性固定法增加结构焊接时的刚性。

（5）对于大型结构宜采取分部组装焊接、分别矫正变形后再进行总装焊接或连接的施工方法。

4）焊后消除应力处理

（1）设计文件对焊后消除应力有要求时，根据构件的尺寸，工厂制作宜采用加热炉整体退火或电加热器局部退火对焊件消除应力，仅为稳定结构尺寸时可采用振动法消除应力；工地安装焊缝宜采用锤击法消除应力。

（2）焊后热处理应符合现行国家标准《碳钢、低合金钢焊接构件焊后热处理方法》（GB/T 6046）的规定。当采用电加热器对焊接构件进行局部消除应力热处理时，尚应符合下列要求：

① 使用配有温度自动控制仪的加热设备，其加热、测温、控温性能应符合使用要求；

② 构件焊缝每侧面加热板（带）的宽度至少为钢板厚度的3倍，且应不小于200 mm；

③ 加热板（带）以外构件两侧尚宜用保温材料适当覆盖。

（3）用锤击法消除中间焊层应力时，应使用圆头手锤或小型振动工具进行，不应对根部焊缝、盖面焊缝或焊缝坡口边缘的母材进行锤击。

（4）用振动法消除应力时，应符合国家现行标准《振动时效工艺参数选择及技术要求》（JB/T 5926）的规定。

5）熔化焊缝缺陷返修

（1）焊缝表面缺陷超过相应的质量验收标准时，对气孔、夹渣、焊瘤、余高过大等缺陷应用砂轮打磨、铲凿、钻、铣等方法去除，必要时应进行焊补；对焊缝尺寸不足、咬边、弧坑未填满等缺陷应进行焊补。

（2）经无损检测确定焊缝内部存在超标缺陷时应进行返修，返修应符合下列规定：

① 返修前应由施工企业编写返修方案；

② 应根据无损检测确定的缺陷位置、深度，用砂轮打磨或碳弧气刨清除缺陷；缺陷为裂纹时，碳弧气刨前应在裂纹两端钻止裂孔并清除裂纹及其两端各50 mm长的焊缝或母材；

③ 清除缺陷时应将刨槽加工成四侧边斜面角大于10°的坡口，并应修整表面、磨除气刨渗碳层，必要时应用渗透探伤或磁粉探伤方法确定裂纹是否彻底清除；

④ 焊补时应在坡口内引弧，熄弧时应填满弧坑；多层焊的焊层之间接头应错开，焊缝长度应不小于100 mm；当焊缝长度超过500 mm时，应采用分段退焊法；

⑤ 返修部位应连续焊成，如中断焊接时，应采取后热、保温措施，防止产生裂纹，再次焊接前宜用磁粉或渗透探伤方法检查，确认无裂纹后方可继续补焊；

⑥ 焊接修补的预热温度应比相同条件下正常焊接的预热温度高，并应根据工程节点的实际情况确定是否需采用超低氢型焊条焊接或进行焊后消氢处理；

⑦ 焊缝正、反面各作为一个部位，同一部位返修不宜超过2次；

⑧ 对2次返修后仍不合格的部位应重新制订返修方案，经工程技术负责人审批并报监理工程师认可后方可执行；

⑨ 返修焊接应填报返修施工记录及返修前后的无损检测报告，作为工程验收及存档资料。

## 2.2.5 焊接工艺编制

【案例2-1】 双H形（十字形）钢柱的焊接工艺

**1. 焊接前的准备**

（1）焊接前，焊条先在现场的烘干箱里烘干，烘干温度为200℃～250℃，烘干后保温1～2 h，当班未用完的焊条，应按规程重新烘干。

（2）施焊前，应检查焊机运行是否正常。

（3）由于钢柱对接口的位置距地面高度不等，施焊前在钢柱周围搭设牢固脚手架，铺设脚手板。

**2. 焊接材料及设备**

焊接材料选用 E4303，$\phi4$ 的猴王牌焊条。16 台 $ZX_s$－4000 电焊机，电流为 220～250 A。

**3. 焊接工艺**

每段钢柱下接口须打坡口，翼板为单面坡口。腹板为双面坡口，上接口不打坡口，其坡口角度为（50°±5°）。当垂直度、轴线位置和上下错口对接缝符合规范要求后，将其四周点固。然后两人开始从翼板外侧对称焊接。焊接缝隙要求分4次填焊完，满足焊缝余高8 mm 的要求。焊接完毕后，再对称焊另一侧翼板外侧，每填焊一遍均用引弧板收根。而后再对称焊腹板，要求6次填焊完，满足焊缝余高的要求。焊接顺序和坡口示意见图 2-10。钢柱焊接全部完成后，拆除连接板。进行焊缝外观检查，有缺陷或焊缝余高不够的进行修补，直到合格为止。

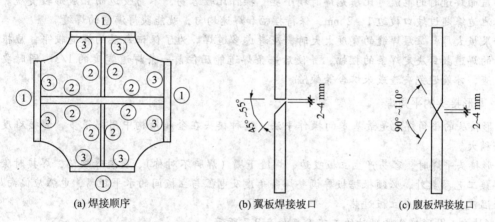

（a）焊接顺序　　　　（b）翼板焊接坡口　　　　（c）腹板焊接坡口

图 2-10　焊接顺序和坡口形式

**【案例 2-2】**　手工电弧焊平焊焊接操作工艺

平焊常用接头有对接接头、T 形接头、搭接接头及角接接头。

**1. 对接接头平焊**

**1）I 形坡口对接平焊**

当板厚小于6 mm 时，一般采用 I 形坡口双面焊。

焊接正面焊缝时，采用短弧焊，使熔深达到焊件厚度的 2/3，焊缝宽度 5～8 mm，余高小于1.5 mm；焊接反面焊缝时，除重要结构外，不必清根，但要将正面焊缝背部的熔渣清除干净，然后再焊接，焊接电流可大些，以保证根部焊透。

**2）V 形坡口对接平焊**

当板厚超过6 mm 时，为了保证焊透，必须开 V 形坡口或 X 形坡口。需采用多层焊或多层多道焊，焊道分布及焊接顺序如图 2-11 所示。多层焊时，焊第一层应选直径较小的焊条，使电弧能深入到坡口的根部，运条方法应根据焊条直径与坡口间隙决定，可采用直线运条或锯齿形运条法，尽可能使根部焊透。

焊接填充层时，可改用直径较粗的焊条和较大的焊接电流施焊，务必使坡口两侧熔合好，每

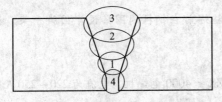

(a) 多层焊的焊道分布(1~4为焊接顺序)

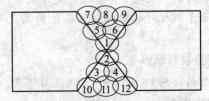

(b) 多层多道焊的焊道分布(1~12为焊接顺序)

图 2-11　V 形坡口对接平焊焊接顺序

层焊道表面平整，两侧稍下凹；决不能上凸或咬边。

　　焊接最后一层填充焊道时，要特别小心，除保持坡口两侧熔合良好外，要注意不能熔化表面的棱边，并保持焊缝的高度，最好比钢板表面低 0.5 ~ 1.0 mm。如果距离太小，盖面焊缝太高；若距离太大，则盖面焊缝填不起来。保留坡口棱面可保证盖面焊缝较直。

　　焊盖面焊道时的电流可比填充焊时稍小些，操作比较容易，不易咬边而且成形较美观。焊接时使熔池边缘超过坡口棱边 1 ~ 2 mm，保持摆幅和焊速均匀，就能获得满意的焊缝。

　　如果板太厚，每层焊缝的宽度太大时，应考虑多道焊。为了保证每层的焊缝较平，应根据每层焊缝的焊道数目决定焊条的摆幅，并使后一条焊道能压住前一条焊道宽度的 1/3。同时要加强层间清渣，才能避免夹渣或未熔合等缺陷。

　　2. T 形接头的平角焊

　　T 形接头的平角焊也是最基本的操作手法。这种接头在金属结构中用得很多，焊接难度比对接接头稍大。

　　T 形接头平焊时，容易产生立板咬边、焊缝下塌（焊脚不对称）、夹渣等缺陷，焊接时除正确选择焊接工艺参数外，必须根据板厚调整焊条角度及电弧与立板间的水平距离，电弧应偏向厚板，使两板温度均匀，避免立板过热。

　　I 形坡口、T 形接头平焊时的工艺参数如表 2-7 所示。

表 2-7　　　　　　　　　　　I 形坡口、T 形接头平焊时的工艺参数

| 焊脚尺寸/mm | 层数或道数 | 焊条直径/mm | 焊接电流/A |
|---|---|---|---|
| 2 | | 2 ~ 3.2 | 60 ~ 120 |
| 3 ~ 4 | 1 | 3.2 ~ 4.0 | 90 ~ 1 480 |
| 6 | | | |
| 8 | | 4 ~ 5 | 150 ~ 240 |
| 10 ~ 12 | 1 ~ 2 | | |
| 14 | 2 ~ 3 | 5 | |
| 16 | 3 ~ 4 | | 200 ~ 300 |
| 18 | 4 ~ 5 | | |
| 20 | 5 ~ 6 | | |

**【案例 2-3】**　ZG230-450H 铸钢件与 Q345B 钢材的焊接

**1. 焊接前的防护**

施工前在焊接处必须做好防风雨措施。搭设焊接操作平台，平台周围及顶部具有抗风雨的能力，平台应结实牢固。

**2. 焊条的预热处理**

焊条在焊接前必须在烘箱里烘烤，烘烤温度符合要求，焊工焊接时，必须有保温桶保持焊条的温度，做到随用随取。

**3. 铸钢件与 Q345B 钢材的焊接**

铸钢件型号为"ZG230-450H"，与 Q345B 钢材的材质差别较大，焊接较难。可采用 E5015 焊条，手工焊接。由于铸钢件较厚，焊接时需经常调整焊接作业方式和变更焊接工艺参数。铸钢件的预热温度为 140℃～160℃。焊接过程中，必须注意保持层间温度，焊后温度为 180℃～200℃。每层焊道的焊肉厚度不得超过 4 mm，要求多层多道焊接。每焊完一层要检查坡口周边有无未熔合及凹陷夹角现象，如有，必须采用角向磨光机磨掉。在接近盖面时，应注意均匀留出 1.5～2.0 mm 深度，以便盖面时能够清楚地看见坡口两边。后热应保持在焊接两侧各 150～200 mm 处来回均匀加热，温度达到后采用不少于 3 层的石棉布紧裹并用扎丝捆紧，保持 3～4 h 后拆除。

**4. 桁架上、下弦管对接焊接（Q345B 间的焊接）**

在焊接前，将定位焊处焊皮飞溅、雾状附着物仔细除去，且确认没有未熔合、收缩孔等缺陷存在。采用氧炔火焰在坡口边 100 mm 处上、中、下部来回加热，预热层温度为 80℃～100℃，必须用表面温度计测试。焊接时，应保持层间温度，中途不得离岗。焊接采用左右 2 根同时施焊方式，操作者分别采取共同先外侧后内侧施焊的顺序，自根部起至面缝止。

（1）根部焊接

施焊应自下部起始处超越中心线 100 mm 起弧，与定位焊接头处应前行 100 mm 收弧，再次施焊应在定位焊缝上退行 100 mm 引弧，在顶部中心处熄弧时应超越中心线至少 10 mm。另一半焊接前应将前半部始焊及收弧处修磨成较大缓坡状并确认无未熔合及未熔透现象后在前半部始焊缝上引弧。上部接头处应不熄弧连续引至接头 5 mm 时稍用力下压，并连弧超越中心线至少 1 个熔池长度（10～12 mm）方允许熄弧。

（2）填充层焊接

焊接前剔除首层焊道上的凸起部分及引弧收弧造成的多余部分，仔细检查坡口边沿有无未熔合及凹陷夹角。如有，必须采用角向磨光机或气刨除去，应注意不得伤及坡口边沿。焊接仰焊部分采用小直径焊条，仰爬坡时电流稍小，立焊部位先用较大直径的焊条，电流适中，焊至爬坡时电流逐渐增大，在平焊部位再次增大。焊条呈月牙形运行，在接近盖面时，应注意均匀留出 1.5～2.0 mm 深度。其余要求与首层相同。

（3）面层焊接

面层焊接时，应选用适中的电流值并注意在坡口边熔合时间稍长。接头时换焊条与重新燃弧时动作要快，以保证接头的外观质量满足要求。

**5. 焊接质保要求**

严格执行相关质量体系，对每一工序进行自检、互检、专检。焊接接头完全结束后打上施工焊接员的专用钢印，24 h 后由专业探伤人员进行 UT 检测，并出具报告。

**工程实例：** 沈阳桃仙国际机场航站楼钢结构施工，采用滑移胎架，施工效率高、安全可靠，比搭拆满堂架节约投资约 196 万元。钢结构以 1 榀/d 的速度进行施工，提前 1 个多月完工，仅施工机械台班费用一项就节约 70 多万元。施工质量、安全生产、文明施工等方面得到业主、设计、监理单位的一致好评。

**【案例 2-4】** 框架结构施工现场手工电弧焊焊接工艺

编制某框架结构施工现场手工电弧焊焊接工艺，包括柱与柱、梁与柱以及部分梁与梁的焊接。

**1. 焊接设备与焊接材料**

设备选用交直流 ZXEL-500 电焊机，焊条为低氢型焊条（E5016），焊条使用前先在 350℃ 的烘干箱内烘焙 1 h，然后在 100℃ 的恒温箱内保存，焊条领用时存放在保温筒内，随用随取，超过 4 h 后仍未用完须重新烘焙，烘焙次数不得超过 2 次。

**2. 焊接环境、温度的选择**

焊接前对所焊部位坡口、垫板、引弧板等进行检查。

焊接环境温度应不低于 0℃，否则需进行焊前预热焊后后热处理。雨天施工须设置防雨设施；风力达 5 m/s 时应设防风棚，否则禁止焊接作业。

**3. 焊接顺序**

每个竖向流水段（1 节柱子）内焊缝的焊接顺序为上层：主梁→压型钢板支托→压型钢板点焊；下层：主梁→压型钢板支托→压型钢板点焊；中层：主梁→压型钢板支托→压型钢板点焊；柱—柱接头焊缝（上层压型钢板已铺完）；其他焊缝。

根据试验，厚度为 30 mm 的钢板用焊缝等强连接时，会产生 2 ~ 3 mm 的收缩，因此在编制钢结构焊接顺序的同时要编制焊缝预留焊接收缩量。钢结构的焊接顺序是从建筑物平面的中心往四周扩展焊接，采用这种焊接顺序可使焊缝焊完后产生的焊接收缩变形和残余应力减到最小。

**4. 焊接工艺**

每个柱与柱的接头焊缝由两个焊工在对面同时进行焊接。不同位置的焊缝和不同直径的焊条，要设专人随时调整电流。

（1）清理坡口，用气割炬清理。

（2）打底：用 $\phi 4$ 焊条将垫板和钢柱母材焊牢，焊完后进行清渣，起始焊接时焊接电流应稍高，保证焊缝和母材熔深熔透。

（3）焊第一遍：用 $\phi 5$ 或 $\phi 6$ 焊条，两人在对面同时按逆时针方向施焊，焊完 4 遍再在另一面焊 8 遍进行焊接，直至焊完一个柱接头。

（4）每一遍焊完后均认真清渣，焊缝焊至厚度为 15 mm（或母材厚度的 1/2 以上）可以熄弧。

（5）为使焊缝美观，用 $\phi 4$ 焊条焊装饰焊缝。

**5. 焊接检验**

焊缝焊完后，施焊焊工要打上操作者钢印。焊后 24 h 进行超声波探伤检查。对不合格的焊缝要制定返修工艺，由焊接技术高的焊工按返修工艺返修合格。

**6. 常见问题处理**

（1）有时因调整柱的标高造成间隙增大，上柱和下柱靠临时耳板支撑。为使柱接头焊缝有良好的质量，可用ϕ4焊条焊满间隙并将药皮清理干净后，再按正常焊接工艺施焊。

（2）由于各种因素的影响，柱位置校至正确后，会造成梁头紧靠柱面达不到梁上下翼缘设计要求焊透而留出的间隙（8 mm），此时可先用气割垂直切一条5 mm宽的间隙，再在柱面上靠一块3 mm厚的钢板以保护柱面，用气割切割斜面，最后用角向砂轮磨光。

柱与梁的焊缝有上下两条，应先焊下翼缘焊缝，再焊上翼缘焊缝。柱和主梁的连接有1根柱与主梁的3个梁头、2个梁头连接者，在一根梁的两头不同时进行焊接，即应待梁一头焊接完冷却收缩完成后，再焊另一头，这是一项为减少结构因焊缝收缩引起的变形和残余应力的工艺措施。

**【案例2-5】** 焊接变形和焊接应力的控制

某中心大厦钢结构转换桁架节点复杂，牛腿群汇于一点，在测量、安装、校正及焊接工序中，通过采取相应的技术措施，有效地控制了垂直偏差、错边及焊接变形。

1. 焊接顺序

总体按以大节点为中心可对称扩散的顺序，对称焊接，尽量采用相同的焊接电流和速度，使焊缝能够均匀收缩。

（1）对同一杆件应先焊接一端，冷却后焊接另一端，即让变形处于自由状态下，减少焊接应力的累加。

（2）对交叉点，交叉两侧焊缝可同时对称焊接。

（3）一条焊缝应先立焊后仰平焊，立焊同时对称焊接，并在平仰焊缝两侧实施刚性固定，待焊缝冷却至常温后，再进行仰焊和平焊。

（4）活口收缝时，如在钢柱牛腿上则可以适当采取反变形措施，即预先将钢柱向变形相反的方向倾斜，同时焊接过程中采用加圆钢固定、退焊、锤击、焊后加热焊缝等工艺措施，减少焊接应力和变形。

（5）大节点焊接时，在早、中、晚、夜四个班交替过程中，随时进行观测，一旦出现异常情况，及时调整焊接顺序或做出特殊处理。

（6）在焊接过程中注意积累焊缝的收缩量值和变化规律。

2. 减少焊接变形和焊接应力的措施

（1）严格按照规定的焊接顺序施焊。

（2）尽可能对称施焊，使产生的变形均匀、直线分布，不产生弯转。

（3）对缝隙较大以及预留的活口进行焊接时，可以在焊接间隙中加入20～30 mm长的ϕ32圆钢，沿焊缝等距两点分布，采用焊缝点焊固定，待焊缝完成钢板厚度的一半以上后，将圆钢去除，并将余下的焊缝完成。这种方法起到了刚性固定的作用，使坡口内的焊缝收缩受到限制，减少焊接收缩变形。

（4）为防止焊缝焊接过程中起弧和收弧点因温度差而产生的焊接应力以及变形的不均匀，在焊接过程中应采取逐步退焊工艺进行操作，同时对接头处进行清理。

（5）在焊接过程中，应合理应用多层多道焊工艺，尽量减少与母材的接触面积，在焊缝与母材之间创造一个能够自由收缩的间隙。必须注意安装构件完成后加设的垫板，在直坡口侧必须先焊接牢固，防止垫板上翘造成未熔合。

（6）为了有效地释放焊接过程中产生的焊接应力，对于填充层可以采用气动圆头风铲或手锤对焊缝进行均匀的敲击，打底焊缝和盖面焊缝除外。

(7) 对个别缝隙或应力较大的焊口在实施以上措施的同时也可以在焊缝两侧加焊刚性固定板限制收缩。

3. 焊接工艺

(1) 焊前预热。对大于 36 mm 厚的钢板，在焊接前采用两把大号烤枪对焊缝坡口及两端 100 mm 范围内进行预热处理，预热温度 100℃~120℃，采用 DP-500 电子测温仪监控，达到温度后进行焊接。

(2) 焊条烘干处理。采用 E5015 碱性焊条，所有焊条使用前，必须在 350℃~400℃烘干箱内烘干 1 h，采用保温筒盛装，随取随用，焊条在空气中外露 4 h 以后必须重新烘干，重新烘干次数不得多于 2 次。

(3) 仰焊的质量保证措施。主要有以下几点：

① 焊接顺序和方法按上述要求；

② 焊前认真清理坡口间隙，进行确认、修整，加设工艺垫板并确保垫板焊接牢固且不产生弯曲或上翘影响焊缝的熔深，确保打底层焊透；

③ 焊层间认真用风铲清理焊渣，对于两边沟槽及深度夹渣采用碳弧气刨彻底清除干净，并用磨光机打磨后重新焊接；

④ 在交接班时，采用氧-乙炔火焰对焊缝进行烘烤，去除湿气，使之具有一定的温度，减少应力。

4. 返修

采用超声波探伤检验焊缝质量，对有缺陷的焊缝，应清除缺陷两端 50 mm 部分，并以与正式焊缝相同的焊接工艺进行补焊，采用同样的方法进行复检。

5. 焊接过程中的变形监测

(1) 焊接前，在焊缝两侧作出标准间距为 500 mm 的白洋冲眼，同时在构件的另一端或其他接口处测量、记录焊缝间隙的大小，或者在定位卡板端头划出标记线，或采用刻度适宜的位移监测仪器监控焊接过程中该口和其他接口处的变化。

(2) 对于大节点和钢柱采用通常钢柱的测量检测方式，即在相互垂直的两个方向架设仪器，监测位移、垂直度和整体平面度。

(3) 通过上述监测，出现异常变形或钢柱有超偏趋势时，及时调整焊接顺序，当发现钢柱，特别是大节点的位移明显有可能造成超差时，应暂时停止倾斜方向一侧的焊接，通过另一侧的焊接使之调正，并根据实际情况进行必要的校正工作，保证桁架的准确定位。

**工程实例**：某市高智能化写字楼，地上 53 层，地下 3 层，为全现浇钢筋混凝土劲性框架-筒体结构。其中一个贯穿裙楼，宽 17.2 m、高 19.81 m 的中庭将裙楼一分为二，第 6 夹层的钢结构转换桁架又将整个大楼结合在一起，⑦轴线上 7~53 层的劲性钢筋混凝土柱则坐落在转换桁架上，如图 2-12 所示。

转换桁架位于⑥—⑧轴线的Ⓐ—Ⓕ轴间、标高 19.81~34.85 m 的空间内，共 6 榀，桁架间设有水平十字撑。转换桁架共有 64 段钢柱、96 节桁架构件，总重约 1 544 t，构件全部采用箱形截面，主要尺寸为 1 200 mm×1 200 mm×50 mm×50 mm，1 200 mm×1 000 mm×50 mm×50 mm，800 mm×800 mm×36 mm×36 mm，全部采用 Q345B 钢材焊接制作。转换桁架具有钢板厚度大、截面大、刚性大的特点；接口多、形式复杂，给安装带来难度；没有成熟的经验，也没有专门的国家规范标准可参考，给施工质量控制带来难度。经过反复研究、探讨，设计、

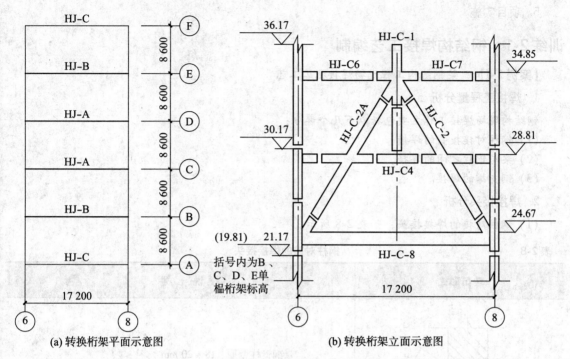

(a) 转换桁架平面示意图　　　　　(b) 转换桁架立面示意图

图 2-12　转换换桁架示意图

施工、业主、监理才逐步取得一致的认识，即桁架施工的主要程序是测量、吊装、校正、焊接，施工的主要控制指标为：①垂直度与轴线位移；②接口间隙与错边；③焊接变形（产生垂偏和位移）。

# 第二部分　项目训练

### 1. 训练任务

根据钢结构焊接工艺标准，结合施工图，编制梁、柱的焊接工艺及焊接规范。

了解钢结构焊接质量要求，制订焊接质量验收标准。

### 2. 能力标准及要求

具备钢结构焊接工艺的编制及质量控制能力。

### 3. 活动条件

多媒体教室或综合实训室。

### 4. 训练步骤提示

（1）集中学习焊接工艺规程，分组讨论焊接方法、工艺参数和质量控制措施。

（2）分析工程施工图及焊接质量要求，选择焊接方法，研究焊接工艺流程。

（3）针对构件加工和现场安装的不同焊接作业条件分别制定各焊缝焊接技术要点，编制各连接节点的焊接施工工艺方案。

（4）从编制依据、方法选择、工艺参数和控制措施等方面对各组工艺方案进行比较和评定。

5. 项目实施

## 训练 2-1　钢结构焊接工艺编制

【案例2-6】　某钢结构工程现场焊接施工工艺

1. 焊接工程量分析

钢结构现场焊接工作主要包括以下几个部分:

(1) 钢柱对接接头的焊接。

(2) 梁与钢柱之间的焊接。

(3) 钢支撑的焊接。

2. 焊接接头分析

(1) 钢柱对接的焊接接头,如表2-8所示。

表2-8　　　　　　　　　　　　　　　　　　钢柱对接的焊接接头

| 坡口形式 | 说　　明 |
|---|---|
| (图) | 钢管柱壁厚: 18~20 mm<br>钢柱截面: 450 mm×450 mm<br>材质: Q235<br>焊缝类型: 对接焊缝<br>焊接位置: 横焊<br>焊缝所在位置: 钢柱连接 |

(2) 梁与钢柱的焊接接头,如表2-9所示。

表2-9　　　　　　　　　　　　　　　　　　梁与钢柱牛腿的焊接接头

| 坡口形式 | 说　　明 |
|---|---|
| (图) | H型钢梁壁厚: 最大为20 mm<br>H型钢梁截面: 500 mm×350 mm<br>材质: Q235<br>焊缝类型: 对接焊缝全熔透<br>焊接位置: 立焊、平焊<br>焊缝所在位置: 梁与钢柱的连接 |

### 3. 焊接特点分析

（1）焊接变形问题

焊接变形将影响到整个钢结构安装的尺寸精度，而焊接变形又是一种不可避免的物理现象。在施工中必须一方面采取有效的防变形措施，另一方面要随时跟踪观测焊接变形量，并评估其对结构整体的影响，以便及时调整施工工艺，把焊接变形的影响降到最低。

（2）焊接方法的比较与选择

适用的焊接方法有半自动自保护焊、焊条电弧焊、$CO_2$ 气体保护焊，三种焊接方法的优缺点如表 2-10 所示。

表 2-10　　　　　　　　　　　三种焊接方法的优缺点

| 序号 | 焊接方法 | 优　　点 | 缺　　点 |
|---|---|---|---|
| 1 | 半自动自保护焊 | （1）与 $CO_2$ 气体保护焊相比，抗风能力强，焊缝质量好；<br>（2）熔敷效率高，熔敷速度快；<br>（3）焊接变形小；<br>（4）不使用保护气体，自动送丝，相应地在焊接设备中取消了送气系统，与 $CO_2$ 气体保护焊相比，操作性相对简便；<br>（5）可进行全位置焊接 | （1）操作地点与焊接设备的距离只能在数米之内；<br>（2）焊丝价格高（进口自保护焊丝为 5 万 ~ 6 万元/t） |
| 2 | 焊条电弧焊 | （1）焊接灵活性好，可进行全位置焊接；<br>（2）焊接设备相对简单；<br>（3）与 $CO_2$ 气体保护焊相比，抗风能力强 | （1）熔敷速度低；熔敷效率低；<br>（2）焊接变形大；<br>（3）焊缝外观与内部的质量与焊工技术水平关系密切 |
| 3 | $CO_2$ 气体保护焊 | （1）焊接成本低，熔敷速度快，熔敷效率高（是焊条电弧焊的 3 倍左右）；<br>（2）抗锈能力强，焊缝中不易产生气孔，抗裂性能好；<br>（3）焊接变形小；<br>（4）操作性能好，可进行全位置焊接；<br>（5）如用药芯焊丝，其工艺性能较好，焊缝质量优良，但焊丝价格高 | （1）用实芯焊丝时，抗风力较差，一般当风速≥2 ~ 3 m/s 时，即需采取防风措施；<br>（2）用实芯焊丝时，焊接飞溅大，工艺性能较差；<br>（3）与焊条电弧焊相比，设备增加了供气系统和送丝系统，操作不如焊条电弧焊灵活，操作地点与焊接设备的距离只能在数米内 |

### 4. 焊接方法的选择

根据工程的特点，选择焊接方法应侧重考虑焊接质量和熔敷速度（即焊接速度）。通过以上对比，选用 $CO_2$ 气体保护焊作为主要焊接方法。根据焊条电弧焊操作灵活，抗风能力强的特点，将其作为辅助焊接方法。具体应用范围如表 2-11 所示。

表 2-11 焊接方法及应用范围

| 焊　缝 | | 焊接方法 | |
|---|---|---|---|
| | | $CO_2$ 气体保护焊 | 焊条电弧焊 |
| 所有定位焊 | | | ● |
| 钢柱对接焊 | 打底焊 | | ● |
| | 填充焊、盖面焊 | ● | |
| 钢梁与柱的焊接 | 打底焊 | | ● |
| | 填充焊、盖面焊 | ● | |
| 斜撑焊接 | 打底焊 | | ● |
| | 填充焊、盖面焊 | ● | |
| 零星焊接 | | | ● |
| 焊接返修 | | ● | |

（4）焊接材料的选择

根据工程的钢材材质、规格及现场施焊条件，焊接材料的选择如表 2-12 所示。

表 2-12 焊接材料的选择

| 序号 | 母材牌号 | 焊条电弧焊 | $CO_2$ 气体保护焊 |
|---|---|---|---|
| 1 | Q235 + Q235 | E4316（J427）<br>（$\phi3.2 \sim \phi5.0$） | E501T-8（GB/T 10045—2005） |

所选用焊丝熔敷金属的机械性能应符合表 2-13 所示。

表 2-13 选用焊丝熔敷金属的机械性能

| 焊丝型号 | 熔敷金属机械性能 | | | |
|---|---|---|---|---|
| | 抗拉强度<br>≥MPa | 屈服强度<br>≥MPa | 伸长率<br>$\delta_5 \geqslant$% | V 形缺口<br>冲击功≥J |
| E501T-8<br>（GB/T 10045—2005） | 420 | 340 | 22 | 27（20℃） |

所选用焊丝熔敷金属的化学成分应符合表 2-14 所示。

表 2-14　　　　　　　　　　　　选用焊丝熔敷金属的化学成分

| 焊丝型号及产品标准 | 化学成分 | | | | | | | | | | |
|---|---|---|---|---|---|---|---|---|---|---|---|
| | C | Mn | Si | S | P | Ni | Cr | Mo | V | Cu | Al |
| E501T-8（GB/T 10045—2005） | 0.12% | ≤1.75% | ≤0.60% | ≤0.03% | ≤0.03% | ≤0.50% | ≤0.20% | ≤0.30% | ≤0.08% | ≤0.35% | — |

所选用焊条熔敷金属的机械性能应符合表 2-15 所示。

表 2-15　　　　　　　　　　　　选用焊条熔敷金属的机械性能

| 焊条型号 | 熔敷金属机械性能 | | | |
|---|---|---|---|---|
| | 抗拉强度 ≥Mpa | 屈服强度 ≥Mpa | 伸长率 δ5≥% | V 形缺口冲击功≥J |
| E4303（GB/T 5117—1995） | 420 | 330 | 22 | 27（20℃） |
| E4315，E4316（GB/T 5117—1995） | | | | 27（30℃） |

所选用的焊条熔敷金属的化学成分应符合表 2-16。

表 2-16　　　　　　　　　　　　选用焊条熔敷金属的化学成分

| 焊条型号及产品标准 | 化学成分（≤） | | | | | | | | | |
|---|---|---|---|---|---|---|---|---|---|---|
| | C | Mn | Si | S | P | Ni | Cr | Mo | V | 说明 |
| E4303（GB/T 5117—1995） | — | — | — | 0.035% | 0.040% | — | — | — | — | |
| E4315，E4316（GB/T 5117—1995） | — | 1.25% | 0.90% | | | 0.30% | 0.20% | 0.30% | 0.08% | Mn，Ni，Cr，Mo，V 总量≤1.5% |

## 5. 焊接设备

（1）焊接设备的选择

选择焊接设备的原则：根据确定的焊接方法选择焊接设备。本工程主要使用自保护焊机和手工直流弧焊机两类。鉴于工程的特点，应侧重选择重量轻、体积小、便于移动的机型。

（2）$CO_2$ 气体保护焊机

$CO_2$ 气体保护焊机是本工程最主要的焊接设备，选用北京时代公司制造的 A410-400。设备外形如图 2-13 所示，其技术参数如表 2-17 所示。

图 2-13　A410-400 型 $CO_2$ 气体保护焊机

表 2-17　　　　　　　　　　　$CO_2$ 气体保护焊机技术参数

| 序号 | 类型 | 技 术 参 数 |
|---|---|---|
| 1 | 输入电压 | 三相380 V ± （15～20）%，50～60 Hz |
| 2 | 额定输入电流 | 24 A |
| 3 | 额定输入功率 | 25 kW |
| 4 | 空载电压 | 65～75 V |
| 5 | 电压调节范围 | 15～45 V |
| 6 | 电流调节范围 | 20～400 A |
| 7 | 适应焊丝规格 | $\phi1.7/\phi2.0$（药芯） |
| 8 | 额定负载持续率 | 60% |
| 9 | 效率 | 90% |
| 10 | 功率因数 | 0.93 |
| 11 | 外壳防护等级 | IP23 |
| 12 | 冷却方式 | 风冷 |
| 13 | 外形尺寸 | 605 mm×254 mm×464 mm |
| 14 | 电源重量 | 38 kg |
| 15 | 送丝机外形尺寸 | 450 mm×225 mm×331 mm |
| 16 | 送丝机重量 | 12 kg |

（3）焊条电弧焊机

焊条电弧焊机选用北京时代公司制造的 ZX7-400，ZX7-630（可兼用于碳弧气刨）。设备外形如图 2-14 所示。

（4）焊接设备的进场检验

焊接设备进场后应由焊接设备管理人员组织进场检验，并办理验收手续。确认性能正常后方可投入使用。

(a) 手工焊直流弧焊机ZX7-630    (b) 手工焊直流弧焊机ZX7-400

图 2-14　焊条电弧焊机

6. 焊接技术人员和焊工的资质

1）对焊接技术人员的要求

（1）钢结构焊接的全过程，均应在焊接责任工程师的指导下进行，焊接责任工程师必须具备工程师以上的技术职称和相应的工程施工经验，具有大型焊接工程的总体规划的能力，并应由目前在职的工程师担任。

（2）焊接责任工程师和其他焊接技术人员，应具有大型焊接工程的管理能力和技术指导能力。

2）对焊工的要求

（1）参加工程焊接的焊工应按《建筑钢结构焊接技术规程》（JGJ 81—2002）中的要求进行考试，取得焊工资格证。资格证的合格项目必须能覆盖现场所有的焊接位置，焊工资格证必须在有效期内。在正式进行焊接之前，项目部应根据本项目的焊接特点对焊工进行技能附加考试，考试合格的焊工方有上岗资格。

（2）从事工程焊接的焊工考试合格项目应符合如下要求：

① 焊接方法：从事 $CO_2$ 气体保护焊的焊工，应具备 FCAW-SS 项目（药芯焊丝气体保护焊代号）。

从事焊条电弧焊的焊工，应具备 SMAW 项目（焊条电弧焊代号）。

具备 FCAW-SS 或 SMAW 的焊工，也具备相应焊接方法的定位焊资格。

② 钢材类别：从事 Q235 材料焊接的焊工应具备Ⅱ类材料（可覆盖Ⅰ类材料）或Ⅲ类、Ⅳ类材料（可覆盖Ⅰ类、Ⅱ类材料）的相应焊接方法的考试项目。

试板厚度：试板厚度应≥20 mm。

焊接位置：全位置，即包括平焊（F）、立焊（V）、横焊（H）、仰焊（O）。

③ 在焊工正式上岗施焊之前，还必须进行附加考试。附加考试的试件形式和数量，由项目部主管焊接工程师提出，项目部总工程师批准，并报监理工程师认可。

④ 项目部应掌握全部焊工资格证的原件，并严格审查焊工资格证的真实性。当焊工调离项目时，资格证方可返还给焊工本人。

7. 焊接作业流程

焊接作业流程如图 2-15 所示。

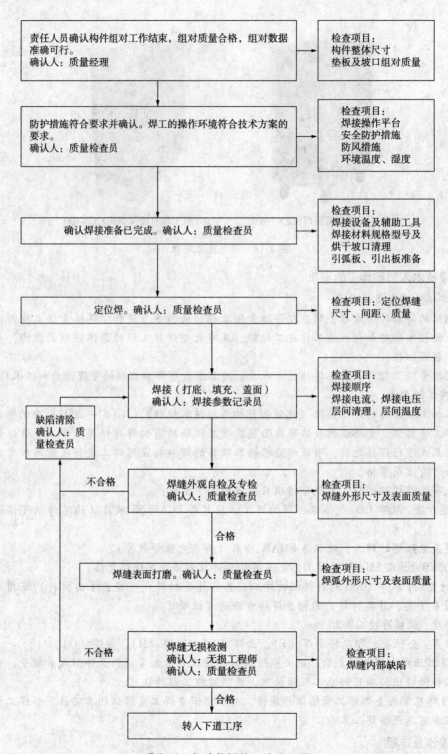

图 2-15  钢结构焊接工艺流程图

8. 焊接过程要求

（1）焊前准备按表 2-18 要求。

表 2-18　　　　　　　　　　　　　　焊接前的准备工作

| 序号 | 项目 | 准 备 内 容 |
|---|---|---|
| 1 | 技术交底 | 每个焊工均应经过了正式的技术交底，掌握焊接技术要求 |
| 2 | 焊工资格 | 焊工资格由现场焊接检验员进行确认 |
| 3 | 焊接设备 | （1）规格、型号、电气性能及安全性能指标应符合要求，电流表、电压表要齐全完好；<br>（2）焊条保温筒配备齐全；<br>（3）焊工在正式施焊之前应进行焊机试运行 |
| 4 | 焊接材料 | （1）焊接材料规格、型号、烘焙温度和时间应符合焊接工艺卡的要求，且应得到现场焊接材料管理员的确认；<br>（2）焊工在正式施焊之前应进行试验性焊接 |
| 5 | 焊口组对 | （1）焊口组对质量应得到现场质量检验员的确认；<br>（2）焊工发现焊口存在难以处理的缺陷，应及时向焊接技术员反映 |
| 6 | 作业条件准备 | 焊工操作平台、脚手架以及防风措施应该安装到位，保证必要的操作条件 |
| 7 | 焊口清理 | 用电动角向磨光机去除坡口内及坡口边缘以外 20 mm 范围内的铁锈和油迹，直至坡口表面呈现金属光泽 |

（2）焊接顺序：在钢结构焊接中，先焊接的部分先定位，并阻碍了与之相关联的后焊焊缝的自由收缩，因此，确定合理的焊接顺序很重要。合理的焊接顺序可以减小焊接应力和焊接变形，有利于保证钢构件几何尺寸。

① 外框架焊接顺序：外框架组装一个节点后，竖向从上层开始向下层焊接；平面上按照对称性分为四个区域，各个区域由中间向两边对称焊接；钢梁全部焊完后，进行钢柱对接焊接。每一节外框架结构包括钢柱、钢梁。

② 钢柱焊口的焊接顺序，如图 2-16 所示。

每个焊口由两名焊工对称施焊。前两层焊道分段退焊，每段 450 mm 左右，视钢管柱组装耳板的间距而定。相邻焊道起弧点应互相错开 50 mm 以上。

③ 钢柱焊口焊道排列，如图 2-17 所示。

图 2-17 中，图（a）为打底焊，采用分段退焊法施焊；图（b）为第一层填充焊，采用分段退焊法施焊；图（c）为其他各层打底焊，可连续施焊；最后一层打底焊的外观应平整，为盖面焊能得到优良的外观质量打好基础；图（d）为盖面焊，应使用稍小的焊接电流，以控制焊缝的外形。

④ 钢梁焊接顺序，如图 2-18 所示。

先焊下翼板焊缝，再焊上翼板焊缝，上、下翼板的焊条运行方向相反。

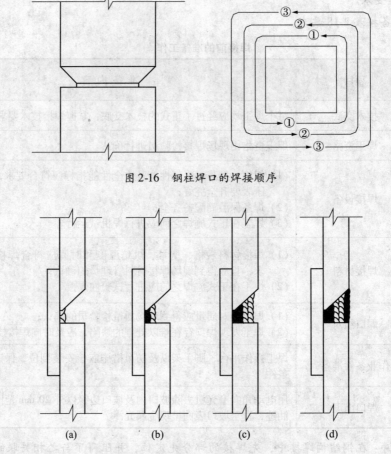

图 2-16　钢柱焊口的焊接顺序

图 2-17　钢柱焊口焊道排列示意图

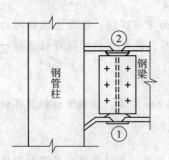

图 2-18　钢梁接头焊接顺序图

(3) 定位焊应由持证焊工施焊。当定位焊缝在坡口内时,定位焊缝是正式焊缝的一部分,定位焊缝必须是没有焊接缺陷的。当定位焊缝在坡口外部,通过卡具定位时,定位焊缝与基本的结合处不得有咬肉现象,如出现咬肉,必须进行补焊。当主焊缝焊接完毕割除卡具后,应用电动砂轮机打磨定位焊缝至与基本金属平齐。如出现深度超过 0.5 mm 的缺陷,应按规定的焊接工艺进行补焊。

(4) 打底焊:

① 用电动砂轮机清理焊接处,至焊接坡口呈现金属光泽。

② 定位焊完成后进行打底焊,采取分段退焊,每段600 mm。

③ 对于无垫板的焊接坡口,应用焊条电弧焊进行打底焊,用 $CO_2$ 气体保护焊填充、盖面。对于有垫板的焊接坡口,如果垫板与母材的间隙≥2 mm,则应使用焊条电弧焊封堵间隙,然后用 $CO_2$ 气体保护焊进行焊接;如果垫板与母材的间隙<2 mm,则可直接用 $CO_2$ 气体保护焊进行焊接。

④ 在打底焊过程中,要处理焊口根部存在的坡口间隙、钝边不一致等问题,焊接时必须精

神专注，一丝不苟。对于因为钢结构制作或安装原因造成的坡口间隙局部偏小现象，此时应采取局部打磨等方法进行处理，避免导致未焊透缺陷。当出现坡口间隙大小不一致时，在保证可以焊透的情况下，在打底焊时应先焊接小间隙部分，后焊接大间隙部分。如果先焊接大间隙部分，可能使小间隙部分的间隙更加小，从而造成未焊透缺陷。

⑤ 按焊接工艺卡规定的工艺参数进行焊接。

（5）填充焊的焊接量占焊口焊接量的绝大部分。

① 填充焊接宜紧跟打底焊进行，只有焊缝厚度达到设计厚度1/3以上方可进行短暂停息。

② 焊前应彻底清除打底层焊道的焊渣，可使用针束除渣机或电动砂轮机进行。

③ 填充焊的层间温度不应高于250℃。

④ 打底焊和第一层的填充焊应采取分段退焊，以后各层焊道可以连续焊接。

⑤ 在进行钢管柱焊接时，当焊缝高度达到母材板厚度的1/3时，可以割除定位耳板（耳板的存在影响了焊接的连续性）；割除耳板的时机应由钢结构专业的技术人员确定，并必须经过计算，以确保结构的安全。

⑥ 焊缝宜不间断连续焊完。

⑦ 在焊枪喷嘴下方和保护罩内涂防飞溅膏时，可能引起熔敷金属扩散氢含量显著升高，在应用防飞溅膏之前，应经过模拟试验确认其对质量无影响后方可使用。

⑧ 在焊接过程中，应随时监测钢管柱倾斜度，如果发现钢管柱倾斜度与组对时相比有明显变化，必须停止焊接，由钢结构专业技术人员确定下一步做法。如果变形原因是钢管柱两侧受热不均，应及时调整焊接顺序：两名焊工同时焊接收缩量小的一侧，待两侧收缩量接近一致时，再按原定的焊接顺序施焊。测量时必须考虑到日照、风力的影响。

（6）盖面焊也称装饰焊接。本工程对焊缝外观质量要求很严格，而焊缝的外观质量主要靠盖面焊来实现。

① 盖面焊时，焊接电流应适当调小。

② 在进行盖面焊的前一层焊道焊接结束时，应保持2 mm左右的坡口深度（视焊接位置而定，平焊的预留量应小些，立焊的预留可大些），使盖面焊完成后，焊缝表面略高于母材表面。

③ 盖面焊应注意避免咬肉。因为一旦发生咬肉，按要求必须补焊，而补焊过的焊缝的外观质量必然大受影响。所以在焊接时应随时调节焊接电流和焊丝角度，避免产生咬肉缺陷。

④ 盖面焊完成后，清理焊渣和飞溅物。

**【案例 2-7】**　钢结构焊接质量验收

**1. 焊接质量验收基本要求**

检查前应根据施工图及说明文件规定的焊缝质量等级要求编制检查方案，由技术负责人批准并报监理工程师备案。检查方案应包括检查批的划分、抽样检查的抽样方法、检查项目、检查方法、检查时机及相应的验收标准等内容。

抽样检查时，应符合下列要求：

（1）焊缝处数量的计算方法：工厂制作焊缝长度≤1 000 mm时，每条焊缝为1处；长度>1 000 mm时，将其划分为每300 mm为1处；现场安装焊缝每条焊缝为1处。

（2）可按下列方法确定检查批：

① 按焊接部位或接头形式分别组成批；

② 工厂制作焊缝可以同一工区（车间）按一定的焊缝数量组成批；多层框架结构可以每节柱

的所有构件组成批；

③ 现场安装焊缝可以区段组成批；多层框架结构可以每层（节）的焊缝组成批。

（3）批的大小宜为 300 ~ 600 处。

（4）抽样检查除设计指定焊缝外应采用随机取样方式取样。

（5）抽样检查的焊缝数如不合格率 <2% 时，该批验收应定为合格；不合格率大于 5% 时，该批验收应定为不合格；不合格率为 2% ~ 5% 时，应加倍抽检，且必须在原不合格部位两侧的焊缝延长线各增加 1 处，如在所有抽检焊缝中不合格率不大于 3% 时，该批验收应定为合格；不合格率 >3% 时，该批验收应定为不合格。当批量验收不合格时，应对该批余下焊缝的全数进行检查。当检查出一处裂纹缺陷时，应加倍抽查，如在加倍抽检焊缝中未检查出其他裂纹缺陷时，该批验收应定为合格，当检查出多处裂纹缺陷或加倍抽查又发现裂纹缺陷时，应对该批余下焊缝的全数进行检查。

（6）所有查出的不合格焊接部位应按规范规定予以补修至检查合格。

2. 外观检验

（1）所有焊缝应冷却到环境温度后进行外观检查，Ⅱ类、Ⅲ类钢材的焊缝应以焊接完成 24 h 后检查结果作为验收依据，Ⅳ类钢应以焊接完成 48 h 后的检查结果作为验收依据。

（2）外观检查一般用目测，裂纹的检查应辅以 5 倍放大镜并在合适的光照条件下进行，必要时可采用磁粉探伤或渗透探伤，尺寸的测量应用量具、卡规。

（3）焊缝外观质量应符合下列规定：

① 一级焊缝不得存在未焊满、根部收缩、咬边和接头不良等缺陷，一级焊缝和二级焊缝不得存在表面气孔、夹渣、裂纹和电弧擦伤等缺陷；

② 二级焊缝的外观质量除应符合本条第一款的要求外，尚应满足表 2-18 的有关规定；

③ 三级焊缝的外观质量应符合表 2-19 的有关规定。

表 2-19 二级、三级焊缝的外观质量标准

| 缺陷类型 | 允许偏差 | |
| --- | --- | --- |
| | 二级焊缝 | 三级焊缝 |
| 未焊满（指不满足设计要求） | ≤0.2 + 0.02 $t$，且 ≤1 mm | ≤0.2 + 0.04 $t$，且 ≤2 mm |
| | 每 100 mm 长度焊缝内缺陷总长 ≤25 mm | |
| 根部收缩 | ≤0.2 + 0.02 $t$，且 ≤1 mm | ≤0.2 + 0.04 $t$，且 ≤2 mm |
| | 长度不限 | |
| 咬边 | ≤0.05 $t$，且 ≤0.5 mm；连续长度 ≤100 mm，且焊缝咬边总长 ≤10% 焊缝全长 | ≤1.0 $t$ 且 ≤1 mm，长度不限 |
| 弧坑裂纹 | 不允许 | 允许存在长度 ≤5 mm 的弧坑裂纹 |
| 电弧擦伤 | 不允许 | 允许存在个别电弧擦伤 |
| 接头不良 | 缺口深度 ≤0.05 $t$，且 ≤0.5 mm | 缺口深度 ≤0.1 $t$，且 ≤1 mm |
| | 每 1 000 mm 焊缝不应超过 1 处 | |

（续表）

| 缺陷类型 | 允许偏差 | |
|---|---|---|
| | 二级焊缝 | 三级焊缝 |
| 表面夹渣 | 不允许 | 深≤0.2$t$，长≤0.5$t$，且≤20 mm |
| 表面气孔 | 不允许 | 每50 mm焊缝长度内允许直径≤0.4$t$且≤3 mm的气孔2个，孔距≥6倍孔径 |

注：表内 $t$ 为连接处较薄处的板厚。

检验方法：观察检查或使用放大镜、焊缝量规和钢尺检查。

（4）焊缝尺寸应符合下列规定：

① 焊缝焊脚尺寸应符合表2-20所列的规定；

② 焊缝余高及错边应符合表2-21所列的规定。

表 2-20　　　　　　　　　焊缝焊脚尺寸允许偏差

| 序号 | 项目 | 示意图 | 允许偏差/mm |
|---|---|---|---|
| 1 | 一般全焊透的角接与对接组合焊缝 | | $h_f \geqslant \left[\dfrac{t}{4}\right]^{+4}_{0}$ 且≤10 |
| 2 | 需经疲劳验算的角接与对接组合焊缝 | | $h_f \geqslant \left[\dfrac{t}{2}\right]^{+4}_{0}$ 且≤10 |
| 3 | 角焊缝与部分焊透的角接与对接组合焊缝 | | $h_f$≤6时0~1.5　$h_f$>6时0~3.0 |

注：1. $h_f$>8.0 mm的角焊缝其局部脚尺寸允许低于设计要求值1.0 mm，但总长度不得超过焊缝长度的10%。
2. 焊接H形梁腹板与翼缘板的焊缝两端在其2倍翼缘板宽度范围内，焊缝的焊肢尺寸不得低于设计要求值。

（5）栓钉焊焊后应进行打弯检查。合格标准：当焊钉打弯至30°时，焊缝和热影响区不得有肉眼可见的裂纹，检查数量应不小于焊钉总数的1%。

（6）电渣焊、气电立焊接头的焊缝外观成形应光滑，不得有未熔合、裂纹等缺陷；当板厚小于30 mm时，压痕、咬边深度不得大于0.5 mm；板厚大于或等于30 mm时，压痕、咬边深度不得大于1.0 mm。

表 2-21                             焊缝余高和错边允许偏差

| 序号 | 项目 | 示意图 | 允许偏差/mm | |
| --- | --- | --- | --- | --- |
| | | | 一、二级 | 三级 |
| 1 | 对接焊缝余高（$C$） | | $B < 20$ 时，$C$ 为 $0 \sim 3$；$B \geqslant 20$ 时，$C$ 为 $0 \sim 4$ | $B < 20$ 时，$C$ 为 $0 \sim 3.5$；$B \geqslant 20$ 时，$C$ 为 $0 \sim 5$ |
| 2 | 对接焊缝错边（$d$） | | $d < 0.1 t$ 且 $\leqslant 2.0$ | $d < 0.15 t$ 且 $\leqslant 3.0$ |
| 3 | 角焊缝余高（$C$） | | $h_{\mathrm{f}} \leqslant 6$ 时，$C$ 为 $0 \sim 1.5$；$h_{\mathrm{f}} > 6$ 时，$C$ 为 $0 \sim 3.0$ | |

### 3. 无损检测

（1）无损检测应在外观检查合格后进行。

（2）焊缝无损检测报告签发人员必须持有相应探伤方法的Ⅱ级或Ⅱ级以上资格证书。

（3）设计要求全焊透的焊缝，其内部缺陷的检验应符合下列要求：

① 一级焊缝应进行 100% 的检验，其合格等级应为现行国家标准《钢焊缝手工超声波探伤方法及质量分级法》（GB 11345）B 级检验的Ⅱ级及Ⅱ级以上；

② 二级焊缝应进行抽检，抽检比例应不小于 20%，其合格等级应为现行国家标准《钢焊缝手工超声波探伤方法及质量分级法》（GB 11345）B 级检验的Ⅲ级及Ⅲ级以上；

③ 全焊透的三级焊缝可不进行无损检测。

（4）焊接球节点网架焊缝的超声波探伤方法及缺陷分级应符合国家现行标准《焊接球节点钢网架焊缝超声波探伤及质量分级法》（JG/T 3034.1）的规定。

（5）螺栓球节点网架焊缝的超声波探伤方法及缺陷分级应符合国家现行标准《螺栓球节点钢网架焊缝超声波探伤及质量分级法》（JG/T 3034.2）的规定。

（6）箱形构件隔板电渣焊焊缝无损检测结果除应符合第 3 条的有关规定外，还应进行焊缝熔透宽度、焊缝偏移检测。

（7）圆管 T 形、K 形、Y 形节点焊缝的超声波探伤方法及缺陷分级另应符合专门的规定。

（8）设计文件指定进行射线探伤或超声波探伤不能对缺陷性质作出判断时，可采用射线探伤进行检测、验证。

（9）射线探伤应符合现行国家标准《钢熔化焊对接接头射线照相和质量分级》（GB 3323）的

规定，射线照相的质量等级应符合 AB 级的要求。一级焊缝评定合格等级应为《钢熔化焊对接接头射线照相和质量分级》（GB 3323）的Ⅱ级及Ⅱ级以上，二级焊缝评定合格等级应为《钢熔化焊对接接头射线照相和质量分级》（GB 3323）的Ⅲ级及Ⅲ级以上。

（10）下列情况之一应进行表面检测：

① 外观检查发现裂纹时，应对该批中同类焊缝进行 100% 的表面检测；

② 外观检查怀疑有裂纹时，应对怀疑的部位进行表面探伤；

③ 设计图纸规定进行表面探伤时；

④ 检查员认为有必要时。

（11）铁磁性材料应采用磁粉探伤进行表面缺陷检测。因结构原因或材料原因不能使用磁粉探伤时，方可采用渗透探伤。

（12）磁粉探伤应符合国家现行标准《焊缝磁粉检验方法和缺陷磁痕的分级》（JB/T 6061）的规定，渗透探伤应符合国家现行标准《焊缝渗透检验方法和缺陷迹痕的分级》（JB/T 6062）的规定。

（13）磁粉探伤和渗透探伤的合格标准应符合本章中外观检验的有关规定。

4. 钢结构焊接质量防止措施

钢结构焊接质量防止措施如表 2-22 所示。

表 2-22　　　　　　　　　　　质量通病及措施

| 常见缺陷 | 原因分析 | 调整与排除 |
| --- | --- | --- |
| 表面成形尺寸偏差 | （1）焊接顺序不当；<br>（2）焊接前未留收缩余量 | （1）调节规范化、调整焊接顺序；<br>（2）机械方法或加热方法校正 |
| 咬边 | （1）焊接工艺参数选择不当；<br>（2）焊接角度不当；<br>（3）电弧偏吹；<br>（4）焊接零件位置安放不当 | （1）调整焊丝；<br>（2）调节规范化；<br>（3）去除夹渣补焊 |
| 焊瘤 | （1）焊接工艺参数选择不当；<br>（2）立焊时，运条不当；<br>（3）焊件的位置不当 | （1）合理选择与调整适宜的焊接电流、电压，改变运条方式和正确的电弧长度；<br>（2）去除并打磨圆滑 |
| 烧穿 | 焊接规范及其他工艺因素配合不当 | 选择适当规范；缺陷处修整后补焊 |
| 气孔 | （1）接头未清理干净；<br>（2）焊条焊剂潮湿；<br>（3）焊丝表面清理不够；<br>（4）药皮保护效果不佳或焊剂覆盖层不够；<br>（5）焊接工艺参数选择不当 | （1）接头清理干净；<br>（2）焊条焊剂按规定烘干；<br>（3）选择适当规范；<br>（4）焊丝必须清理并尽快使用；<br>（5）去除缺陷部分后补焊 |
| 夹渣 | （1）焊件表面或焊层间清理不干净；<br>（2）坡口设计不良；<br>（3）熔敷顺序或焊丝位置不当 | （1）层间清理彻底；<br>（2）每层焊后发现夹渣必须清除修复 |

（续表）

| 常见缺陷 | 原因分析 | 调整与排除 |
|---|---|---|
| 未焊透 | (1) 焊接规范不当；<br>(2) 坡口不合适；<br>(3) 焊丝未对准 | (1) 调整规范；<br>(2) 清理坡口；<br>(3) 调节焊丝；<br>(4) 去除缺陷部分后补焊，严重的需整条返修 |
| 裂纹 | (1) 焊件与焊接材料选配不当；<br>(2) 焊丝中含碳、硫量较高；<br>(3) 焊接区冷却过快引起热影响区硬化；<br>(4) 焊接参数选择不当；<br>(5) 焊接顺序不合理；<br>(6) 焊件刚度大；<br>(7) 预热及后热参数不合适 | (1) 合理选配焊接材料；<br>(2) 选用合格焊丝；<br>(3) 适当降低焊速及焊前预热和焊后缓冷；<br>(4) 调整焊接规范和改进坡口；<br>(5) 合理安排焊接顺序；<br>(6) 去除缺陷部分后补焊 |

## 【项目训练】

[2-1]　请确定附录 D 中焊接 H600×300×8×12 柱身的焊接工艺及焊接变形控制措施。

[2-2]　请确定附录 C 中焊接箱形截面 500×16 柱身的焊接工艺及焊接变形控制措施。

## 【复习思考题】

[2-1]　规范推荐的钢结构用材料有哪些？钢结构用材料有哪些要求？

[2-2]　钢结构工程常用焊接方法有哪些？一般根据什么选用？

[2-3]　焊接材料包括哪些？分别与焊接母材怎么匹配？

[2-4]　钢结构焊接对钢材有哪些要求？

[2-5]　焊接用焊条和焊丝的保存与管理有哪些规范要求？

[2-6]　哪些情况需进行焊接工艺评定？

[2-7]　焊接作业对焊工有哪些规范要求？

[2-8]　焊接对作业环境有哪些规范要求？

[2-9]　钢结构组装定位焊有哪些规范要求？

[2-10]　什么是焊接工艺参数？手工电弧焊、自动埋弧焊、$CO_2$ 气体保护焊的焊接工艺参数分别有哪些？

[2-11]　不同形式的焊接连接接头所用的焊接材料有什么不同？对焊工的要求有什么区别？

[2-12]　控制焊接变形和焊接应力的措施有哪些？

[2-13]　焊接对连接构造有什么要求？

[2-14]　焊缝分几个等级？有哪些焊接缺陷？

[2-15]　焊缝的外观质量有哪些要求？什么情况要进行内部探伤？有哪些检查方法？

[2-16]　编制焊接工艺方案包含哪些内容？

[2-17]　建筑钢结构焊接预热范围如何确定？后热温度和保温时间一般如何确定？

[2-18]　建筑钢结构焊接抗层状撕裂的工艺措施可以有哪些？

[2-19]　焊接质量检查检验批如何确定？

[2-20]　焊接分项检验批的数量如何计算？

[2-21]　如何检查栓钉焊的焊接质量？

[2-22]　对存在焊接质量问题的焊缝如何返修？

# 单元3

# 钢构件
# 工厂制作

**单元概述**：钢结构与混凝土的施工过程有所不同，钢结构工程的各类构件需在加工厂中加工制作，再运往施工现场进行安装。本单元着重阐述钢结构工程中钢结构构件工厂加工的工艺流程、技术要点、检查标准，这是钢结构施工的一个重要环节。

**学习目标：**

1. 熟悉钢结构构件的工厂加工制作工艺流程、技术要点。
2. 能根据各类钢构件的加工特点，编制工艺方案。
3. 能编制构件焊接工艺并对制作过程进行质量控制。
4. 能对出厂的钢结构构件进行检查和质量验收。

**学习重点**：典型钢构件的制作工艺、技术要求及质量控制方法。

**教学建议**：本单元教学，宜采用现场教学相结合的方式，带学生参观钢结构加工厂，让学生有感性的认识，同时配合多媒体、实物观摩进行学习，再结合现行规范标准编制工艺方案。

# 项目 3.1　钢构件制作工艺

## 第一部分　项目应知

### 3.1.1　钢构件加工工艺

钢结构构件制作工艺流程如图 3-1 所示。

通常构件都是由若干零件和部件经组装焊接形成的。加工过程中常先加工构件的各个部件，矫正各部件以达到精度要求，再进行二次下料，由若干部件组焊成整体构件，以减少操作过程产生的累计变形，如图 3-2 所示。

### 3.1.2　钢构件工艺要求

钢结构制作的工序较多，所以对加工顺序要周密安排，尽可能避免或减少工件倒流，以减少往返运输和周转时间。由于制作厂设备能力和构件的制作要求各有不同，所以工艺流程略有不同。流水作业生产的工艺对于有特殊加工要求的构件，应在制作前制定专门的加工工序，编制专项工艺流程和工序工艺卡。

#### 1. 放样、样板和样杆

放样是整个钢结构制作工艺中的第一道工序，也是至关重要的一道工序。放样工作包括如下内容：核对图纸的安装尺寸和孔距，把零（构）件的加工边线、坡口尺寸、孔径和弯折、滚圆半径等各种数据以 1:1 的大样放出来；核对各部分的放样尺寸；并注明图号、零件号、数量，制作样板和样杆作为下料、弯料、铣、刨边、制孔等加工的依据。

#### 2. 划线

划线即利用样板、样杆或根据放样提供的零构件的材料、尺寸、数量在钢材上画出实样，并

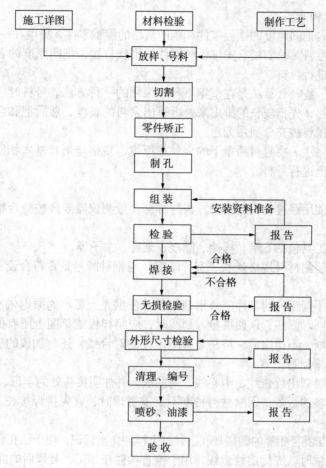

图 3-1  钢构件加工工艺

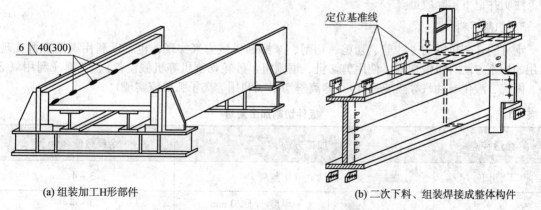

(a) 组装加工H形部件            (b) 二次下料、组装焊接成整体构件

图 3-2  零件、部件组装成构件

在钢材上画出切割、铣、刨边、弯曲、钻孔等加工位置，打上各种加工记号、零件的工艺编号，也称号料。号料时，为了合理使用和节约原材料，使材料得到充分利用，损耗率降到最低数量。

建筑钢结构制作与安装

1）划线常用的几种方法

（1）集中号料法。把同厚度的钢板零件和相同规格的型钢零件，集中在一起进行号料。

（2）套料法。在号料时，要精心安排板料零件的形状位置，把同厚度的各种不同形状的零件和同一形状的零件，进行套料。

（3）统计计算法。统计计算法是在型钢下料时采用的一种方法。号料时应将所有同规格型钢零件的长度归纳在一起，先把较长的排出来，再算出余料的长度，然后把和余料长度相同或略短的零件排上，直至整根料被充分利用为止。

（4）余料统一号料法。将号料后剩下的余料按厚度、规格与形状基本相同的集中在一起，把较小的零件放在余料上进行号料。

2）划线的注意事项

（1）划线应尽量使用经过检查合格的样板与样杆，量测仪器要经校验合格并在有效使用期内使用。

（2）准备划线的工具包括石笔、样冲、圆规、划针、凿子等。

（3）划线前，应验明材料规格（长、宽、厚度）与钢种牌号是否符合设计要求，以免造成返工浪费。

（4）不同规格、不同钢号的零件应分别划线，并依据先大后小的原则依次划线。对于需要拼接的同一构件，必须同时划线，以便拼接。划线时，应将样板或草图上所有的线条及符号都画到钢材上，要求简明清晰，不得遗漏，特别是装配定位的对合线，还有加放的施工余量线，并且敲出印痕记号，再用色漆标明。

（5）划线时，同时划出检查线、中心线、弯曲线，并注明接头处的字母、焊缝代号。

（6）下料数量较多的板条，因原材料长度不足需拼焊时，宜先拼焊接长，纠正变形后再下料开板。

（7）号孔应使用与孔径相等的圆规规孔，并打上样冲作出标记，便于钻孔后检查孔位是否正确。

（8）弯曲构件划线时，应标出检查线，用于检查构件在加工、装焊后的曲率是否正确。

（9）在划线过程中，应随时在样板、样杆上记录已划线的数量，划线完毕，则应在样板、样杆上注明并记下实际数量。

3. 切割下料

钢材的切割可以通过冲剪、切剪、切削、摩擦等机械力来实现，也可以利用高温热源实现。常用的切割方法有机械切割（使用剪切机、锯割机、砂轮切割机等机械设备）、气割（利用氧-乙炔、丙烷、液化石油气等热能进行）、等离子切割（利用等离子弧焰流实现）。

表 3-1　　　　　　　　　　板件切割加工余量

| 余量种类 | 加工方法 | | 余量数值/mm |
|---|---|---|---|
| 切口 | 自动氧气切割 | | 3～4 |
| 切口 | 手动氧气切割 | 厚度小于 20 mm | 3～4 |
| | | 厚度大于 20 mm | 4～6 |
| 刨边 | 氧气切割或剪断 | | 4～6 |

1）气割法

气割法是利用氧气与可燃气体混合产生的预热火焰加热金属表面达到燃烧温度并使金属发生剧烈的氧化，放出大量的热促使下层金属也自行燃烧，同时通以高压氧气射流，将氧化物吹除而引起一条狭小而整齐的割缝。这种切割方法设备灵活、费用低廉、精度高，是目前使用最广泛的切割方法，能够切割各种厚度的钢材，特别是带曲线的零件或厚钢板。气割前，应将钢材切割区域表面的铁锈、污物等清除干净，气割后，应清除熔渣和飞溅物。气割工艺要点主要有以下几点。

（1）气割前，钢材切割区域表面的铁锈、污物等清除干净，并在钢材下面留出一定的空间，以利于熔渣的吹出。气割时，割炬的移动应保持匀速，被切割件表面距离焰心尖端以 2 ~ 5 mm 为宜，距离太近，会使切口边熔化；太远热量不足，易使切割中断。

（2）气割时气压要稳定；机体行走平稳，使用轨道时要保证平直和无振动；割嘴的气流畅通，无污损；割炬的角度和位置准确。

（3）大型工件的切割，应先从短边开始；在钢板上切割不同尺寸的工件时，应靠边靠角、合理布置，先割大件，后割小件；在钢板上切割不同形状的工件时，应先割较复杂的，后割较简单的；窄长条形板的切割，长度两端留出 50 mm 不割，待割完长边后再割断，或者采用多割炬的对称气割的方法。

2）机械切割法

机械切割法可利用上、下剪刀的相对运动来切断钢材，或利用锯片的切削运动把钢材分离，或利用锯片与工件间的摩擦发热使金属熔化而被切断。常用的切割机械有剪板机、联合冲剪机、弓锯床、砂轮切割机等。其中剪切法速度快、效率高，但切口略粗糙；锯割可以切割角钢、圆钢和各类型钢，切割速度和精度都较好。机械剪切的零件，其钢板厚度不宜大于 12 mm，剪切面应平整。机械切割工艺要点主要有以下几点：

（1）变形的型钢应预先经过矫直，方可进行锯切。

（2）所选用的设备和锯片规格，必须满足构件所要求的加工精度。

（3）单个构件锯切，先划出号料线，然后对线锯切。号料时，需留出锯槽宽度（锯槽宽度为锯片厚度加上 0.5 ~ 1.0 mm）。成批加工的构件，可预先安装定位档板进行加工。

（4）加工精度要求较高的重要构件，应考虑留放适当的精加工余量，以供锯割后进行端面精加工。

3）等离子切割法

等离子切割法是利用高温高速的等离子焰流将切口处金属及其氧化物熔化并吹掉来完成切割，所以能切割任何金属，特别是熔点较高的不锈钢及有色金属铝、铜等。等离子切割具有切割温度高、冲刷力大、切口较窄，切割边质量好、变形小、可以切割任何高熔点金属等特点。适用于不锈钢、铝、铜及其合金等，在一些尖端技术上应用广泛。

（1）等离子切割的回路采用直流正接法，即工件接正，钨极接负，减少电极的烧损，以保证等离子弧的稳定燃烧。

（2）手工切割时不得在切割线上引弧，切割内圆或内部轮廓时，应先在板材上钻出 $\phi 12$ ~ $\phi 16$ mm 的孔，切割由孔开始进行。

（3）自动切割时，应调节好切割规范和小车行走速度。切割过程中要保持割轮与工件垂直，避免产生熔瘤，保证切割质量。

4）切割方式的选择

切割下料时，根据钢材截面形状、厚度以及切割边缘质量要求的不同可以采用机械切割法、气割法或等离子切割法。在钢结构制造厂中，一般情况下，钢板厚度在 12～16 mm 以下的直线性切割，常采用剪切。气割多数用于带曲线的零件或厚钢板的切割。各种型钢及钢管的下料切割通常采用锯割，但是一些中小型的角钢和圆钢等常常也采用剪切或气割的方法。等离子切割主要用于熔点较高的不锈钢材料及有色金属如铜或铝等的切割。目前在不断开发以激光为能源的激光切割法等。钢材经剪切后，在离剪切边缘 2～3 mm 范围内，会产生严重的冷作硬化，这部分钢材脆性增大，重要结构厚度较大的钢材，硬化部分应刨削除掉。

4. 边缘加工

经过剪切或气割过的钢板边缘内部会硬化或产生组织变化。如桥梁或吊车梁等重要构件，须将下料后的边缘刨去 2～4 mm 以保证质量。此外，有些构件特殊部位的板件，为了保证焊缝质量和工艺性焊透以及装配的准确性，要将钢板边缘刨成或铲成坡口，即进行边缘加工。需要作边缘加工的部位见单元 1 项目 1.2 中的项目训练部分。常用的边缘加工主要方法有铲边、刨边、铣边。

(1) 铲边是通过对铲头的锤击作用铲除金属边缘多余部分而形成坡口。铲边所需工具：手工铲边有手锤和手铲等；机械铲边有风动铲锤和铲头等。适宜铲边的工程主要是加工质量要求不高，工作量不大的边缘加工。铲边的误差：一般手工铲边和机械铲边的构件，其铲线尺寸与施工图纸尺寸要求不得相差 1 mm；铲边后的棱角垂直误差不得超过弦长的 1/3 000，且不得大于 2 mm。

(2) 刨边主要用刨边机进行。刨边的构件加工有直边和斜边两种，刨边加工的余量随钢材的厚度，钢板的切割方法而不同，一般刨边加工余量为 2～4 mm。

(3) 铣边利用滚铣切削原理，用铣边机滚铣切削钢材的边缘，对钢板焊前的坡口、斜边、直边、U 形边能同时一次铣削成形，比刨边提高工效 1.5 倍，且能耗少，操作维修方便，应尽可能用铣边代替刨边。

5. 钢材矫正

供加工厂使用的钢材和型材，由于轧制后冷却收缩不均匀和运输堆放中的各种影响，会发生形变和锈蚀。表面凹凸不平、弯曲、扭曲、波浪形等。为了保证号料和加工质量，加工厂在号料前应对钢料进行矫正、矫平和除锈，并涂上防锈涂料。这个工艺过程称为钢材预处理。矫平可以采用冷矫和热矫的方法。钢结构制作工艺中矫正是关键的工序，是确保钢结构制作质量的重要环节。对于各种型材，如变形超标，下料前应矫正。

1) 冷矫正

冷矫正一般在常温下进行，制作钢结构的钢材矫正应用平板机、型钢矫直机矫正和人工矫正，矫正后钢材表面不应有明显的凹面或损伤，划痕深度不大于 0.5 mm。碳素结构钢在环境温度低于 −16℃，低合金结构钢低于 −12℃ 时，不得进行冷矫正。用手工锤击矫正时，应采取在钢材下面加放垫锤等措施。应根据变形情况，确定锤击顺序。

2) 热矫正

用冷矫正有困难或达不到质量要求时，可采用热矫正，主要是火焰矫正法。

火焰矫正常用的加热方法有点状加热、线状加热和三角形加热。点状加热根据结构特点和变形情况，可加热 1 点或数点。线状加热时，火焰沿直线移动或同时在宽度方向作横向摆动，宽度一般是钢材厚度的 0.5～2 倍，多用于变形量较大或刚性较大的结构。三角形加热的收缩量较大，常用于矫正厚度较大、刚性较强的构件的弯曲变形。

低碳钢和普通低合金钢的热矫正加热温度一般为 600℃～900℃，800℃～900℃ 是热塑性变形的理想温度，但不应超过 900℃。对于中碳钢、高合金钢、铸铁和有色金属等脆性较大的材料，由于冷却收缩变形会产生裂纹，不宜采用火焰矫正。

#### 6. 零件制孔

用孔加工机械或机具在实体材料（如钢板、型钢等）上加工孔的作业为零件制孔。常用方法有冲孔、钻孔两种。钢结构中的制孔包括铆钉孔、普通螺栓连接孔、高强度螺栓孔、地脚螺栓孔。

冲孔在冲床上进行，冲孔一般只用于较薄钢板和非圆孔的加工，孔径的大小一般大于钢材的厚度，冲孔的周围会产生冷作硬化。

钻孔是在钻床上进行，可以钻任何厚度的钢材，采用切削原理，精度高，孔壁损伤小，孔的质量较好。钻孔前先在构件上划出孔的中心和直径，在孔的圆周上（90°位置）打 4 只冲眼，可作钻孔后检查用。孔中心的冲眼应大而深，在钻孔时作为钻头定位用。

对于重要结构的节点，先预钻小一级孔眼的尺寸，在装配完成调整好尺寸后，扩成设计孔径，铆钉孔、精制螺栓孔多采用这种方法。一次钻成设计孔径时，为了使孔眼位置有较高的精度，可先制成钻模，钻模贴在工件上调好位置，在钻模内钻孔。为提高钻孔效率，可将数块钢板重叠起来一起钻孔，重叠板边必须用夹具夹紧或点焊固定。厚板和重叠板钻孔时要检查平台的水平度，防止孔中心倾斜。

#### 7. 构件组装

钢结构构件的组装是按照施工图的要求，把已加工完成的各零部件或半成品构件，用装配的手段组合成为独立的成品，这种装配的方法通常称为组装。组装根据构件的特性及组装程度，可分为部件组装、组装、预总装。常用组装方法有：地样法、仿形复制装配法、胎模装配法、立装法和卧装法等。

1）钢结构构件的组装工艺要点

（1）组装前，施工人员必须熟悉构件施工图及有关的技术要求。根据施工图要求复核组装零件的质量，编制组装顺序表，组装时，严格按照顺序表所规定的顺序进行组装。

（2）由于原材料的尺寸不够，或技术要求需拼接的零件，应在组装前拼接完成。

（3）需拼接接长的板件，应先拼接、焊接，经检验、矫正合格后，再进行组装。

（4）隐蔽部位组装后，应经质检部门确认合格后，才能进行焊接或外部再组装。

（5）零（部）件连接接触面和沿焊缝边缘 30 ~ 50 mm 范围内的铁锈、毛刺、污垢、冰雪等应在组装前清理干净。

（6）采用胎模装配时必须遵照下列规定：

① 选择的场地必须平整，且有足够的刚度。

② 布置装配胎模时，必须根据钢结构构件的特点考虑预放焊接收缩余量及其他加工余量。

③ 组装首批构件完成后，必须由质量检查部门进行全面检查，经确认合格后方可进行批量组装。

④ 构件在组装过程中必须严格按工艺规定装配，当有隐蔽焊缝时，必须先行预施焊，并经检验合格方可覆盖。当有复杂装配部件不易施焊时，也可采用边装配边施焊的方法。

⑤ 为了减少变形和装配顺序，尽量采取先组装焊接成小件，并进行矫正，使尽可能消除施焊产生的内应力，再将小件组装，完成整体构件组装。

（7）焊接时候必须遵照下列规定：

① 根据图纸尺寸，在平台上画出构件的位置线，焊上组装架及胎模夹具。组装架离平台面不小于 50 mm，并用螺旋丝杠、螺栓拉紧器、楔子等作为夹紧调整零件的工具。

② 每个构件的主要零件位置调整好并检查合格后，把全部零件组装，并进行点焊，使之定形。在零件定位前，要预留焊缝收缩量及变形量。高层建筑钢结构柱，两端除增加焊接收缩的长度外，还必须增加构件安装后荷载压缩变形量，并预留构件端头和支承点铣平的加工余量。

③ 为了减少焊接变形，应选择合理的焊接顺序。如对称法、分段逆向焊接法、跳焊法等。在保证焊缝质量的前提下，采用适量的电流，快速施焊，以减小热影响区和温度差，减小焊接变形和焊接应力

### 8. 焊接

焊接在单元 2 已详述，此外不再赘述。

### 9. 构件的涂装

钢材在钢厂热轧时，会与空气中的氧气发生氧化反应，在表面形成一层完整、致密的氧化皮。在以后的运输贮存中，钢材表面吸附空气中的水分，由于钢中含有一定比例的碳和其他元素，因而在钢材的表面会形成无数的微电池而发生电化锈蚀，使钢材表面产生锈斑。钢材的表面处理系指清除钢材表面的氧化皮和铁锈，俗称除锈，然后在除锈的钢材表面涂刷防锈底漆的工艺过程。

钢构件表面除锈根据设计要求不同可分为手工和动力工具除锈、喷射或抛射除锈、火焰除锈等方法，喷射或抛射除锈以字母"Sa"表示，手工和动力工具除锈以字母"St"表示，后面加数字表示清理氧化皮和铁锈等附着物的程度。火焰除锈以字母"F1"表示。对构件表面喷砂除锈可以采用抛丸机，磨料采用钢丸。经处理好的摩擦面不能有毛刺、焊疤飞溅、油漆或污损等，并不允许再行打磨、锤击或碰撞。

钢结构的涂装可分为防腐涂装和防火涂装两类。是把防腐和防火涂料涂敷在钢结构构件的表面，结成涂膜隔离构件表面和周围环境并提高构件的耐火性能，达到防腐和防火的目的。

除锈处理后，一般应在 4 h 内涂刷首道底漆。涂装时的环境温度和相对湿度应符合涂料产品说明书的要求，当产品说明书无要求时，环境温度宜在 5℃ ~38℃ 之间，相对湿度不应大于 85%。涂装时，构件表面不应有结露；涂装后 4 h 内应保护免受雨淋。

涂装方法一般有刷涂法、手工滚涂法、空气喷涂法和高压无气喷涂法。工厂涂装一般以喷涂法为主。

钢结构的防腐涂装工程应在钢结构构件组装、预拼装或钢结构安装工程检验批的施工质量验收合格后进行。钢结构防火涂装工程应在钢结构安装工程检验批和钢结构防腐涂料涂装检验批的施工质量验收合格后进行。

钢结构的除锈、涂装施工应编制施工工艺，内容包括除锈方法、除锈等级、涂料种类、配制方法、涂装顺序（底漆、中间漆、面漆）和方法、安全防护、检验方法等并作施工记录及检验记录。

## 第二部分  项目训练

### 1. 训练目的

通过训练，熟悉钢构件加工厂的工艺流程，分别针对 H 形、箱形、十字形、管形构件编制制作工艺方案。

### 2. 能力标准及要求

能合理利用工厂生产设备，根据《钢结构工程施工工艺标准》要求结合构件类型特点，制定

构件制作方案，包括工艺流程、加工方法、技术要点、质量标准和安全措施。

### 3. 活动条件

综合实训室及构件生产车间。

### 4. 训练步骤提示

（1）学习《钢结构工程施工工艺标准》（ZJQ00-SG-005—2003），明确钢构件的生产工艺流程和技术要求。

（2）参观钢构件加工厂，了解构件加工过程，熟悉生产流水线及配套设备。

（3）审查构件施工详图，确定工艺施工方法和技术要求。

（4）确定各工序的工艺参数，编制构件加工方案。

（5）进行方案评审。

### 5. 项目实施

## 训练 3-1  H 型钢构件加工

**【案例 3-1】**  H 型钢构件加工工艺：

某 H 型轴心受压柱，如图 3-3 所示，柱高 7 m，截面由两翼缘板为 2－400×20、腹板为 －460×12 的钢板组成，材料为 Q235，采用全熔透焊缝，试加工制作此构件。

### 1. 加工制作焊接 H 型钢的工艺流程

下料→装配→焊接→矫正→二次下料→制孔→装焊其他零件→矫正→出车间。

### 2. 制作工艺要求

1）下料

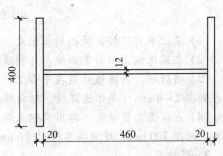

图 3-3  H 型钢截面尺寸示意图

（1）下料前应将钢板上的铁锈、油污等清除干净，以保证切割质量。

（2）本例钢板下料采用数控多头切割机，并且几块板同时下料，以防止零件产生马刀弯。

说明：H 型钢的翼缘板和腹板都为长条形钢板，且焊缝是连续长焊缝，宜采用机械化施工下料切割，可采用半自动或自动气割机气割，特别是使用数控多头切割机，切割质量好、工效高，而采用上述方法切割的边缘不需另行加工，所以本例选用数控多头切割机下料。若采用手工切割或机械切割，则需另加余量进行边缘加工。

（3）钢板下料应根据配料单规定的规格、尺寸下料并适当考虑构件加工时的焊接收缩余量。

注：焊接 H 型钢、断面高≤1 000 mm，板厚＜25 mm 时，4 条纵焊缝每米共收缩 0.6 mm。所以，焊接收缩余量应为 4.2 mm。

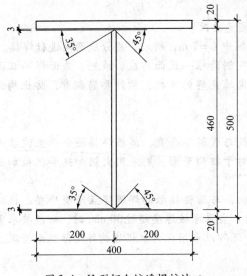

图 3-4  H 型钢全熔透焊接坡口

（4）开坡口：采用坡口倒角机或半自动切割机，全熔透焊接坡口角度如图3-4所示。

（5）下料后，将割缝处的流渣清除干净，转入下道工序。

2）装配

H型钢装配应在特别平台（模胎）上进行。平台简图如图3-5所示。

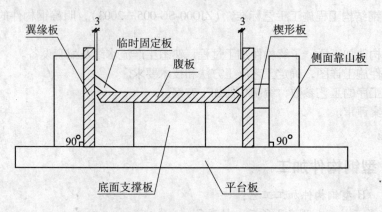

图 3-5  H 型钢组装台示意图

（1）装配前将焊接区域内的氧化皮、铁锈等清除干净。

（2）在翼缘板上用石笔画线，标明腹板装配位置。

（3）将腹板、翼缘板放置在平台上，用楔子、直角尺调整各部分截面尺寸及垂直度，装配间隙控制在2~4 mm（半熔透焊缝、贴角焊不留间隙）。

（4）点焊固定翼缘板，再用角钢点焊固定。点焊焊材，材质应与主焊缝材质相同，长度50 mm左右，间距300 mm，焊缝高不得大于6 mm，且不超过设计高度的2/3。

3）焊接

（1）H型钢的焊接采用 $CO_2$ 气体保护焊打底，埋弧自动焊填充、盖面，船形焊施焊方法进行施焊。

（2）工艺参数应参照工艺评定确定的数据，不得随意更改。

（3）若构件长度 $L>4$ m，则应采用分段施焊，本例中 $L=7$ m，所以，应分成两段进行焊接。

（4）焊接顺序：打底焊一道→填充焊一道→碳弧气刨清根→反面打底、填充、盖面焊→正面填充、盖面焊。具体施焊时应根据焊缝实际高度，确定填充焊的次数，构件要勤翻身，防止构件产生扭曲变形。

4）矫正

（1）H型钢焊接完后，容易产生扭曲变形、翼缘板与腹板不垂直，薄板焊接还会产生波浪形等变形，采用翼缘矫平，保证翼缘和腹板的垂直度。对于扭曲变形，则采用火焰加热和机械加压同时进行的方式进行矫正。

（2）机械矫正：矫正前，应清扫构件上的一切杂物，与压辊接触的焊缝焊点修磨平整。机械矫正时应注意：构件的规格应在表3-2要求的范围之内。当翼缘板厚度超过30 mm时，一般要求重复矫正几次（每次矫正量为1~2 mm）。机械矫正时，还可以采用压力机根据构件实际变形情况直接矫正。

表 3-2                                   工件厚度和宽度的适合范围

| 项 目 | 适 用 范 围 | | | | | |
|---|---|---|---|---|---|---|
| 翼板最大厚度/mm | 10～15 | 15～25 | 25～30 | 30～35 | 35～40 | 40～50 |
| 翼板宽度/mm | 150～800 | 200～800 | 300～800 | 350～800 | 400～800 | 588～800 |

③ 火焰矫正应注意：根据构件的变形情况，确定加热的位置及加热顺序；加热温度控制在 600℃～650℃。

5）二次下料

目的是确定构件基本尺寸及构件截面的垂直度，作为制孔、装焊其他零件的基准。H 形截面尺寸小于 750 mm×520 mm 时，可采用锯切下料，当 H 形截面尺寸大于 750 mm×520 mm 时，可采用铣端来确定构件长度。本例是 H 形柱，因此铣端确定构件长度。

注意：二次下料时，应根据工艺要求加焊接收缩余量。

【案例 3-2】  某 H 型钢的工厂制作

**1. H 型钢制作工艺**

下料→钢板切割→刨坡口→拼接（自动焊接、超声波检验）→校正（整平）→翼板、腹板下料（气割）→矫正（整平）→翼板反变形、腹板刨边、割两端→组装工字形→自动焊接→焊缝检验→矫正（矫平）→端位加工、腹板开孔→钻孔（检查）→装焊顶板→装焊底脚→装焊连接板→焊缝检查→连接部位摩擦面处理→成品检查→除锈→油漆→编号→成品出厂。

H 型钢柱、梁制作工艺流程如图 3-6 所示。

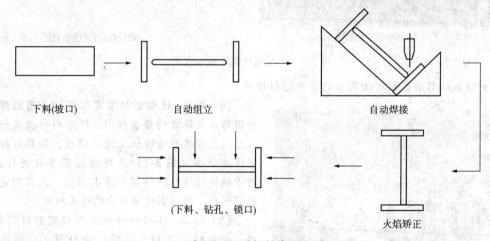

图 3-6  H 型钢制作工艺

焊接 H 型钢杆件制作实施方案：

（1）放样、下料：钢板放样可采用计算机进行放样，放样时根据零件加工、焊接等要求加放一定机加工余量及焊接收缩补偿量；钢板下料切割后用矫平机进行矫平及表面清理，切割设备主要采用数控等离子、火焰多头直条切割机等。

（2）组装：H 形杆件的翼板和腹板下料后应标出翼缘板宽度中心线和与腹板组装的定位线，并以此为基准进行 H 形杆件的拼装。H 形杆件的拼装在 H 型钢拼装机上自动拼装完成。为防止在焊接时产生过大的角变形，拼装可适当用斜撑进行加强处理，斜撑间隔视 H 形杆件的腹板厚度进行设置。

(a) ZLJ20型 H 型钢重型拼装机

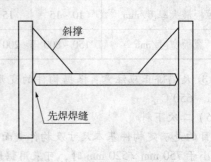

(b) H 型钢组装图

(c) H型钢的船形焊

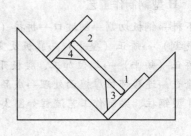

H型钢焊接顺序示意图

图 3-7　H 型钢组装焊接示意图

（3）钢板切割后必须对切割后的零件进行矫平。

图 3-8　重型 H 型钢翼缘矫正机

（4）焊接：H 型钢拼装定位焊所采用的焊接材料须与正式焊缝的要求相同。H 形杆件拼装好后吊入龙门式埋弧自动焊机上进行焊接，焊接时按规定的焊接顺序（图 3-7）及焊接规范参数进行施焊。对于钢板较厚的杆件焊前要求预热，采用陶瓷电加热器进行，预热温度按对应的要求确定。

（5）矫正：H 形杆件组装焊接完后进行矫正，矫正分机械矫正和火焰矫正两种形式，焊接角变形采用 H 型钢矫正机（图 3-8）进行机械矫正；弯曲、扭曲变形采用火焰矫正，矫正温度控制在650℃以下。

（6）钻孔：为了保证钻孔的精度，所有需要钻孔的 H 形杆件全部采用三维数控锯钻流水线进行钻孔、锁口，以保证杆件长度和孔距的制作精度，如图3-9所示。

（7）为保证H形杆件的冲砂涂装质量，采用专用涂装设备（图3-10）以流水作业方式进行涂装施工，本例采用H型钢抛丸除锈机进行杆件的冲砂涂装，以保证涂装质量和涂装施工进度。

图3-9　数控三维锯钻流水线　　　　　　图3-10　H型钢抛丸除锈机

（8）标识：杆件制作完后采用挂标识牌的方法注明杆件编号、名称、杆件连接方向等。

（9）构件加工允许尺寸偏差见表3-3（本例焊接H型钢构件制作精度要求较高，一般情况可参考表3-10）。

表3-3 H型钢构件加工允许尺寸偏差

| 序　号 | 项　目 | | 允许偏差/mm |
|---|---|---|---|
| 1 | 断面尺寸 | 高（$H$） | ±1.0 |
| | | 宽（$B$） | ±2.0 |
| | | 断面对角线（$D$） | ±2.0 |
| | | 扭转（$\delta$） | ±3.0 |
| 2 | 构件长度 | 上翼缘 | ±3.0 |
| | | 下翼缘 | |
| 3 | 翼缘板对腹板的垂直度 | | 0.5（有孔部位） |
| | | | 1.5（无孔部位） |
| 4 | 翼、腹板平面度 | | ±0.5（有栓孔处） |
| | | | ±1.5（无栓孔处） |

2. H型钢制作工艺要求与质量控制

（1）下料。根据材料的实际需要进行放样下料，安排拼接，确定拼接位置。翼板腹板下料一般采用多嘴精密切割机进行，根据划线切割成所需尺寸的条板，切割后再次矫平。下料要预留合理的焊接收缩余量和气割余量并预留焊接收缩量及二次加工余量。下料误差要小于 1 mm。还必须注明坡口的角度和钝边方向。

（2）切割。钢板一般采用自动或半自动切割机切割，切边必须平整，为保证切割边能连续切割，应采用双瓶供氧气切工艺。切割的钢板应进行矫平，然后在刨边机上按要求的坡口进行刨边。钢板拼装可采取在台架上用自动焊进行。也可采用自制的气动接料胎架，钢板沿辊道送进，用下面的磁铁将钢板定位，并用接料胎架上的气缸将钢板压紧在底座上，用压力架上的埋弧自动焊小车施焊。拼接好的钢板应进行超声波检查，并矫平，一般采用多辊矫平机进行。

（3）刨边。设计中要求的焊接坡口，用刨边机、半自动切割进行加工。对半自动切割加工的坡口要用磨光机进行修整。刨边时要注意坡口角度及深度尺寸要求，保证其切割准确。

（4）组立。H 型钢的组立可采用 H 型钢流水线组立机或人工胎架进行组立，定位焊采用气保焊，定位焊点长度尺寸为 40～60 mm，焊脚≤6 mm，间距为 300 mm。

H 型钢的组立尺寸控制应满足《H 型钢组立标准》（ZGGY-BZ-012）的各项规定。焊接 H 型的组装在 H 型钢生产线组立机上进行。

腹板和翼缘板在组装前进行局部平整度检查。

组装工字形前，要求 4 条主焊缝区域的油锈及其他污物除净，腹板除锈宽度一般为 20～30 mm，盖板除锈宽度不小于腹板厚度加上 50 mm。

在 H 型钢组对机上进行组对工字形。组装时应调整好组立机的机头位置，边组对边检查。

H 型钢组立机的工作程序分两步：第一步组成倒 T 形，第二步组成工字形，其工作原理是：

① 翼缘板放入，由两侧辊道使之对中。

② 腹板放入，由翻转装置使其立放，由辊道使之对中。

③ 由上下辊道使翼板和腹板之间压紧（组对翼板、腹板间留有间隙的 H 型钢时，要采取垫板等特殊措施）。

④ 数控的点焊机头自动在两侧每隔一定间距点焊一定长度、一定焊缝高度的间断焊。

（5）焊接。H 型钢生产线配备的焊机一般为埋弧自动焊机，从类型上分，可分为门式焊接机及悬臂式焊接机两种类型。龙门式双焊机自动焊时，有两种布置方式：

① 在同一工件的两侧同时焊接，采取角接焊形式焊接。

② 两个工件同时进行船形位置焊。由两台焊机的内侧焊接是因为在内侧焊时，操作者在中间同时照顾 2 台焊机。

H 型钢的焊接前应按标准要求设置引、熄弧板。对于重型工字截面柱，采用埋弧自动焊；而对于中型工字截面柱，则采用 $CO_2$ 保护自动焊。焊接时利用船形翻转胎具，每次可焊两翼缘板一侧的两条贴角焊缝，翻转工件后焊接另两条焊缝，这样可使角焊缝的焊道处于有利于埋弧自动焊的最佳位置，保证熔透性和高度，并易于翻身交叉对称施焊，以控制扭曲变形。

焊接 H 型钢的翼、腹板拼接缝应尽量避免在同一断面处，上下翼缘板拼接位置应与腹板拼接位置错开 200 mm 以上。翼缘板拼接长度不应小于 2 倍板宽；腹板拼接宽度不应小于 300 mm，长度不应小于 600 mm。

（6）矫平。工字截面焊接后，翼缘因焊缝隙收缩而挠曲，必须矫平，可采用翼缘矫平机或用加热矫正法。H 型钢的矫正主要采取以下几种方式，当翼板厚度在 28 mm 以下时，可采用 H 型钢翼缘矫正机矫正；当翼板厚度在 55 mm 以下时，可采用十字柱流水线矫正机进行矫正；当翼板厚度在 55 mm 以上时，应在焊接过程当中采用合理的焊接工艺顺序辅以手工火焰矫正。

（7）制孔。制孔的方法有冲孔和钻孔两种。冲孔在冲孔机上进行，钻孔在钻床上进行。对于铆接构件，为使板束的孔眼一致和孔壁光滑，有时先在零件中冲成或钻成较小的孔，待结构装配后，再将孔扩钻到设计孔径。对于孔群位置要求严格的构件，可先制成钻模，而后将钻模覆在零件上进行钻孔。

## 训练 3-2  劲性十字形柱的加工

### 十字形柱的加工要点

（1）H 型钢和 T 型钢部件的制作：采用 H 型钢的加工工艺方法制作。T 型钢可采用先组焊成 H 型钢，然后从中间割开，形成 2 个 T 型钢。切割时，在中间和两端各预留 50 mm 不割断，待部件冷却后再切割。切割后的 T 型钢进行矫直、矫平及坡口的开制。

（2）制作工艺隔板或临时工艺隔板配合翼缘加劲肋组装十字柱，为保证组装精度，工艺隔板与构件的接触面要铣端。组装后调整外形尺寸至合格，点焊固定。

（3）劲性十字柱的焊接：采用 $CO_2$ 气体保护焊进行焊接。焊接前尽量将十字柱底面垫平。焊接时要求从中间向两边双面对称同时施焊，以避免因焊接造成弯曲或扭曲变形。

（4）进行焊后矫正、铣端、去除临时隔板、清理，完成十字柱的制作。如图 3-11 所示。

图 3-11  十字形型钢构件示意图

**【案例 3-3】**  以某厂房改造工程为例，编制十字形柱的制作和焊接工艺。

### 1. 钢柱结构及材质

（1）钢柱为十字形，相当于两个 H 型钢组成的断面，如图 3-12 所示。腹板厚度为 12 mm，翼缘板厚均为 20 mm。

（2）钢材材质要求 4 项保证项目，即：Q235 - B。

（3）柱子长短不等，最长 15 m，一律整体制作出厂。

（4）柱子底部装有底板（25 mm）和连接翼缘板的围板，四周刚性连成一体。柱子顶端有端板，柱身每隔一段有肋板焊接。肋板最大间距不超过柱宽。

### 2. 气切下料

（1）翼缘板系用门式多头气割机下料，以防侧弯。H 型钢腹板以及 T 型钢两个腹板也尽量用多头气割机下料。

（2）T 型钢两个腹板可做成一体，下料时先不断开，留段气割，然后组对成 H 型钢，待焊接主焊缝冷却到常温后，再将留段处切开，成为两个 T 型钢。

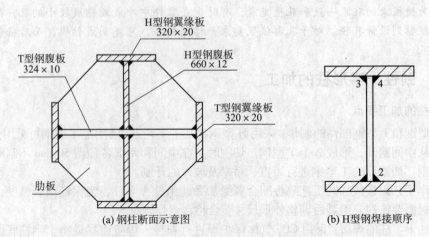

图 3-12　两个 H 型钢组成断面示意图

### 3. 组对 H 型钢

（1）用组立机组对 H 型钢，柱子不分上下弦，如腹板上下弯曲，先组对凹的一面，后组对凸的一面，焊接时先焊凸的一面，使柱子焊后趋于平直。

（2）H 型钢两端加设引出板和引弧板，长度为 80～100 mm。

### 4. 焊接 H 型钢

（1）组对完的 H 型钢，用门式焊接机将 H 型钢置于船形位置进行埋弧焊，焊接顺序如图 3-13 的一个翼板，先焊 1，再焊 2，对称焊接；然后翻转，再在另一个翼缘板焊接 3 和 4；焊后翻转 180°，将两端垫起，放置平稳，待冷却到常温后，再进行矫正。

（2）留段气割的腹板，焊后冷却到常温后，可将其切开，单独矫直两个 T 型钢。

（3）梁、柱焊接均采用焊接 H 型钢，并执行《焊接 H 型钢》（Y83301—1992）标准。当腹板厚度为 12 mm 时，焊脚尺寸 $h_f = 8$ mm；腹板厚度为 10 mm 时，焊脚尺寸 $h_f = 6$ mm。

（4）焊接时可参照表 3-4 的焊接规范。

表 3-4　　　　　　　　　　　　　　　　焊接的规范要求

| 腹板厚度 /mm | 焊脚尺寸 /mm | 焊接顺序 | 焊丝牌号 及直径 | 焊剂牌号 | 焊接电流 /A | 焊接电压 /V | 大车运行速度/ （mm/min） | 焊丝伸出长度/mm |
|---|---|---|---|---|---|---|---|---|
| 12 | 8 | 1 和 3 | H08A，φ4 | HJ431 | 520～540 | 30～32 | 380～400 | 25～30 |
| 12 | 8 | 2 和 4 | H08A，φ4 | HJ431 | 550～560 | 30～32 | 400～420 | 25～30 |
| 10 | 6 | 1 和 3 | H08A，φ4 | HJ431 | 500～520 | 30～32 | 420～440 | 25～30 |
| 10 | 6 | 2 和 4 | H08A，φ4 | HJ431 | 530～540 | 30～32 | 440～460 | 25～30 |

（5）翼缘板对称的两道焊缝 1 和 2 或 3 和 4，必须连续焊完，中间间歇时间不能过长，4 条主焊缝最好一气呵成，防止变形过大。

（6）如气割不好，组对后腹板和翼缘板间存在较大缝隙，可用焊条电弧焊填补缝隙，防止施焊时烧穿。焊后如出现气孔、断弧等缺陷，可用焊条电弧焊进行修补。

**5. 翼缘矫正及 H 型钢平直修整**

（1）焊接完的 H 型钢，必须冷却到常温后再进行翼缘矫正。

（2）焊接完的 H 型钢，凡有留段气割的腹板，待冷到常温后，可将腹板切开，两个 T 型钢可单独进行翼缘矫正。

提示注意：如矫正梁等构件，翼缘板矫正完后，再进行平直修正时，可先矫正下弦，后矫正上弦。如 Q345 时，火焰矫正后禁用冷水急剧冷却。

**6. 组对 T 型钢等零部件**

（1）将矫正后的零部件进行组对，H 型钢卧放，T 型钢立式组对，控制间距及角度，两侧同时装入肋板，并点焊固定好，同时装入顶部、底脚及连接点等零件。同样方法装配另一面，装配时保持角度正确，尺寸无误，点焊牢固；如肋板间距过大，还可加些拉条把翼缘板之间刚性连接起来（特别是牛腿部位）。

（2）反复核对各部位尺寸，确认无误后，送交下道工序。

（3）与梁连接的牛腿等承重部位，应装配在主体 H 型钢翼缘上。

**7. 焊接**

4 名焊工焊接过程如图 3-13 所示。

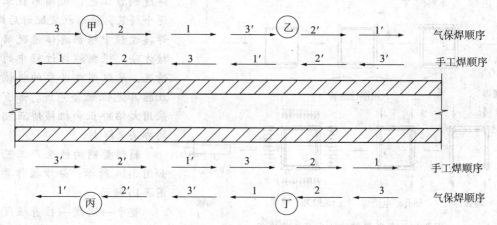

图 3-13　4 名焊工逆向分段焊接十字角焊缝

（1）先焊接两腹板间 4 条中心主焊缝（焊脚 $h_f = 8$ mm），采用对称焊接逆向分段焊接的方法。先在一侧焊接 2 条主焊缝，肋板不焊。焊完后翻转 180°，再焊接 2 条主焊缝。主焊缝焊完后，再焊接本侧肋板，由中间向两侧焊接；最后焊接两端顶板及底脚板、围板等；之后再翻转 180°，焊另一面肋板及所有零部件角焊缝，依然是由中间向两端施焊。

（2）两个大面焊好后，翻转 90°，焊接所有肋板及零部件的所有焊缝，再翻转 180°，将另一面所有焊缝全部焊接。4 条主焊缝的焊接，应全部由 $CO_2$ 气体保护焊来完成。

（3）探伤部分焊缝，如板材接料、梁节点、柱节点、牛腿与柱翼缘板焊接角焊缝。坡口面焊接完后，背面用电弧气刨清焊根再施焊，以保证全熔透。坡口的方向，应有利气刨的操作，最好是里坡口，外面清根。

上面提到的焊缝，即为等级焊缝，按《钢焊缝手工超声波探伤方法和探伤结果分级》（GB 11345—1989）的超声波标准进行检测，Ⅱ级为合格，抽取每条焊缝长度的 20%，但不得少于 200 mm。

8. 焊后矫正

（1）节点、牛腿等部位焊后发生变形，应进行火焰矫正，以保证连接部位接触面平整。

（2）进行整体平直度矫正，个别部位发生的弯曲变形，焊后用火焰进行矫正，使变形保持在公差范围之内。

（3）为保证柱子平整，组装时平台一定要平整，构件要垫平，焊接时凳子要测平，长柱需多加凳子，其中间间隔不许过大。

## 训练 3-3　箱形型钢构件加工

【案例 3-4】　某箱形型钢构件加工组装工艺流程

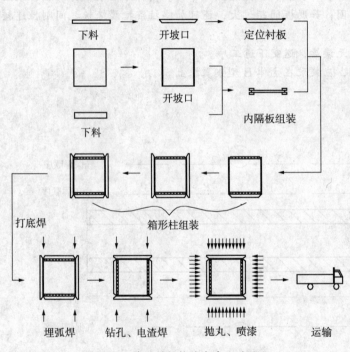

图 3-14　箱形型钢构件生产工艺流程

### 1. 箱形型钢构件工艺流程

箱形柱是由 4 块钢板焊接而成，由 2 块宽板和 2 块窄板组成，在与梁连接处设置加劲隔板，在梁高度的上下各 500 mm 之间为完全焊透的范围，其他部分为局部焊透制作工艺，由箱形柱零部件逐个拼装，箱形柱装配好后焊接，焊接过程中根据具体情况确定焊接方法，根据施焊过程中的实际情况，采取某些必要的机械加工及胎具定位配合完成。如有变形采用火焰矫正和机械矫正相结合的办法来解决。

箱形型钢构件生产工艺流程如图 3-14 所示；分步操作要点如图 3-15 所示。

整平→划线→柱身板气割→坡口加工（底部、双侧）→矫正→隔板下料切割、钻孔→铣坡口→装焊挡条→铣外侧边→U 形件组装、装焊隔板→内部焊接→超声波检测→箱形件组装（装盖面板）→焊主缝→超声检测→装焊顶板和底脚板（下料、加工、组装、焊接）→铣顶面→装焊连接板→调直→超声波检查→成品检查→除锈→油漆、编号→成品出厂。

1）箱体组装用工艺隔板

在箱体两端及中部采用经过铣端的工艺隔板对箱体进行精确定位，以控制箱体及端口的截面尺寸，避免焊接变形引起几何尺寸精度不能保证，影响钻孔精度，工艺隔板设置如图 3-15 所示。

2）箱体 U 形组装和焊接

箱体 U 形组装采用专用箱形构件组装流水线进行自动组装，通过组装流水线上的液压油泵使箱体腹板与底板、横隔板紧密，并通过自动 $CO_2$ 焊机进行定位焊接，箱体组装后采用 $CO_2$ 气保焊对称焊接箱体内横隔板、工艺隔板与箱体底板、腹板的焊缝，焊后进行矫正。

图 3-15 箱形构件生产工艺要点

3）箱体盖板的组装

箱体盖板的组装可采用专用箱形 Box 组装流水线，通过流水线上的液压油泵对箱体盖板施压，使盖板与箱体腹板及箱体内的横隔板、工艺隔板相互紧贴，特别是箱体底板与横隔板要求顶紧处，组装效果会更好。

4）箱体纵缝打底焊接（钢板较厚时）

箱体打底焊接采用 $CO_2$ 自动打底焊接，将组装好的箱体转入箱体打底焊接流水线，进行箱体纵缝自动对称打底焊接，打底高度不大于焊缝坡口高度的1/3，可较好地控制打底焊接质量和焊接变形。

5）箱体纵缝埋弧盖面焊接

箱体纵缝打底焊接后，采用双弧双丝埋弧焊进行盖面焊接，采用对称施焊法和约束施焊法等控制焊接变形和扭转变形，焊后进行局部矫正。最后对焊缝进行探伤。

6）加劲肋板侧缝电渣焊

箱形柱在梁连接处设加劲板时，因箱形柱为全封闭形，在组装焊接过程中，每块加劲板四周只有三边能用手工焊或 $CO_2$ 气体保护焊与柱面板焊接，在最后一块柱面板封焊后，加劲板周边缺1 条焊缝，为此必须用熔嘴电渣焊补上。为了达到对称焊接控制变形的目的，一般留2 条焊缝用电渣焊对称施焊。

7）箱体两端面加工

采用端面铣床对箱体两端面进行机加工，使箱体端面与箱体中心线垂直，可有效地保证箱体的几何长度尺寸，从而提供钻孔基准面，有效地保证钻孔精度。

8）箱体两端钻孔

钻孔可采用龙门移动式数控钻床，自动定位、找基准面，多方位整体钻孔，保证孔群的钻孔精度，确保现场安装所需的安装精度。

2. 制作工艺要求与质量控制

1）箱形柱的制作要点

（1）下料：对箱体的 4 块主板采用多头自动切割机下料，腹板、翼缘板号料时必须根据材料板宽留出切割余量，长度方向 40 ~ 50 mm，宽度方向 3 ~ 4 mm。首先，钢板切边 10 ~ 20 mm，翼缘板、腹板号料按实际尺寸并放出轨道线，用小号割嘴进行切割，切割前必须准备足够的氧气和乙炔气保证一条割口完全下完。需要长度方向对接的钢板必须开60°的坡口，焊接时两边必须使用引弧板，引弧板的坡口形式、材质必须同焊接母材。

（2）拼装：检查下好的 4 块料有没有旁弯，如果有必须矫正，矫正采用火焰矫正，待完全冷却后用粉线进行检查，直到合格，在翼缘板上弹入腹板墨线，在墨线上焊接挡铁，挡铁间距800 ~ 1 000 mm，腹板两边上焊接 −30 × 3 的钢衬垫。用吊车配合拼装。搭设拼装小平台，用水平仪测量马凳标高，保证拼装小平台标高一致。

（3）钻孔：螺栓孔，特别是高强螺栓孔，群孔和排孔，要求孔距准确，应用钻模钻孔。零件孔可采用钻床，使用钢板叠送钻孔法，可用手抬压杠钻钻孔，钻孔完后应去掉毛刺。

（4）刨边：焊接坡口用刨边机刨边、刨坡口。不采用刨边机和刨床刨的坡口，可用半自动切割机割出坡口后，再以磨光机修磨，刨边必须注意坡口角度正确。

（5）组立：箱形柱的组立在专门的流水线上进行，用 20 号工字钢和 16 号槽钢组成 U 形胎架，每间隔 1 m 安放 1 架，采用光学仪器矫正后固定。

2）箱形型钢构件加工质量要求

箱形截面柱的组装，为保证其正确的截面形状和控制扭曲变形，应在组装平台上进行，一般先平放一块侧板，再立放相应的横隔板，并作定位焊，再立放两块侧板，借助于移动胎具或夹具从两侧将其夹紧，作 U 形件内部焊接，并将横隔板和三块侧板连接起来，工艺横隔板应进行端铣，以保证拼装精度，并距主身板端部 200 mm 开始，间隔 1 000 ~ 1 500 mm 设置。

隔板采用气体保护焊，梁柱连接处加劲隔板的两条暗缝采用熔化嘴电渣焊；4 条主焊缝采用全自动埋弧焊，每次同时焊接 2 道主焊缝，以减少变形；其他连接板焊接均采用气保焊。

首先，焊接下翼缘板的 2 条纵向焊缝，并且保证 2 名工人同时焊接，焊接电流、焊接速度应保持一致，当钢柱有足够的强度后，翻身 180°，焊接上翼缘纵向焊缝。每 1 道焊缝当天必须焊完。每条焊缝进行 20% 超声波检测。所有的钢板拼接对接焊缝必须达到二级焊缝，每条焊缝进行 20% 且不小于 200 mm 的超声波检查。

U 形件焊接，可用单侧贴角焊或单边 V 形坡口焊，也有的通过连接板与隔板连接，焊接隔板应从中间往外逐次进行，施焊中应随时校正侧板的弯曲变形。焊缝应用超声波探伤。

焊完 U 形件并矫正后，覆盖最后一块箱形侧板，安装上翼板，用弓形夹钳将其夹紧，并作定位焊，检查截面角度是否正确，合格后作角部全熔透或部分熔透 V 形坡口埋弧自动焊，如有变形，采用加压力火焰校正。

焊接完成后，对箱形柱外形尺寸初步检查，用超声波探伤，符合标准后，将箱形柱放在平台上，确认其长度。可采用铣削机进行端面铣削，然后打坡口，保证钢柱两端面与中心线的垂直度。

经检验合格后转入抛丸、涂漆工序，最后对箱形柱进行编号、分类，按施工平面图位置分区堆放，以便发货和现场安装。

## 训练 3-4　钢管加工

【案例 3-5】　钢管加工制作

1. 圆管加工制作工艺流程

下料（编号）→开坡口→卷管（点焊）→焊接直缝→无损检查→矫圆→组焊钢管（环缝）→无损检查→外形尺寸检验→出厂。

2. 工艺要求

1）下料

（1）以管中径计算周长，下料时加 2 mm 的横缝收缩余量。长度方向按每道环缝加 2 mm 的焊接收缩余量。

（2）对于厚度大于 30 mm 的钢板在零件下料时根据具体情况，在零件的相关方向增加引板，其引板的长度一般为 50 ~ 100 mm。

（3）采用半自动切割机切割，严禁手工切割。切割的尺寸精度要求应满足规范对气割后零件的允许偏差的规定。

2）开坡口

（1）一般情况下，16 mm 以下的钢板均采用单坡口的形式，单坡口分为外坡口和内坡口。出于焊接方面的考虑，一般开外坡口，内部清根后焊接。

（2）对于大于 16 mm 的钢板（不含 16 mm 的钢板）可开双坡口，也可根据设计要求开坡口。

（3）采用半自动切割机切割坡口，严禁手工切割坡口。坡口后要检查板材的对角线误差值是否满足允许偏差。若偏差过大，则要求进行修补。

（4）坡口的加工方法是采用磁力切割机沿管壁切割，采用半自动切割机或坡口机，切割钢板上坡口。

3）卷管

（1）卷管前应根据工艺要求对零、部件进行检查，合格后方可进行卷管；对钢板上的毛刺、污垢、铁锈等杂物应清除干净。

（2）用 CDW11HNC-50×2500 型卷板机进行预弯和卷板。

（3）根据实际情况进行多次往复卷制，采用靠模反复进行检验，以达到卷管的精度。

（4）卷制成形后，进行点焊，点焊区域必须清除氧化铁等杂物；点焊高度不准超过坡口的2/3深度；点焊长度应为 80~100 mm，点焊的材料应与主焊缝材质相同。

（5）卷板接口处的错边量必须小于板厚的10%，且不大于 2 mm。若大于 2 mm，则要求进行再次卷制处理。在卷制的过程中要严格控制错边量，以防止最后成形时出现错边量超差的现象。

（6）卷制结束后，将卷制成形的钢管从卷板机上卸下转入下道工序。

4）焊接

（1）焊接材料必须按说明书的要求进行烘干，焊条必须放置在焊条保温筒内，随用随取。

（2）焊工应遵守焊接工艺规程，不得随意施焊，不得在焊道外的母材上引弧。

（3）焊接时，不得使用药皮脱落或焊芯生锈的焊条和受潮结块的焊剂及已熔烧过的渣壳。

（4）焊丝在使用前应清理油污、铁锈。

（5）焊接前必须按施工图和工艺文件检查坡口尺寸、根部间隙。

（6）埋弧焊及用低氢焊条焊接的构件，焊接区及两侧必须将氧化皮、铁锈等杂物清除干净。清除定位焊的熔渣和飞溅；熔透焊缝背面必须清除影响焊透的焊瘤、熔渣、焊根。

（7）焊缝出现裂纹时，焊工不得擅自处理，应查明原因，制定出修补工艺后方可处理。

（8）焊缝同一部位的返修次数，不宜超过两次；当超过两次时，应按专门制定的返修工艺进行返修。

5）探伤检验

（1）单节钢管卷制、焊接完成后要进行探伤检验。焊缝质量验收及缺陷分级应符合《钢结构施工质量验收规范》（GB 50205—2001）的规定。

（2）要求局部探伤的焊缝，有不允许的缺陷时，应在该缺陷两端的延伸部位增加探伤长度，增加的长度不应小于该焊缝长度的10%，且不应小于200 mm；当仍有不允许的缺陷时，应对该焊缝100%探伤检查。

6）矫圆

（1）由于焊接过程中可能会造成圆管局部失圆，故焊接完后应进行圆度检验，不合格者要进行矫圆。

（2）将钢管放入卷板机内重新矫圆，或采用矫圆器进行矫圆。矫圆器可根据实际管径自制，采用丝杆顶弯。

7）组装和焊接环缝

（1）根据构件要求的长度进行组装，先将两节组装成一大节，焊接环缝。

（2）焊接环缝应在焊接滚轮架上进行，滚轮架采用无级变速，以适应不同的板厚、坡口、管径所需的焊接速度。

（3）组装必须保证接口的错边量。一般将组装安排在滚轮架上进行，以调节接口的错边量。

（4）接口的间隙控制在 2~3 mm，然后点焊。

（5）环焊焊接应先焊接内坡口，在外部清根。采用自动焊接时，在外部用一段曲率等同外径的槽钢来容纳焊剂，以便形成焊剂垫。

（6）根据不同的板厚、运转速度不选择焊接参数。单面焊双面成形最关键是在打底焊接上。焊后从外部检验，如有个别成形不好或根部熔合不好，可采用碳弧气刨刨削，然后磨掉碳弧气刨形成的渗碳层，反面盖面焊接或埋弧焊（双坡口要进行外部埋弧焊）。

（7）环缝焊接完成后，要进行探伤检验，要求同前。

8）清理、编号

（1）清理掉一切飞溅物、杂物等。对临时性的工装点焊接疤痕等要彻底清除。

（2）在端部进行喷号，构件编号要清晰，位置要明确，以便进行成品管理。

（3）构件上要用红色油漆标注 $x$-$x$ 和 $y$-$y$ 两个方向的中心线标记。

**【案例 3-6】** 弧形钢管的弯曲成形加工工艺

**1. 冷弯加工设备说明**

对于弧形桁架上下弦杆，拟采用冷压加工，其弯曲加工设备如大型 2 000 t 油压机（图 3-16）进行加工，根据弦杆的截面尺寸制作上下专用压模，进行压弯加工成形。

**2. 冷压弯管工艺流程**

弯管工艺过程：原材料检验→定向测厚→压模装夹→放置杆件→试压→分步压弯→过程检验→测量→再次加工→取出杆件→成形检验→切割端面余量和坡口→表面清理→涂装→标记包装→成口发运。

图 3-16　钢管的弯曲成形机

**3. 冷压弯管加工工艺细则**

1）上、下压模的设计和装夹

弯管前先按钢管的截面尺寸制作上下专用压模，压模采用厚板制作，然后与油压机用高强螺栓进行连接，下模开挡尺寸根据试验数据确定。

2）钢管的对接接长

考虑到钢管弯制后两端将有一段为平直段，为此，采用先在要弯制的钢管一端拼装一段钢管，待钢管压制成形后，再切割两端的平直段，从而保证钢管端部的光滑过渡。

3）钢管的压弯工艺

钢管压弯采用从一端向另一端逐步煨弯，每次煨弯量约为 500 mm，压制时下压量必须进行严格控制，下压量根据钢管的曲率半径进行计算，分多次压制成形，使钢管表面光滑过渡，不产生较大的皱褶，每次下压量控制可参考如表 3-5 所示。

表 3-5　钢管每次压弯量

| 第一次 | 第二次 | 第三次 | 第四次 | 第五次 |
|---|---|---|---|---|
| $\dfrac{1}{3}H$ | $\dfrac{1}{3}H$ | $\dfrac{1}{5}H$ | $\dfrac{1}{10}H$ | $\dfrac{1}{20}H$ |

注：$H$ 为压制长度钢管范围内的理论拱高。

下压量控制采用标杆控制法，采用在钢管侧立面立一根带刻度的标杆，下压量通过与标杆上的刻度线进行对比来控制。

钢管压制后采用专用圆弧样板进行检测，符合拱度要求后，吊出油压机，放在专用平台上进行检测，根据平台上划出的环梁理论中心线和端面位置线，进行切割两端平直段，并开好对接坡口打磨光顺。

4）冷压弯管的检验

压制成形后的钢管应放在专用平台上进行以下内容的检验：

（1）成品弯管后表面不得有微裂缝缺陷存在，表面应圆滑、无明显皱褶，且凹凸深度不应大于 1 mm。

（2）壁厚减薄率：≤10% 或实际壁厚不小于设计计算壁厚。

（3）波浪率（波浪度 $h$ 与公称外径 $D$ 之比）不大于 2%，且波距 $A$ 与波浪度 $h$ 之比大于 10。

**【案例 3-7】　钢管相贯线切割**

**1. 钢管相贯线切割要求**

相贯线切割的质量好坏是保证管结构制作质量的基本前提条件，其相贯口的切割直接影响构件的拼装与焊接质量，因此，其切割质量是焊接节点制作的重点之一。

通常管桁结构节点由主管与支管形成的 T、Y、K 或复合形相贯节点时，支管端为马鞍形曲线。此类圆管相贯形接头分为 4 个区，即趾部、两侧部、根部区（A 区、B 区、C 区、D 区）。方管相贯形接头除了上述 4 个区以外，还增加 4 个角部区。相贯形节点的焊缝可分为全焊透、部分焊透和角焊缝 3 类，依据设计计算承载要求选择确定。要求全焊透时，支管马鞍形端部（圆管时）的边缘管壁处必须切割出一定的坡口面角度以与弦杆表面之间形成适于焊透的坡口角度，所须切割的坡口面角度值随支管与主管斜交角度不同以及接头各区支管母线与主管交点切线的斜面交角（一般称为二面角 $\psi$）角度不同而异，坡口面角度值还与各区位置以及支管与主管的管径比有关。支管端坡口面角度的切割要求用数控多轴自动马鞍形曲线管切割机，在切割管端马鞍形曲线的同时一次完成。而只切割马鞍形曲线不能同时切出坡口面的设备或利用计算机绘制展开图形于支管管端作仿形切割的方法均不能完成支管端面坡口角度的切割，使接头（除跟部区外）难以实现焊透要求（主管与支管斜交角小于 60° 时的根部区除外），而只能进行部分焊透的接头连接。主管与支管斜交小于 30° 时，根部区更难施焊，必须在夹角底部填焊至一定宽度后才可正常施焊，其焊缝有效厚度值必须用切取断面试样作酸蚀宏观检验的方法进行焊接工艺评定加以验证。

为满足相贯口在 A 区、B 区、C 区、D 区四个焊缝区域的相贯坡口，以满足不同连接形式焊缝的有效面积，实现等强连接；直径大管壁厚的钢管，相贯线的切割须用圆管数控五（六）维相贯线切割机切割，以确保切割质量。

图 3-17 为某节点的焊接分区示意图；图 3-18 为相贯线切割示例。

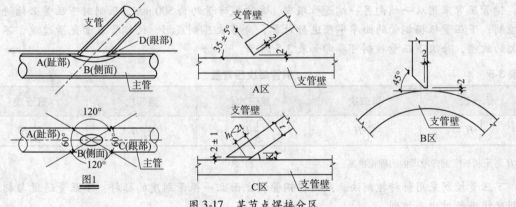

图 3-17　某节点焊接分区

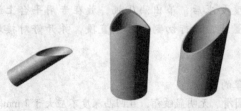

图 3-18　钢管相贯切割示意图

**2. 相贯线切割方法**

钢管的切割对于数控相贯线切割机而言，只需知道相贯的管与管相交的角度、各管的厚度、管中心间长度和偏心量即可，下面采用软件界面的形式按步骤进行描述，如图 3-19 所示；加工现场如图 3-20 所示。

第一步：打开专用的数控相贯线切割机程序

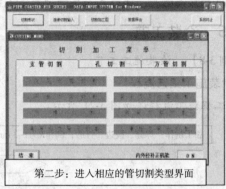
第二步：进入相应的管切割类型界面

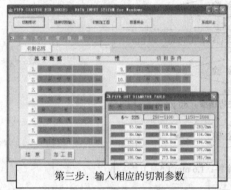
第三步：输入相应的切割参数

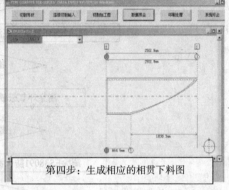
第四步：生成相应的相贯下料图

图 3-19　相贯线切割操作步骤

图 3-20　相贯线切割操作现场

## 3. 相贯线切割精度的检查

圆管相贯面切割后应将零件置于水平平台上，按下列要求检验。

（1）管长：偏差≤1.5 mm。

（2）管 1（最高点）—管 2（最低点）：偏差≤1.5 mm。

（3）管端面与平台吻合，间隙≤1 mm。

（4）管壁垂直度（沿周长等分测 4 处）：偏差≤1 mm。

（5）坡口角度偏差≤2°。

（6）沿相贯面弧长，坡口表面光顺过渡，无凹凸缘。

## 训练 3-5　涂装工艺

**【案例 3-8】**　涂装施工工艺

### 1. 涂装施工工艺流程

涂装工程施工流程详如图 3-21 所示。

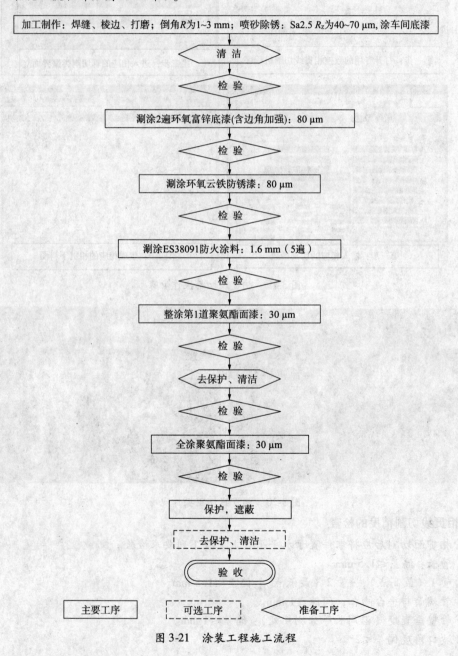

图 3-21　涂装工程施工流程

2. 钢构件涂装施工过程控制要点

钢构件涂装施工过程控制详如表3-6、表3-7所示。

表3-6　　　　　　　　　　钢构件防腐施工过程控制简表

| 工序名称 | | 工艺参数 | 质量要求 | 检测标准及仪器 |
|---|---|---|---|---|
| 前处理 | 表面清理 | | (1) 清理焊渣、飞溅附着物；<br>(2) 清洗金属表面至无可见油脂及杂物 | 目测 |
| | 焊缝棱边打磨 | | 焊缝打磨光滑、平整、无焊渣，棱边倒角 $R$ 为 1～3 mm | 目测 |
| | 抛丸、喷砂 | 工作环境湿度：<80%；钢板表面温度高于露点3℃以上 | (1) GB/T 13288—91 Sa2.5级；<br>(2) 粗糙度 30～75 μm；<br>(3) 表面清洁、无尘 | (1) 检验标准：GB/T 13288—91；<br>(2) 测试仪器：表面粗糙度测试仪或比较板 |
| 环氧富锌 | | (1) 高压无气喷涂、压力比33∶1；<br>(2) 喷枪距离 300～500 mm；<br>(3) 环境温度：<80%；<br>(4) 钢板表面温度高于露点3℃以上 | (1) 外观：平整、光滑；<br>(2) 厚度为 80 μm（湿膜厚度为 100 μm） | (1) 检验标准：GB 1764—89；<br>(2) 测试仪器：温湿度测试仪、湿膜测厚仪、涂层测厚仪 |
| 环氧云铁中间漆 | | (1) 高压无气喷涂、压力比33∶1；<br>(2) 喷枪距离 300～500 mm；<br>(3) 喷嘴直径：0.43～0.58 mm<br>(4) 环境温度：<80%；<br>(5) 钢板表面温度：高于露点3℃以上 | (1) 外观：平整、光滑、均匀成膜；<br>(2) 厚度：40 μm（湿膜厚度：50 μm） | (1) 检验标准：GB 1764—89；<br>(2) 测试仪器：温湿、度测试仪、湿膜测厚仪、涂层测厚仪 |
| 保护 | | | 受力部分有专门保护<br>其他部分有适当遮蔽 | 目测 |
| 构件组焊及清理 | | | (1) 焊缝平整、光滑、无焊渣、毛刺；<br>(2) 露底部分除锈达 ST3 级；<br>(3) 表面清洁、无尘 | 检验标准：GB/T 13288—91 |

表3-7　　　　　　　　　　钢构件防火施工过程控制简表

| 工序名称 | 工艺参数 | 质量要求 | 检测标准及仪器 |
|---|---|---|---|
| 补涂水性无机富锌底漆 | (1) 高压无气喷涂、压力比33∶1或刷涂；<br>(2) 喷枪距离 300～500 mm；<br>(3) 环境温度：<80%；<br>(4) 温度高于露点3℃以上 | (1) 外观：平整、光滑；<br>(2) 厚度：80～100 μm（湿膜厚度：100～125 μm） | (1) 检验标准：GB 1764—89；<br>(2) 测试仪器：温湿度测试仪、湿膜测厚仪、涂层测厚仪 |

（续表）

| 工序名称 | 工艺参数 | 质量要求 | 检测标准及仪器 |
|---|---|---|---|
| 补涂环氧中间漆 | （1）高压无气喷涂、压力比56∶1或刷涂；<br>（2）喷枪距离：205～500 mm；<br>（3）喷嘴直径：0.43～0.58 mm；<br>（4）环境湿度：<80%；<br>（5）钢件表面温度：高于露点3℃ | （1）外观：平整、均匀；<br>（2）厚度：80 μm<br>（湿膜厚度：100 μm） | （1）检测标准：GB 1764—89<br>（2）测试仪器：温湿度仪、湿膜测厚仪、涂层测厚仪 |
| 防火涂料 | （1）高压无气喷涂、压力比56∶1；<br>（2）喷枪距离205～500 mm；<br>（3）喷嘴直径：0.43～0.58 mm；<br>（4）环境温度：<80%；<br>（5）钢板表面温度：高于露点3℃ | （1）外观：平整、光滑、均匀成膜；<br>（2）厚度：1.98 mm | （1）检验标准：GB 1764—89<br>（2）测试仪器：温湿度测试仪、湿膜测厚仪、涂层测厚仪 |
| 整涂1道聚氨酯面漆 | （1）高压无气喷涂、压力比45∶1；<br>（2）喷枪距离205～500 mm；<br>（3）喷嘴直径：0.43～0.58 mm；<br>（4）环境温度：<80%；<br>（5）钢板表面温度：高于露点3℃ | （1）外观：平整、光滑、均匀成膜；<br>（2）厚度：30 μm | （1）检验标准：GB 1764—89<br>（2）测试仪器：温湿度测试仪、湿膜测厚仪、涂层测厚仪 |
| 保护及去保护、清洁 | | 外观：平整、光滑表面清洁、无尘 | 目测 |
| 整涂1道聚氨酯面漆 | （1）高压无气喷涂、压力比45∶1；<br>（2）喷枪距离205～500 mm；<br>（3）喷嘴直径：0.43～0.58 mm；<br>（4）环境温度：<80%；<br>（5）钢板表面温度：高于露点3℃ | （1）外观：平整、光滑、均匀成膜；<br>（2）厚度：30 μm<br>（3）附着力：≤1 级（3 mm格） | （1）检验标准：GB 1764—89<br>（2）测试仪器：温湿度测试仪、湿膜测厚仪、涂层测厚仪 |

**3. 构件防腐涂装施工细则工艺**

1）钢材表面处理的操作方法及技术要求

对钢材表面喷砂除锈，除锈质量的好坏是整个涂装质量的关键。黑色金属表面一般都存在氧化皮和铁锈，在涂装之前必须将它们除尽，不然会严重影响涂层的附着力使用寿命，造成经济损失，而所有除锈方法中，以喷砂除锈为最佳；因为它既能除去氧化皮和铁锈，又能在金属表面形成一定的粗糙度，增加了涂层与金属表面之间的结合力。

由于施工工作的流动性，目前，国内一般施工都采用干法喷砂除锈，一般用铜砂或钢丸等作为磨料，以 $5 \sim 7 \ kg/cm^2$ 压力的干燥洁净的压缩空气带动磨料喷射金属表面，可除去钢材表面的氧化皮和铁锈。

2）喷砂除锈的操作过程

开启空压机，达到所需压力 $5 \sim 7 \ kg/cm^2$，操作工穿戴好特制的工作服和头盔（头盔内接有压缩空气管道提供的净化呼吸空气）进入喷砂车间；将干燥的磨料装入喷砂机，喷砂机上的油水分离器必须良好（否则容易造成管路堵塞和影响后道涂层与钢材表面的结合力）；将钢材摆放整齐，就可开启喷砂机开始喷砂作业，喷砂作业完成后，对钢材表面进行除尘、除油清洁，对照标准照片检查质量是否符合要求，对不足之处进行整改，直至达到质量要求，并做好检验记录。

3）钢材的表面处理

所有构件的材料，切割下料前，先进行喷丸预处理，除锈等级为 Sa2.5 级，表面粗糙度 $R_z$ 为 $40 \sim 75 \ \mu m$，然后在 4 h 内立即喷涂车间底漆，涂层厚度为 $15 \sim 20 \ \mu m$。

二次涂装前须对构件表面进行检查，并作出标识，采用手动或电动工具进行打磨处理，必要时需先进行补焊。

构件进入喷砂房前，在临时存放点清扫其表面的浮尘和附着物；清除表面油污、盐分及杂质。

4）搭建涂装支架

钢结构涂装施工前，根据结构特点制作便于施工的工作平台，施工时能快速搭建，工作平台的顶部使用钢板网脚手板且绑扎牢固，脚手板间距在 3cm 左右，便于灰尘的清理和空气的流通。钢梁外表面搭设简易施工平台，确保喷砂喷漆工作的正常进行。

5）喷漆施工

（1）表面喷砂处理检验合格后 4 h 内进行涂装，涂装前应保护涂装表面，防止二次污染。

（2）喷涂底漆前应预涂所有焊缝、角位等不易喷涂的部位，以保证该部位的漆膜厚度。

（3）注意油漆的熟化期和混合使用期，在过了熟化期方能施工，超过混合使用期禁止使用，在施工过程中应根据施工需要调配适量的涂料。

（4）严格按涂装工艺施工，涂层要均匀，不出现流挂、漏喷、干喷等缺陷。

（5）不同漆种选用不同漆泵，喷枪与工作面应保持适当的距离和角度（90°）。为便于喷涂，可对油漆进行不超过规定值的5%的稀释。

（6）为保证涂装干膜厚度，涂装时应用湿膜卡连续自测湿膜厚度（无机锌除外），其计算公式如下：

$$湿膜厚度 = 干膜厚度 \times （1 + 稀释比例）\times 100 \div 固含量（V）$$

（7）按供应商提供的资料，根据施工的实际温度、湿度等环境因素，确定重涂的间隔时间，并严格执行。

（8）正确记录施工环境条件、油漆品种、数量、涂装部位等参数。

（9）待焊接的焊缝处 50 mm 范围内贴胶带保护。

4. 涂装质量标准

施工过程中应严格按相关国家标准和质量保证体系文件进行半成品、产品检验及不合格品的处理，计量检测设备操作维护等工作，从施工准备、施工过程进行全面检测，及时预防不合格品的产生，具体保证以下检验项目必须按工艺规定进行。

（1）涂装前，钢材表面除锈应符合设计要求和国家现行标准和规定。处理后的钢材表面不应有焊渣、焊疤、灰尘、油污、水和毛刺等。当设计无要求时，钢材表面除锈等级应符合表3-8所示的规定。

表3-8                         各种底漆或防锈漆要求最低的除锈等级

| 涂 料 品 种 | 除锈等级 |
| --- | --- |
| 油性酚醛、醇酸等底漆或防锈漆 | St2 |
| 高氯化聚乙烯、氯化橡胶、氯磺化聚乙烯、环氯树脂、聚氨酯等底漆或防锈漆 | Sa2 |
| 无机富锌、有机硅、过氯乙烯等底漆 | Sa21/2 |

（2）涂层厚度检验主要包括涂层厚度要求和涂层厚度的测量方法的检验。

涂层厚度要求：对防腐层，漆料、涂装遍数、涂层厚度均应符合设计要求。当设计对涂层厚度无要求时，涂层干漆膜总厚度室外应为 150 μm，室内应为 125 μm，其允许偏差 −25 μm，每遍涂层干漆膜厚度的允许偏差 −5 μm。对防火层，薄涂型防火涂料的涂层厚度应符合有关耐火极限的设计要求，厚漆型防火涂料涂层的厚度，80% 及以上面积应符合有关耐火极限的设计要求，且最薄处厚度不应低于设计要求的 85%。

涂层厚度测量方法：用电子涂层厚度仪和磁性测厚仪，横杆试测厚仪等测量漆膜厚度；每涂完一层后，必须检查干膜厚度，出厂前检查总厚度；每 10 m² 测 5 个点，每个点附近测 3 次，取平均值，每个点的量测值如果小于设计值，应加涂一道涂料。

（3）涂层外观检验：涂料不允许有剥落、咬底、漏涂、分层缺陷。涂层均匀、平整、丰满、有光泽，允许有不影响防护性能的流挂但不多且不明显，面漆颜色与色卡一致。

热喷涂层不允许有碎裂、剥落、漏涂、分层、气泡缺陷，涂层均匀一致，无松散粒子，允许有不影响防护性能的轻微结疤、褶皱。

（4）附着力检查：现场测试用划格法，划格法规定在漆膜上用单面刀片划间隔为 1 mm 的方格 36 个，然后用软毛刷沿格阵两对角线方向，轻轻地往复各刷 5 次，按标准的要求评判合格与否。

（5）涂层修补可采用风动打磨机除锈至规范 GB/T 8923—1988 规定的 St3 级，然后根据其所处位置的涂层配套补上各层涂料，对面积较小的可用手涂，并保证涂层厚度。

（6）对已涂装完毕的节段在起吊运输时不允许直接用钢位捆扎，避免涂层损伤。严禁碰撞擦伤涂层。构件推放要垫高。避免接触水。尽量减少重新电焊及火工作业。吊运应在构件涂层干后进行。

## 【项目训练】

[3-1]    编制附录 D 工程图中的梁、柱的生产工艺方案及制作工艺要求。

[3-2]    编制附录 C 中焊接箱形钢柱的生产工艺方案及制作工艺要求。

# 项目 3.2　钢构件制作质量与安全措施

## 第一部分　项目应知

### 3.2.1　保证工程质量的措施

1. 工程质量问题的分类和特点

工程质量问题一般分为工程质量缺陷、工程质量通病、工程质量事故三类。

（1）工程质量缺陷：工程质量缺陷是指工程达不到技术标准允许的技术指标的现象。

（2）工程质量通病：工程质量通病是指各类影响工程结构的使用功能和外形观感的常见性质量损伤。

（3）工程质量事故：工程质量事故是指在工程建设过程中或交付使用后，对工程结构安全、使用功能和外形观感影响较大、损失较大的质量损伤。

2. 过程质量管理流程

过程质量管理流程如图 3-22 所示。

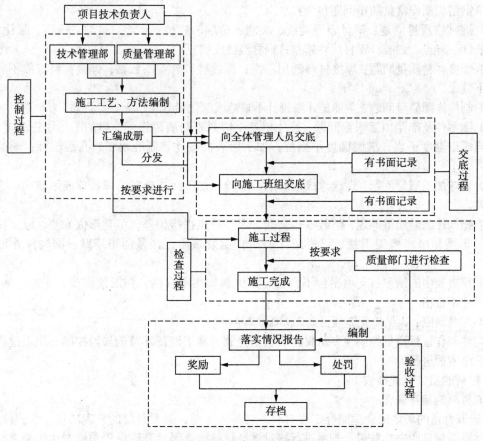

图 3-22　质量管理流程示意图

为保障工程施工质量，质量验收可实行自检、交接检、专检三管齐下的质量"三检"制度，如表3-9所示，以达到"监督上工序、保证本工序、服务下工序"的控制目的。

表3-9                            质量控制三检制度

| 序号 | 项目 | 主 要 内 容 |
|---|---|---|
| 1 | 自检 | 即某一工序完成后，按照施工规范及质量验评标准，首先由该工序班组长组织作业人员对本工序质量进行自查自纠，完成后填写工序自检记录，通知交接检 |
| 2 | 交接检 | 收到交接检通知后，由工序班组长组织人员对即将被隐蔽覆盖的上一道工序的质量进行监督检查，确认不存在影响本工序施工的不合格质量因素，通知专检 |
| 3 | 专检 | 在完成工序自检、交接检，收到专检通知后，由项目技术质量部组织进行工序质量专项检查，发现问题并督促整改；整改复核后报请监理验收并完成隐蔽工程验收记录的填写、签字工作，然后归档妥善保存 |

3. 钢构件制作过程质量控制内容

建筑钢结构制作常见质量问题包含：

（1）钢材料质量问题：钢材表面裂纹、夹渣、分层、缺棱；结疤、气泡、压痕、氧化铁皮、麻纹；锈蚀、麻点、划痕；钢材尺寸超差；钢材混批或需复检。

（2）焊接材料质量问题：焊接材料选用不当；焊接材料外观不合格；焊接材料存放不妥；焊材烘焙不良。

（3）制作详图质量问题：主要是详图设计不规范或深化设计单位无设计资质。

（4）钢零件及部件加工质量问题：尺寸超差；切割表面质量超标、热加工与矫正温度不当、冷加工与矫正温度不当；滚圆圆度不到位；加工后表面损伤、制孔粗糙、孔距超标；端面铣削缺陷。

（5）管球加工质量问题：螺栓球成形缺陷、螺栓球加工尺寸超差、焊接球成形缺陷、管杆件尺寸超差。

（6）钢构件组装质量问题：组装零件杂乱、焊接节点拼接偏差、组装形位偏差、板拼接位置不当、吊车梁和吊车桁架下挠、钢屋架（桁架）组装缺陷、顶紧面不紧贴、钢构件外形尺寸超标。

（7）预拼装中的缺陷：支承平台不合格、预拼装构件不合格、强制预拼装、孔通过率不高、预拼装尺寸不合格

（8）焊缝缺陷：详见单元2项目2.2、项目2.3。

钢构件制作过程质量控制主要从材料的质量控制、施工准备环节的质量控制、施工过程的质量控制三个方面进行。

1）材料的质量保证措施

（1）材料的储存保管

① 选取合适的场地或仓库储存工程材料，材料入库前，除对材料的外观质量、性能检验外，还应对材料质量证明书、数量、规格进行核对，经材料检查员、仓库保管员检查达到要求后才能

办理入库手续，对检验不合格的材料要进行处理，不得入库。

② 钢板、钢管、型钢按品种、按规格集中堆放，并用明显的油漆加以标识和防护，注明工程名称、规格型号、材料编号、材质、复验号等，以防未经批准的使用或不适当的处置，并定期检查质量状况以防损坏，同时填写《钢材入库报验记录》，报生产部门。

③ 焊接材料应按牌号和批号分别存放在具有适温或干燥的贮藏室内。焊条和焊剂在使用之前按出厂证明书上的规定进行烘焙和烘干。

④ 所有螺栓均按照规格、型号分类储放，妥善保管，避免因受潮、生锈、污染而影响其质量，开箱后的螺栓不得混放、串用，做到按计划领用，施工未完的螺栓及时回收。

⑤ 涂料应存放于干燥、遮阳、避雨的固定场所，按编号进行分类。

（2）焊材的保管与发放

① 保管：每批焊材入库前必须写明入库日期、规格牌号、产地、质量保证书、复验编号等，每批焊材必须检验、复验合格后才能入库，否则分开堆放，不合格的进行退货，库房内要通风良好，保持干燥，库房内要放温度计和湿度计，相对湿度不大于60%，仓库保管员必须在每天上班后观测记录库房内温度、湿度，使库房内保持达到规定的标准。焊条、焊丝、焊剂搬运时不得乱放，应注意轻放，不得拆散焊材原始包装，以防散包混杂，焊材存放于专用的货架上，货架离地面、墙均在300 mm以上，焊材库房内所有焊材必须按其品种、规格、牌号等分类存放于货架上，并有明显标牌以示区别。

② 发放：焊材发放严格按库房发放制度执行，领用者必须按焊材发放台账签字，严格按工艺要求发放，发出时由库房保管员填写《焊材发放记录》，注明规格牌号、数量、批号。同时发放焊材时坚持按焊材入库日期的先后原则发放，以防存久变质。另外车间施焊人员每次领取的焊条数量，不得超过4小时的用量，焊条发放要进行登记，用不完的焊条应当天交回库房。

（3）材料的使用

① 材料的使用严格按排版图和放样配料卡进行领料和落料，实行专料专用，严禁私自代用。

② 材料排版下料后的重要材料应按质量管理的要求作钢印移植。

③ 车间剩余材料应加以回收管理，钢材、焊材、螺栓应按不同品种规格、材质回收入库。

④ 当钢材使用品种不能满足设计要求需用其他钢材进行代用时，代用钢材的化学成分及机械性能必须与设计基本一致，同时须取得设计人员的书面认可。

⑤ 所有型材一律采用轧制型材，无特殊情况不得采用板材焊接代替，如要进行代替，则必须取得原设计的书面认可。

⑥ 严禁使用药皮剥落、生锈的焊条及严重锈蚀的焊丝。

⑦ 钢材、焊材的质量证明书、复验单及报料单等资料，按单项工程分册装订，以备查用。

2）施工准备环节质量保证措施

① 优化施工方案和合理调整施工程序，编制每道工序的质量标准和施工技术交底，做好图纸会审和技术培训。

② 严格控制进场材料的质量，对钢材等材料必须有出厂合格证外，需经试验和复验，并出具试验合格的证明文件（试验报告），不准用不合格材料。

③ 合理选择和配备先进的加工检测设备，保证投入的设备是先进完好的，从而为确保加工制作质量提供条件，同时对机械设备搞好维修保养，使机械处于良好的工作状态。

④ 编好施工方案，制定先进的施工工艺和工艺标准，并将工艺和方案及标准向施工人员交底、讨论、分析，让每个人都接受，并认真实施。

⑤ 采用质量预防，把质量管理的事后检查转变为事前控制工序及因素，达到"预防为主"的目的。

3）施工过程中的质量保证措施

（1）加强施工工艺管理，保证工艺过程的先进、合理和相对稳定，以减少和预防质量事故、次品的发生。

（2）坚持质量检查与验收制度，严格执行"三检制"，上道工序不合格不得进入下道工序，对于质量容易波动、容易产生质量通病或对工程质量影响比较大的部位和环节加强预检、中间检查和技术复核工作，以保证工程质量。

（3）做好各工序和成品保护，下道工序的操作者即为上道工序的成品保护者，后续工序不得以任何借口损坏前一道工序的产品。

（4）及时准确地收集质量保证原始资料，并做好整理归档工作，为整个工程积累原始准确的质量档案，各类资料的整理与施工同步进行。

4）放样的质量保证措施

（1）放样前，放样人员必须熟悉施工图和工艺要求，核对构件及构件相互连接的几何尺寸和连接是否不当。如发现施工图有遗漏或错误，以及其他原因需要更改施工图时，必须取得原设计单位签具的设计变更文件，不得擅自修改。

（2）放样最好以计算机进行放样，以保证所有尺寸的绝对精确。

（3）放样工作完成后，对所放大样和样杆、样板（或下料图）进行自检，无误后报专职检验人员检验。

5）号料的质量保证措施

（1）号料前，号料人员应熟悉下料图所注的各种符号及标记等要求，核对材料牌号及规格、炉批号。当供料或有关部门未作出材料配割（排料）计划时，号料人员应作出材料切割计划，合理排料，节约钢材。

（2）号料时，复核所使用材料的规格，检查材料外观质量，制订测量表格加以记录。凡发现材料规格不符合要求或材质外观不符要求者，须及时报质管、技术部门处理；遇有材料弯曲或不平值超差影响号料质量者，须经矫正后号料，对于超标的材料退回生产厂家。

（3）根据锯、割等不同切割要求和对刨、铣加工的零件，预放不同的切割及加工余量和焊接收缩量。

（4）因原材料长度或宽度不足需焊接拼接时，必须在拼接件上注出相互拼接编号和焊接坡口形状。如拼接件有眼孔，应待拼接件焊接、矫正后加工眼孔。

（5）下料完成，检查所下零件的规格、数量等是否有误，并进行炉批号跟踪。

6）切割的质量保证措施

（1）根据工程结构要求，构件的切割应首先采用数控、等离子、自动或半自动气割，以保证切割精度。

（2）钢材的切断，应按其形状选择适合的方法进行。

（3）切割前必须检查核对材料规格、牌号是否符合图纸要求。

（4）切口截面不得有撕裂、裂纹、棱边、夹渣、分层等缺陷和大于 1 mm 的缺棱并应去除毛刺。

（5）切割前，应将钢板表面的油污、铁锈等清除干净。

（6）切割时，必须看清断线符号，确定切割程序。

（7）钢管采用五维空间的自动切割机下料，以保证相贯线几何尺寸的精度，管口的光洁度，为确保焊接质量打下有力的基础。

7）组装质量保证措施

（1）构件组装时应确认零件厚度和外形尺寸已经检验合格，已无切割毛刺和缺口，并应核对零件编号、方向和尺寸无误后才可进行组装。检查指标为完成对零件或部件的互检过程。

（2）构件在组装时必须清除被焊部位及坡口两侧 50 mm 的黄锈、熔渣、油漆和水分等，并应使用磨光机对待焊部位打磨至呈金属光泽。检查指标为待焊部位的清理质量标准。

（3）焊缝的装配间隙和坡口尺寸，均应控制在允许公差的范围之内，凡超差部位应给予修正，满足规范要求。

（4）重要结构的焊接接头，必须在接头两端设置引弧和引出板，其坡口形式应与被焊焊缝相近，焊缝引出长度应大于 60 mm，引弧板和引出板的宽度应大于 100 mm，引弧板和引出板的长度应大于 150 mm，厚度不小于 10 mm；焊接完成后，应用火焰切割去除引弧板和引出板，并修磨平整，不得用锤击落引弧板和引出板。

（5）构件在密封前，应由质检进行隐蔽工程的检查，确保隐蔽工程的质量合格，同时清除构件内部的杂物后方可进行构件的密封。

（6）不允许随意增加刚性支撑来防止焊接变形，严禁在构件上随意打火和引弧。

（7）杆件组装时应将相邻焊缝错开，面板与腹板之间应相互错开 200 mm，且与相邻的加劲肋焊缝也须错开至少 100 mm。

8）焊接质量保证措施

焊接施工过程的质量保证措施内容详见单元 2 中的项目 2.2。

## 3.2.2　保证施工安全的管理措施

钢结构制造主要是在专业化的金属结构厂中进行，加工时必然和机械设备及电器相接触，除了会使用设备外，还必须牢固地掌握安全技术和用电常识，以免可能引起机械伤亡或触电事故等潜在危险，安全管理控制程序如图 3-23 所示。

1. 使用机械设备有关安全事项

（1）机械设备应按技术性能的要求正确地使用。缺少安全装置或安全装置已失效的机械设备，不得使用。

（2）机械设备在冬季使用时，应执行《建筑机械冬季使用的有关规定》。

（3）处在运转中的机械设备，严禁对其进行维修、保养或调整等作业。

（4）机械设备应按时进行保养，在发现有渗漏、失修或超载、带病运转等情况时，当事人或有关部门应立即停止该设备的使用。

（5）在使用机械设备与安全生产发生矛盾时，必须服从安全第一的要求。

（6）原则上应禁止在有碍机械安全运转和人身健康的场所进行作业，如有特殊情况必须在上述情况下进行作业时，应采取相应的安全措施；操作人员必须配备适用的劳动保护用品。

（7）凡违反《建筑机械使用安全技术规程》的命令，操作人员有权拒绝执行。由于发令人强制违章作业而造成事故者，应追究发令人的责任，直至追究刑事责任。

（8）机械作业时操作人员不得擅自离开工作岗位或将机械交给非机械操作人员进行操作。严禁无关人员进入作业区或操作室内。工作时思想要集中，严禁酒后操作。

**2. 操作前的安全准备**

（1）环境检查，不论在车间，还是在室外现场操作，材料工具和其他物品都要有秩序地安放，生产作业周围要有足够的空地，并保持整洁，以避免在操作或吊运时碰撞，造成安全事故。

（2）施工现场，若动用明火时，必须注意周围有无易燃易爆物品，若登高作业时，必须查看踏脚、吊板等是否安全牢靠。施工及操作人员对安全生产注意事项、工艺制作顺序、操作要领等必须充分熟悉与了解；安全规程和安全措施，必须人人遵守执行。

（3）工具与设备使用前的检查。对各种工具如夹紧螺丝、千斤顶、葫芦等，应事先进行可靠性检查；对机械设备应先行试开机器，检查各部位运转是否正常等，必须做到预防在先。

（4）两人或多人共同操作时，必须做到相互配合一致，老工人要照顾新工人，并必须听从一人统一指挥，其他人不可随便发出指令，以避免因指令混乱，造成工伤或质量事故。

**3. 操作安全注意事项**

（1）加强安全教育，严格执行安全操作规程；必须充分利用以及用好劳动防护品与工具。任何人不得随便拆除防护标志和装置。

（2）在狭小地方进行作业，或远离现场施工时，至少要有两人共同配合，防止发生意外。

（3）吊运工件或材料时，必须正确把握好构件重心，散装的构件要扎紧捆好，现场工人不得站在吊运构件的下面，以免发生意外事故。

**4. 操作后的安全检查**

（1）施工结束后，必须对机械设备擦洗，进行保养，将有关部位涂上润滑油；对工具必须清点、整理收藏好；对材料应按规格分类堆放好等。

（2）文明生产，人人有责；施工结束后，要及时做好现场的打扫整理。

**5. 设备用电安全**

（1）电气操作人员严格执行电工安全操作规程，对电气设备工具要进行定期检查和试验，凡不合格的电气设备、工具要停止使用。

（2）电工人员严禁带电操作，禁止带负荷接线，正确使用电工器具。

（3）电气设备的金属外壳必须做接地或接零保护，在总箱和开关箱上必须安装漏电保护器，实行两级漏电保护。

（4）电气设备所用保险丝，禁止用金属丝代替，并且需与设备容量匹配。

（5）施工现场内严禁使用塑料线，所用绝缘导线型号及截面必须符合临时用电设计的要求。

（6）电工必须持证上岗，操作时必须穿戴好各种绝缘防护用品，不得违章操作。

（7）当发生电气火灾时，应立即切断电源，用干砂灭火或干粉灭火，严禁使用导电的灭火剂灭火。

（8）凡移动式照明，必须采用安全电压。

（9）施工现场临时用电施工，必须编制施工组织设计和安全操作规程。

6. 电焊安全

（1）电焊机应放在干燥绝缘好的地方。在使用前检查一次二次线绝缘是否良好，接线处是否有防护罩。焊钳是否完好，外壳是否有接零保护。确认无问题后方可使用。

（2）在潮湿的地沟、管道、锅炉内施焊时，应采取绝缘措施，可垫绝缘板或橡胶皮，穿绝缘鞋操作，应通风良好，防止出汗。

（3）焊接时，操作人员必须戴绝缘手套，穿绝缘鞋，焊接时必须双线到位，不准利用架子、轨道、管道、钢筋和其他导电物作连接地线，更不准使用裸导线，应用多铜芯电缆线。

（4）操作时，必须有用火证，设消防器材，并设专人看护，清除附近易燃物，防止焊花四溅，引燃物料，发生火灾。

（5）电焊工必须持证上岗操作，电焊机设专用开关箱，不准将焊机放在手推车上使用。

（6）更换场地移动焊把时，应切断电源，不得手持把线爬梯登高。

（7）工作结束，切断电源，检查操作地点，确认无引起火灾危险，方可离开。

7. 气焊安全

（1）施焊场地周围应清除易燃易爆物品或进行覆盖、隔离。

（2）必须在易燃易爆气体或液体扩散区施焊时，应经有关部门检查许可后，方可进行。

（3）乙炔发生器必须设有防止回火的安全装置、保险链；球式浮筒必须有防爆球；必须使用金属防爆膜，严禁用胶皮薄膜代替。

（4）氧气瓶、气压表及焊割工具上，严禁沾染油脂。

（5）乙炔发生器的零件和管路接头，不得采用紫铜制作。

（6）高、中压乙炔发生器，应可靠接地。压力及安全阀应定期校验。

（7）碎电石应掺在小块电石中使用，夜间添加电石，严禁用明火照明。

（8）乙炔发生器应每天换水，严禁在浮桶上放置物料，不准用手在浮桶上加压和摇动。

（9）乙炔发生器不得放置在电线的正下方，与氧气瓶不得同放一处，距易燃、易爆物品和明火距离，不得少于 10 m。检验是否漏气要用肥皂水，严禁用明火。

（10）氧气应用防震胶圈，旋紧安全帽，避免碰撞和剧烈震动，并防止曝晒。冻结后应用热水加热，不准用火烤。

（11）乙炔气管用后需清除管内积水。胶管、防止回火的安全装置冻结时，应用热水或蒸汽回热解冻，严禁用火烘烤。

（12）点火时，焊枪口不准对人，正在燃烧的焊枪不得放在工件或地面上。焊枪带有乙炔和氧气时，不准放在金属容器内，以防气体逸出，发生燃烧事故。

（13）不得手持连接胶管的焊枪爬梯、登高。

（14）严禁在带压力的容器或管道上焊、割，带电设备应先切断电源。

（15）在贮存过易燃、易爆及有毒物品的容器或管道上焊、割时，应先清除干净，并将所有的孔、口打开。

（16）电石应放在通风良好、不漏雨、干燥的地方，移动或搬运电石筒时，应将桶上的小盖打开，轻搬轻放。开桶时，头部要闪开，不得用金属工具敲击桶盖。

（17）铅焊时，场地保持通风良好，皮肤外露部分应涂护肤油脂。工作完毕应洗漱。

（18）工作完毕，应将氧气瓶气阀关好，拧上安全罩。乙炔浮桶提出时，头部应避开浮桶上升方向，拔出后要卧放，禁止扣放在地上。检查操作场地，确认无着火危险，方准离开。

图 3-23　安全管理控制程序

# 第二部分　项目训练

## 1. 训练目的

通过训练，掌握钢构件加工过程中质量控制和安全管理方面的知识，能把"安全第一、质量至上"的理念贯彻到工程施工过程中。

2. 能力标准及要求

能加深理解构件加工工艺方案，明确针对不同构件采取的工艺措施，正确实施组织设计中的各项施工技术方案，能根据工程特点制订相应的安全预防措施。

3. 活动条件

综合实训室或构件加工厂

4. 训练步骤提示

（1）认真学习国家和地方安全生产的法律法规和《建筑机械使用安全技术规程》（JGJ 33），分组讨论质量控制要点和施工安全隐患。

（2）分析构件加工方案中的质量控制措施。

（3）分组对加工厂构件加工过程中的质量措施进行抽查，填写记录。

（4）分组对加工厂构件加工过程安全措施进行抽查，填写记录。

# 项目 3.3　钢构件质量验收

## 第一部分　项目应知

### 3.3.1　钢结构工程施工质量检查和验收

钢结构构件制作完成后，应根据《钢结构工程施工质量验收规范》（GB 50205—2001）及其他相关规范、规程的规定进行成品验收。钢结构构件加工制作质量验收，可按相应的钢结构制作工程或钢结构安装工程检验批的划分原则划分为一个或若干个检验批进行。

《钢结构工程施工质量验收规范》共 15 章，包括总则、术语、符号、基本规定、原材料及成品进场、焊接工程、紧固件连接工程、钢零件及钢部件加工工程、钢构件组装工程、钢构件预拼装工程、单层钢结构安装工程、多层及高层钢结构安装工程、钢网架结构安装工程、压型金属板工程、钢结构涂装工程、钢结构分部工程竣工验收以及 9 个附录。规范将钢结构工程原则上分成10 个分项工程，每个分项工程单独成章。其中"原材料及成品进场"虽不是分项工程。但将其单独列章是为了强调和强化原材料及成品进场准入，从源头上把好质量关。"钢结构分部工程竣工验收"单独列章是为了便于更好地控制工程项目的质量验收工作。

规范适用于工业与民用建筑工程中钢结构建筑物或构筑物的制作与安装及施工质量验收，具体范围如下：

（1）单层房屋（含门式刚架轻型房屋）钢结构及其辅助钢结构，如平台、栏杆、梯子、墙架、支撑、檩条等。

（2）多层、高层房屋钢结构及其辅助钢结构。

（3）焊接球节点、螺栓球节点、焊接钢板节点的钢网架结构、网壳结构及其辅助钢结构。

钢结构构件出厂时，加工方应提交产品质量证明（构件合格证）和下列技术文件：

（1）钢结构施工详图，设计更改文件，产品建造方案，制作过程中的技术协商文件，承制厂产品质量证明书（含产品质量检验报告和主辅材料产品质量证明书）。

（2）各种原材料质量证明书及必要的实验报告。包括钢板、钢管、高强度螺栓、焊丝、焊条、涂料、焊剂、气体的产品质量证明书，及钢材机械性能检验报告。

（3）钢结构（零件及部部件加工）分项工程检验批质量验收记录。

（4）高强度螺栓连接质量检验记录，包括构件摩擦面处抗滑移系数的试验报告。

（5）焊接质量检验记录。包括焊工及无损探伤检测人员的资格证书，钢结构（钢构件焊接）分项工程检验批质量验收记录，还有焊接工艺评定试验报告，主要是超声波和 X 光探伤记录。

（6）钢结构（防腐涂料涂装）分项工程检验批质量验收记录。

（7）构件组装质量检验记录。包括钢结构（构件组装）分项工程检验批质量验收记录，钢结构（预拼装）分项工程检验批质量验收记录。

工厂检验是质量控制的一个重要组成部分。加工方须严格进行厂内各生产环节的检验和试验。加工方提供的合同产品须签发质量证明、检验记录和测试报告，并且作为交货时质量证明文件的组成部分。

## 3.3.2 钢结构工程质量验收分项

每个分项工程单独成章，将分项工程划分成检验批进行验收，有助于及时纠正施工中出现的质量问题，确保工程质量，也符合施工实际需要。钢结构分项工程检验批划分遵循以下原则：

（1）单层钢结构按变形缝划分。

（2）多层及高层钢结构按楼层或施工段划分。

（3）压型金属板工程可按屋面、墙板、楼面等划分。

（4）对于原材料及成品进场时的验收，可以根据工程规模及进料实际情况合并或分解检验批；规范强调检验批的验收是最小的验收单元，也是最重要和基本的验收工作内容，分项工程、（子）分部工程乃至单位工程的验收，都是建立在检验批验收合格的基础之上的。

检验批的合格质量主要取决于对主控项目和一般项目的检验结果。主控项目是对检验批的基本质量起决定性影响的检验项目，因此必须全部符合本规范的规定，这意味着主控项目不允许有不符合要求的检验结果，即这种项目的检查具有否决权。一般项目是指对施工质量不起决定性作用的检验项目。

### 1. 分项工程检验批合格质量标准

分项工程检验批合格质量标准应符合下列规定：

（1）主控项目必须符合本规范合格质量标准的要求。

（2）一般项目其检验结果应有 80% 及以上的检查点（值）符合本规范合格质量标准的要求，且最大值不应超过其允许偏差值的 1.2 倍。

（3）质量检查记录、质量证明文件等资料应完整。

### 2. 分项工程合格质量标准

分项工程合格质量标准应符合下列规定：

（1）分项工程所含的各检验批均应符合本规范合格质量标准。

（2）分项工程所含的各检验批质量验收记录应完整。

分项工程的验收在检验批的基础上进行，一般情况下，两者具有相同或相近的性质，只是批量的大小不同而已，因此，将有关的检验批汇集便构成分项工程的验收。分项工程合格质量的条件相对简单，只要构成分项工程的各检验批的验收资料文件完整，并且均已验收合格，则分项工程验收合格。

**3. 钢结构工程施工质量不合格的处理**

当钢结构工程施工质量不符合本规范要求时，应按下列规定进行处理：

检验批有问题时应发现并及时处理，否则将影响后续检验批和相关的分项工程、（子）分部工程的验收。因此，所有质量隐患必须尽快消灭在萌芽状态，这也是规范以强化验收促进过程控制原则的体现。对不合格情况的处理分以下 4 种情况。

（1）第一种情况：在检验批主控项目或一般项目不能满足规范的规定时，应及时进行处理，其中，严重的缺陷应返工重做或更换构件；一般的缺陷通过翻修、返工予以解决。应允许施工单位在采取相应的措施后重新验收，如能够符合本规范的规定，则应认为该检验批合格。

（2）第二种情况：当个别检验批发现试件强度、原材料质量等不能满足要求或发生裂纹、变形等问题，且缺陷程度比较严重或验收各方对质量看法有较大分歧而难以通过协商解决时，应请具有资质的法定检测单位检测，并给出检测结论。当检测结果能够达到设计要求时，该检验批可通过验收。

（3）第三种情况：如经检测鉴定达不到设计要求，但经原设计单位核算，仍能满足结构安全和使用功能的情况，该检验批可予验收。一般情况下，规范标准给出的是满足安全和功能的最低限度要求，设计一般在此基础上留一些余量。不满足设计要求和符合相应规范标准的要求，两者并不矛盾。

（4）第四种情况：更为严重的缺陷或者超过检验批的更大范围内的缺陷，可能影响结构的安全性和使用功能。在经法定检测单位的检测鉴定以后，仍达不到规范标准的相应要求，即不能满足最低限度的安全储蓄和使用功能，则必须按一定的技术方案进行加固处理，使其能保证安全使用的基本要求，但已造成了一些永久性的缺陷，如改变了结构外形尺寸，影响了一些次要的使用功能等。为避免更大的损失，在基本上不影响安全和主要使用功能条件下可采用按处理技术方案和协商文件进行验收，降级使用。但不能作为轻视质量而回避责任的一种出路，这是应该特别注意的。

通过返修或加固处理仍不能满足安全使用要求的钢结构分部工程，严禁验收。

## 3.3.3　钢构件质量验收要点

**1. 钢柱形式结构的检查要点**

（1）钢柱柱顶承受屋面静荷载，钢柱上的悬臂（牛腿）承受由吊车梁传递下来的动荷载，通过柱身传到柱脚底板。悬臂部分及相关的支承肋承受交变动荷载，一般采用 K 形坡口焊缝，并且应保证全熔透。对于悬臂及其相关部分的焊缝质量检查，应是成品检查的重点。由于板材尺寸不能满足需要而进行拼接时，拼接焊缝必须全熔透，保证与母材等强度。一般情况下，除外观质量的检查外，上述两类焊缝要进行超声波探伤的内部质量检查，检查时应予注意。

（2）柱端、悬臂等有连接的部位，要注意检查相关尺寸，特别是高强螺栓连接时，要加强控制。另外，柱底板的平直度、钢柱的侧弯等要注意检查控制。

（3）设计图要求柱身与底板要刨平顶紧，按国家规范的要求对接触面进行磨光顶紧的检查，以确保力的有效传递。

（4）钢柱柱脚不采用地脚螺栓，而直接插入基础预留孔，再二次灌浆固定的，要注意检查插入混凝土部分不得涂漆。

（5）箱形柱一般都设置内部加劲肋，为确保钢柱尺寸，并起到加强作用，内劲板加工刨平，组装焊接工序，由于柱身封闭后无法检查，应注意加强工序检查，内劲板加工刨平、装配贴紧情况，以及焊接方法和质量均应符合设计要求。

（6）空腹钢柱（格构柱）的检查要点同实腹柱。由于空腹钢柱截面复杂，要经多次加工、小组装、再总装到位，因此，空腹柱在制作中各部位尺寸的配合十分重要，在其质量控制检查中要侧重于单体构件的工序检查，只有各部件的工序检查符合质量要求，钢柱的总体尺寸就比较容易控制了。

**2. 吊车梁的检查要点**

（1）吊车梁的焊缝因受冲击和疲劳影响，其上翼缘板与腹板的连接焊缝要求全熔透，一般视板厚大小开成 V 形或 K 形坡口。焊后要对焊缝进行超声波探伤检查，探伤比例应按设计文件的规定执行，如若设计的要求为抽检，检查时应重点检查两端的焊缝，其长度不应小于梁高，梁中间应再抽检 300 mm 以上的长度，抽检若发现超标缺陷，应对焊缝进行全部检查，由于板料尺寸所限，吊车梁钢板需要拼接时，翼缘板与腹板的拼接要错开 200 mm 以上，拼缝要错开加劲肋 200 mm 以上，拼接缝要求与母材等强度，全熔透焊接，并进行超声波探伤的检查，吊车梁加劲肋的端部焊法一般有两种不同的处理方法，检查可视设计要求而定：①对加劲肋的端部进行围焊，以避免在长期使用过程中，其端部产生疲劳裂缝；②要求加劲肋的端部留有 20～30 mm 不焊，以减弱端部的应力。检查中要注意设计的不同要求。为提高吊车梁焊缝的抗疲劳能力，手工焊焊条应采用低氢型。对于只做外观检查的角焊缝，必要时可增加磁粉探伤或着色探伤检查，以排除检查中的判断疑点。

（2）吊车梁外形尺寸控制，原则上是长度负公差，高度正公差，上、下翼缘板边缘要整齐光洁，切忌有凹坑，上翼缘板的边缘状态是检查重点，要特别注意。无论吊车梁是否要求起拱，焊后都不允许下挠，要注意控制吊车梁上翼缘板与轨道接触面的平面度不得大于 1.0 mm。

**3. 钢屋架（桁架）形式的检查要点**

（1）检查节点处各型钢重心线交点的重合状况。原因：组装胎具变形或装配时杆件未撑紧胎模所致，如发生重心线偏移超出规定的允许偏差（3 mm）时，应及时提供数据，请设计人员进行验算，如不能使用，应拆除更换。

（2）钢屋架上的连接焊缝较多，但每段焊缝的长度又不长，极易出现各种焊接缺陷，因此，要加强对钢屋架焊缝的检查工作，特别是对受力较大的杆件焊缝，要做重点检查控制，其焊缝尺寸和质量标准必须满足设计要求和国家规范的规定。上下弦角钢一般较大，其肢边的圆角半径也比较大，焊缝高度较小时（$h_f = 5$ 或 $6$ mm），其肢部焊缝尺寸难测量，且角钢截面大，刚性强，在焊缝收缩应力作用下，本身容易产生裂纹，这种裂纹不易被发现，应加强对这些部位的观察，或在施工中加大焊缝，第一遍焊接只填满圆角，再焊一遍使焊缝成形。按此法焊接，其焊角高度一般要大于角钢肢边厚度的 1/2。

（3）为保证安装工程的顺利进行，检查中要严格控制连接部位孔的加工，孔位尺寸要在允许的范围内，对于超过偏差的孔要及时做出相应的技术处理。

（4）设计要求起拱的，必须满足设计规定，检查中要控制起拱尺寸及其允许偏差，特别是吊车桁架，即使未要求起拱处理，组焊后的桁架也严禁下挠。

（5）由双肢角钢组焊的杆件，其节点连接板组装前应按要求除锈、涂漆，检查中对这些部位应给予注意。

#### 4. 平台、栏杆、扶梯的检查要点

平台、栏杆、扶梯虽是配套产品，但其制作质量也直接影响工程的安全，要确保其牢固性，有以下几点要注意：

（1）由于焊缝不长，分布零散，在检查中要重点防止出现漏焊现象。检查中要注意构件间连接的牢固性，如爬梯用的圆钢要穿过扁钢，再焊牢固。采用间断焊的部位，其转角和端部一定要有焊缝，不得有开口现象。构件不得有尖角外露，栏杆上的焊接接头及转角处要磨光。

（2）栏杆和扶梯一般都分开制作，平台根据需要可以整件出厂，也可分段出厂，各构件之间相互关联的安装孔距，在制作中要作为重点检查项目进行控制。

## 第二部分　项目训练

#### 1. 训练目的

通过训练，理解工程项目中"验评分离、强化验收、完善手段、过程控制"的质量控制思想，掌握钢构件制作过程中的目标要素、验收方法和检查数量。

#### 2. 能力标准及要求

能依据《钢结构工程施工质量验收规范》（GB 50205—2001）中各分项工程质量验收标准，制订验收表格，对 H 形、箱形梁和柱进行构件质量验收。

#### 3. 活动条件

综合实训室或构件加工厂。

#### 4. 训练步骤提示

（1）学习《钢结构工程施工质量验收规范》，分组讨论质量控制要点和验收方法。

（2）制定构件质量验收表格。

（3）对加工构件进行质量验收，填写记录。

（4）进行验收结果汇报，小组评议，讨论。

#### 5. 项目实施

## 训练 3-6　钢构件质量验收

【案例 3-9】　钢构件组装分项验收记录表的编制

钢结构（构件组装）分项工程检验批质量验收记录表详见表 3-10；

钢结构组装分项工程检验批中有关允许偏差的检查记录详见表 3-11。

表 3-10　　　　　　　　　　钢结构（构件组装）分项工程检验批质量验收记录

| 工程名称 | | 检验批部位 | |
|---|---|---|---|
| 施工单位 | | 项目经理 | |
| 监理单位 | | 总监理工程师 | |
| 施工依据标准 | | 分包单位负责人 | |

（续表）

| 工程名称 | | | 检验批部位 | |
|---|---|---|---|---|
| 主控项目 | 合格质量标准<br>（按本规范） | 施工单位检验评<br>分记录或结果 | 监理（建设）单位<br>验收记录或结果 | 备注 |
| 1　吊车梁（桁架） | 第8.3.1条 | | | |
| 2　端部铣平精度 | 第8.4.1条 | | | |
| 3　外形尺寸 | 第8.5.1条 | | | |
| | | | | |
| 一般项目 | 合格质量标准<br>（按本规范） | 施工单位检验评<br>分记录或结果 | 监理（建设）单位<br>验收记录或结果 | 备注 |
| 1　焊接H型钢接缝 | 第8.2.1条 | | | |
| 2　焊接H型钢精度 | 第8.2.2条 | | | |
| 3　焊接组装精度 | 第8.3.2条 | | | |
| 4　顶紧接触面 | 第8.3.3条 | | | |
| 5　轴线交点错位 | 第8.3.4条 | | | |
| 6　焊缝坡口精度 | 第8.4.2条 | | | |
| 7　铣平面保护 | 第8.4.3条 | | | |
| 8　外形尺寸 | 第8.5.2条 | | | |
| | | | | |
| 施工单位检验评定结果 | 班组长：<br>或专业工长： | 质检员：<br>或项目技术负责人：<br>　　　　年　　月　　日 | | 年　　月　　日 |
| 监理（建设）单位验收结论 | 监理工程师：<br>（建设单位项目技术人员）<br>　　　　　　　　　　　　年　　月　　日 | | | |

**表 3-11**　　　　　　钢结构组装分项工程检验批中有关允许偏差检查记录

工程名称：＊＊＊＊＊＊　　　　　检验批部位：＊＊＊＊＊＊＊

| | | 内　容 | | | 施工单位记录 | | | | | | | | 监理验收 |
|---|---|---|---|---|---|---|---|---|---|---|---|---|---|
| 主控项目 | 端部铣平 | 项次 | 项　目 | 允许偏差/mm | | | | | | | | | |
| | | 1 | 两端铣平面构件长度 | ±2.0 | | | | | | | | | |
| | | 2 | 两端铣平面零件长度 | ±0.5 | | | | | | | | | |
| | | 3 | 铣平面的平面度 | 0.3 | | | | | | | | | |
| | | 4 | 铣平面对轴线的垂直度 | $L/1500$ | | | | | | | | | |
| | 钢构件外形尺寸 | 项次 | 项　目 | 允许偏差/mm | | | | | | | | | |
| | | 1 | 单层柱、梁、桁架受力支托（支承面）表面至第一个安装孔距离 | ±1.0 | | | | | | | | | |
| | | 2 | 多节柱铣平面至第一个安装孔距离 | ±1.0 | | | | | | | | | |
| | | 3 | 实腹梁两端最外侧安装孔距离 | ±3.0 | | | | | | | | | |
| | | 4 | 构件连接处的截面几何尺寸 | ±3.0 | | | | | | | | | |
| | | 5 | 柱、梁连接处的腹板中心线偏移 | 2.0 | | | | | | | | | |
| | | 6 | 受压构件（杆件）弯曲矢高 | $1/1000$ 且不应大于 10.0 | | | | | | | | | |
| 一般项目 | 焊接H型钢 | 项次 | 项　目 | 允许偏差/mm | | | | | | | | | |
| | | 1 | 截面高度 $h$　$H<500$ | ±2.0 | | | | | | | | | |
| | | | $500<h<1000$ | ±3.0 | | | | | | | | | |
| | | | $H<1000$ | ±4.0 | | | | | | | | | |
| | | 2 | 截面宽度 $b$ | ±3.0 | | | | | | | | | |
| | | 3 | 腹板中心偏移 | 2.0 | | | | | | | | | |
| | | 4 | 翼缘板垂直度 $\Delta$ | $b/100$，且不应大于 3.0 | | | | | | | | | |
| | | 5 | 弯曲矢高（受压构件除外） | $L/1000$，且不应大于 10.0 | | | | | | | | | |
| | | 6 | 扭曲 | $h/250$，且不应大于 5.0 | | | | | | | | | |

（续表）

| | | 内　容 | | | 施工单位记录 | | | | | | | 监理验收 |
|---|---|---|---|---|---|---|---|---|---|---|---|---|
| 焊接H型钢 | 7 | 腹板局部平面度 $f$ | $t/14$ | 3.0 | | | | | | | | |
| | | | $t \geqslant 14$ | 2.0 | | | | | | | | |
| 端部铣平 | 项次 | 项　目 | | 允许偏差/mm | | | | | | | | |
| | 1 | 对口错边 $\triangle$ | | $t/10$，且不应大于 3.0 | | | | | | | | |
| | 2 | 间隙 $a$ | | $\pm 1.0$ | | | | | | | | |
| | 3 | 搭接长度 $a$ | | $\pm 5.0$ | | | | | | | | |
| | 4 | 缝隙 $\triangle$ | | 1.5 | | | | | | | | |
| | 5 | 高度 $h$ | | 2.0 | | | | | | | | |
| | 6 | 垂直度 $\triangle$ | | $b/100$，且不应大于 3.0 | | | | | | | | |
| | 7 | 中心偏移 $e$ | | $\pm 2.0$ | | | | | | | | |
| | 8 | 型钢错位 | 连接处 | 1.0 | | | | | | | | |
| | | | 其他处 | 2.0 | | | | | | | | |
| | 9 | 箱形截面高度 $h$ | | $\pm 2.0$ | | | | | | | | |
| | 10 | 宽度 $b$ | | $\pm 2.0$ | | | | | | | | |
| | 11 | 垂直度 $\triangle$ | | $b/200$，且不应大于 3.0 | | | | | | | | |
| 安装焊缝坡口 | 项次 | 项　目 | | 允许偏差/mm | | | | | | | | |
| | 1 | 坡口角度 | | $\pm 5°$ | | | | | | | | |
| | 2 | 钝边 | | $\pm 1.0$ | | | | | | | | |
| 单层钢柱外形尺寸 | 项次 | 项　目 | | 允许偏差/mm | | | | | | | | |
| | 1 | 柱底面到柱端与桁架连接的最上一个安装孔距离 $L$ | | $\pm L/1\,500$ $\pm 15.0$ | | | | | | | | |
| | 2 | 柱底面到牛腿支承面距离 $h$ | | $\pm L/2\,000$ $\pm 8.0$ | | | | | | | | |
| | 3 | 牛腿面的翘曲 $\triangle$ | | 2.0 | | | | | | | | |

（左侧合并单元格：一般项目）

（续表）

| 内 容 | | | | 施工单位记录 | | | | | | | | | 监理验收 |
|---|---|---|---|---|---|---|---|---|---|---|---|---|---|
| 一般项目 | 单层钢柱外形尺寸 | 4 | 柱身弯曲矢高 $f$ | | $H/1200$，且不应大于12.0 | | | | | | | | | |
| | | 5 | 柱身扭曲 | 牛腿处 | 3.0 | | | | | | | | | |
| | | | | 其他处 | 8.0 | | | | | | | | | |
| | | 6 | 柱截面几何尺寸 | 连接处 | ±3.0 | | | | | | | | | |
| | | | | 非连接处 | ±4.0 | | | | | | | | | |
| | | 7 | 翼缘对腹板的垂直度 | 连接处 | 1.5 | | | | | | | | | |
| | | | | 其他处 | $b/100$，且不应大于5.0 | | | | | | | | | |
| | | 8 | 柱腿底板平面度 | | 5.0 | | | | | | | | | |
| | | 9 | 柱脚螺栓孔中心对柱轴线的距离 | | 3.0 | | | | | | | | | |
| | 多节钢柱外形尺寸 | 项次 | 项 目 | | 允许偏差/mm | | | | | | | | | |
| | | 1 | 一节柱高度 $H$ | | ±3.0 | | | | | | | | | |
| | | 2 | 两端最外侧安装孔距离 $L_3$ | | ±2.0 | | | | | | | | | |
| | | 3 | 铣平面到第一个安装孔距离 $L_3$ | | ±1.0 | | | | | | | | | |
| | | 4 | 柱身弯曲矢高 $f$ | | $H/1500$，且不应大于5.0 | | | | | | | | | |
| | | 5 | 一节柱的柱身扭曲 | | $H_h/250$，且不应大于5.0 | | | | | | | | | |
| | | 6 | 牛腿端孔到柱轴线距离 $l_2$ | | ±2.0 | | | | | | | | | |
| | | 7 | 牛腿的翘曲或扭曲 $\triangle$ | $L_2 \leq 1000$ | 2.0 | | | | | | | | | |
| | | | | $L_2 > 1000$ | 3.0 | | | | | | | | | |
| | | 8 | 柱截面尺寸 | 连接处 | ±3.0 | | | | | | | | | |
| | | | | 非连接处 | ±4.0 | | | | | | | | | |
| | | 9 | 柱脚底板平面度 | | 5.0 | | | | | | | | | |

## 【项目训练】

[3-3] 编制附录 D 工程图中的 H 型钢柱加工验收方案。

[3-4] 编制附录 C 构件详图中的焊接箱形柱的加工验收方案。

## 【复习思考题】

[3-1] 参观钢构件加工厂，简述钢构件制造工艺过程。

[3-2] 常用钢结构构件有哪些截面类型？构件节点构造有哪些？

[3-3] 简述 H 型钢、箱形型钢、十字形型钢、钢管加工工艺流程和相应工艺要求。

[3-4] 钢构件组装方法有哪些？需配套哪些组装设备？

[3-5] 构件因焊接产生的变形如何矫正？火陷矫正法的使用有哪些要求？

[3-6] 简述 H 形型钢、箱形型钢制作的质量控制内容有哪些？

[3-7] 如何预防板材切割时产生扭曲变形？

[3-8] 结合《钢结构工程施工工艺标准》，解说本单元中所列举的构件加工的各项工艺措施。

[3-9] 结合单元 2 中的焊接知识，分析本单元构件加工过程中的焊接工艺方法。

[3-10] 钢构件加工过程中存在的质量问题有哪些？可采取哪些工艺措施？

[3-11] 如何进行钢构件制作质量控制与管理？

[3-12] 钢构件加工过程中存在哪些安全隐患？如何预防？

[3-13] 如何划分钢结构工程分项检验批？

[3-14] 《钢结构工程施工质量验收规范》包含哪些章节，划分哪几个分项工程？如何组织对钢结构工程施工质量的检查和验收？

[3-15] 钢结构工程分项检验项目的数量如何确定？试结合附录中的工程进行计算。

[3-16] 钢结构分项工程检验批合格的质量标准是什么？

[3-17] 钢结构工程质量验收的顺序是什么？验收的关键是什么？

[3-18] 若分项工程验收不合格，该怎样解决？

[3-19] 结合附录中的工程，选择梁、柱，确定其外形尺寸的允许偏差值。

[3-20] 钢结构工程施工质量验收时对原材料有哪些要求？

# 单元4
## 单层钢结构厂房安装

**单元概述：**单层工业厂房具有跨度大、安装方便、施工速度快等优点。但如何高质量、低成本地进行厂房的安装，是厂房安装施工的关键所在。本单元主要包括施工吊装机械的选择、厂房构件的连接、厂房构件现场布置与工作准备、厂房钢结构安装与控制、质量验收和技术资料的归档。

**学习目标：**

1. 能编制厂房钢结构的安装方案；
2. 能分角色进行模拟技术交底；
3. 能绘制施工总平面图进行施工组织安排；
4. 能进行结构安装质量控制和质量验收；
5. 能进行各种技术资料的归档。

**学习重点：**吊装索具及起重机械的选择；单层钢结构厂房的安装工艺及质量标准。

**教学建议：**本单元教学，宜结合导学项目组织进行自主项目的训练，采用教学练相结合的方式。配合多媒体、实物观摩、操作训练进行钢结构安装的学习，可用案例分析、成果评议、角色转换等形式控制项目训练质量。

# 项目4.1 钢结构安装常用吊装机具和设备

## 第一部分 项目应知

### 4.1.1 索具设备

#### 1. 钢丝绳

钢丝绳是吊装中的主要绳索，它具有强度高、弹性大、韧性好、耐磨、能承受冲击载荷等优点，且磨损后外部产生许多毛刺，容易检查，便于预防事故。

1）钢丝绳的构造和种类

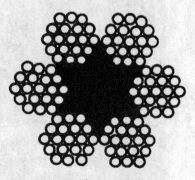

图4-1 普通钢丝绳截面

结构吊装中常用的钢丝绳是由六束绳股和一根绳芯（一般为麻芯）捻成。钢丝绳股是由许多高强钢丝捻成（图4-1）。

钢丝绳按其捻制方法分右交互捻、左交互捻、右同向捻和左同向捻4种（图4-2）。

同向捻钢丝绳，钢丝捻的方向和绳股捻的方向一致；交互捻钢丝绳，钢丝捻的方向和绳股捻的方向相反。

同向捻钢丝绳比较柔软、表面较平整，它与滑轮或卷筒凹槽的接触面较大，磨损较轻，但容易松散和产生扭结卷曲，吊重时容易旋转，故吊装中一般不用；交互捻钢丝绳较硬，强度较高，吊重时不易扭结和旋转，吊装中应用广泛。

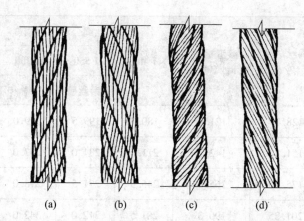

(a) 右交互捻（股向右捻，丝向左捻）；(b) 左交互捻（股向左捻，丝向右捻）；
(c) 右同向捻（股和丝均向右捻）；(d) 左同向捻（股和丝均向左捻）

图 4-2  钢丝绳捻制方法

钢丝绳按绳股数及每股中的钢丝数区分，有 6 股 7 丝，7 股 7 丝，6 股 19 丝，6 股 37 丝及 6 股 61 丝等。吊装中常用的有 6×19、6×37 两种。6×19 钢丝绳可作为缆风和吊索；6×37 钢丝绳用于穿滑车组和作为吊索。

2）钢丝绳的技术性能

常用钢丝绳的技术性能见表 4-1 和表 4-2。

表 4-1                                                6×19 钢丝绳的主要数据

| 直径/mm | | 钢丝总断面积/mm² | 参考重量/(kg/100 m) | 钢丝绳公称抗拉强度/（N·mm⁻²） | | | | |
| --- | --- | --- | --- | --- | --- | --- | --- | --- |
| 钢丝绳 | 钢丝 | | | 1 400 | 1 550 | 1 700 | 1 850 | 2 000 |
| | | | | 钢丝破断拉力总和不小于/kN | | | | |
| 6.2 | 0.4 | 14.32 | 13.53 | 20.0 | 22.1 | 24.3 | 26.4 | 28.6 |
| 7.7 | 0.5 | 22.37 | 21.14 | 31.3 | 34.6 | 38.0 | 41.3 | 44.7 |
| 9.3 | 0.6 | 32.22 | 30.45 | 45.1 | 49.9 | 54.7 | 59.6 | 64.4 |
| 11.0 | 0.7 | 43.85 | 41.44 | 61.3 | 67.9 | 74.5 | 81.1 | 87.7 |
| 12.5 | 0.8 | 57.27 | 54.12 | 80.1 | 88.7 | 97.3 | 105.5 | 114.5 |
| 14.0 | 0.9 | 72.49 | 68.50 | 101.0 | 112.0 | 123.0 | 134.0 | 144.5 |
| 15.5 | 1.0 | 89.49 | 84.57 | 125.0 | 138.5 | 152.0 | 165.5 | 178.5 |
| 17.0 | 1.1 | 103.28 | 102.3 | 151.5 | 167.5 | 184.0 | 200.0 | 216.5 |

（续表）

| 直径/mm | | 钢丝总断面积/mm² | 参考重量/(kg/100 m) | 钢丝绳公称抗拉强度/（N·mm⁻²） | | | | |
|---|---|---|---|---|---|---|---|---|
| | | | | 1 400 | 1 550 | 1 700 | 1 850 | 2 000 |
| 钢丝绳 | 钢丝 | | | 钢丝破断拉力总和不小于/kN | | | | |
| 18.5 | 1.2 | 128.87 | 121.8 | 180.0 | 199.5 | 219.0 | 238.0 | 257.5 |
| 20.0 | 1.3 | 151.24 | 142.9 | 211.5 | 234.0 | 257.0 | 279.5 | 302.0 |
| 21.5 | 1.4 | 175.40 | 165.8 | 245.5 | 271.5 | 298.0 | 324.0 | 350.5 |
| 23.0 | 1.5 | 201.35 | 190.3 | 281.5 | 312.0 | 342.0 | 372.0 | 402.5 |
| 24.5 | 1.6 | 229.09 | 216.5 | 320.5 | 355.0 | 389.0 | 423.5 | 458.0 |
| 26.0 | 1.7 | 258.63 | 244.4 | 362.0 | 400.5 | 439.5 | 478.0 | 517.0 |
| 28.0 | 1.8 | 289.95 | 274.0 | 405.5 | 449.0 | 492.5 | 536.0 | 579.5 |
| 31.0 | 2.0 | 357.96 | 338.3 | 501.0 | 554.5 | 608.5 | 662.0 | 715.5 |
| 34.0 | 2.2 | 433.13 | 409.3 | 306.0 | 671.0 | 736.0 | 801.0 | — |
| 37.0 | 2.4 | 515.46 | 487.1 | 721.5 | 798.5 | 876.0 | 953.5 | — |
| 40.0 | 2.6 | 604.95 | 571.7 | 846.5 | 937.5 | 1 025.0 | 1 115.0 | — |
| 43.0 | 2.8 | 701.60 | 663.0 | 982.0 | 1 085.0 | 1 190.0 | 1 295.0 | — |
| 46.0 | 3.0 | 805.41 | 761.1 | 1 125.0 | 1 245.0 | 1 365.0 | 1 490.0 | — |

注：表中，粗线左侧，可供应光面或镀锌钢丝绳，右侧只供应光面钢丝绳。

表 4-2                          6×37 钢丝绳的主要数据

| 直径/mm | | 钢丝总断面积/mm² | 参考重量/(kg/100 m) | 钢丝绳公称抗拉强度/（N·mm⁻²） | | | | |
|---|---|---|---|---|---|---|---|---|
| | | | | 1 400 | 1 550 | 1 700 | 1 850 | 2 000 |
| 钢丝绳 | 钢丝 | | | 钢丝破断拉力总和不小于/kN | | | | |
| 8.7 | 0.4 | 27.88 | 26.21 | 39.0 | 43.2 | 47.3 | 51.5 | 55.7 |
| 11.0 | 0.5 | 43.57 | 40.96 | 60.9 | 67.5 | 74.0 | 80.6 | 87.1 |
| 13.0 | 0.6 | 62.74 | 58.98 | 87.8 | 97.2 | 106.5 | 116.0 | 125.0 |

（续表）

| 直径/mm | | 钢丝总断面积/mm² | 参考重量/(kg/100 m) | 钢丝绳公称抗拉强度/（N·mm⁻²） | | | | |
|---|---|---|---|---|---|---|---|---|
| | | | | 1 400 | 1 550 | 1 700 | 1 850 | 2 000 |
| 钢丝绳 | 钢丝 | | | 钢丝破断拉力总和不小于/kN | | | | |
| 15.0 | 0.7 | 85.39 | 80.57 | 119.5 | 132.0 | 145.0 | 157.5 | 170.5 |
| 17.5 | 0.8 | 111.53 | 104.8 | 156.0 | 172.5 | 189.5 | 206.0 | 223.0 |
| 19.5 | 0.9 | 141.16 | 132.7 | 197.5 | 213.5 | 239.5 | 261.0 | 282.0 |
| 21.5 | 1.0 | 174.27 | 163.3 | 243.5 | 270.0 | 296.0 | 322.0 | 348.5 |
| 24.0 | 1.1 | 210.87 | 198.2 | 295.0 | 326.5 | 358.0 | 390.0 | 421.5 |
| 26.0 | 1.2 | 250.95 | 235.9 | 351.0 | 388.5 | 426.5 | 464.0 | 501.5 |
| 28.0 | 1.3 | 294.52 | 276.8 | 412.0 | 456.5 | 500.5 | 544.5 | 589.0 |
| 30.0 | 1.4 | 341.57 | 321.1 | 478.0 | 529.0 | 580.5 | 631.5 | 683.0 |
| 32.5 | 1.5 | 392.11 | 368.6 | 548.5 | 607.5 | 666.5 | 725.0 | 784.0 |
| 34.5 | 1.6 | 446.13 | 419.4 | 624.5 | 691.5 | 758.0 | 825.0 | 892.0 |
| 36.5 | 1.7 | 503.64 | 473.4 | 705.0 | 780.5 | 856.0 | 931.5 | 1 005.0 |
| 39.0 | 1.8 | 564.63 | 530.8 | 790.0 | 875.0 | 959.5 | 1 040.0 | 1 125.0 |
| 43.0 | 2.0 | 697.08 | 655.3 | 975.5 | 1 080.0 | 1 185.0 | 1 285.0 | 1 390.0 |
| 47.5 | 2.2 | 843.47 | 792.9 | 1 180.0 | 1 305.0 | 1 430.0 | 1 560.0 | — |
| 52.0 | 2.4 | 1 003.80 | 943.6 | 1 405.0 | 1 555.0 | 1 705.0 | 1 855.0 | — |
| 56.0 | 2.6 | 1 178.07 | 1 107.4 | 1 645.0 | 1 825.0 | 2 000.0 | 2 175.0 | — |
| 60.5 | 2.8 | 1 366.28 | 1 234.3 | 1 910.0 | 2 115.0 | 2 320.0 | 2 525.0 | — |
| 65.0 | 3.0 | 1 568.43 | 1 474.3 | 2 195.0 | 2 430.0 | 2 665.0 | 2 900.0 | — |

注：表中，粗线左侧，可供应光面或镀锌钢丝绳，右侧只供应光面钢丝绳。

3）钢丝绳的允许拉力计算

钢丝绳允许拉力按下列公式计算：

$$[F_g] = \alpha F_g / K \qquad (4\text{-}1)$$

式中　$[F_g]$——钢丝绳的允许拉力，kN；

　　　$F_g$——钢丝绳的钢丝破断拉力总和，kN；

　　　$\alpha$——换算系数，按表4-3取用；

　　　$K$——钢丝绳的安全系数，按表4-4取用。

表4-3　　　　　　　　　　　　　　钢丝绳破断拉力换算系数 $\alpha$

| 钢丝绳结构 | 换算系数 $\alpha$ |
|---|---|
| $6 \times 19$ | 0.85 |
| $6 \times 37$ | 0.82 |
| $6 \times 61$ | 0.80 |

表4-4　　　　　　　　　　　　　　钢丝绳的安全系数 $K$

| 用途 | 安全系数 | 用途 | 安全系数 |
|---|---|---|---|
| 作缆风 | 3.5 | 作吊索、无弯曲时 | 6~7 |
| 用于手动起重设备 | 4.5 | 作捆绑吊索 | 8~10 |
| 用于机动起重设备 | 5~6 | 用于载人的升降机 | 14 |

[例4-1]　用一根直径24 mm，公称抗拉强度为 1 550 N/mm² 的 $6 \times 37$ 钢丝绳作捆绑吊索，求它的允许拉力。

[解]　从表4-2查得 $F_g = 326.5$ kN，从表4-4查得 $K = 8$，从表4-3查得 $\alpha = 0.82$；

根据式(4-1)，允许拉力为

$$[F_g] = \alpha F_g / K = 0.82 \times 326.5 / 8 = 33.47 \text{ kN}$$

如果用的是旧钢丝绳，则求得的允许拉力应根据钢丝绳的新旧程度乘以 0.4~0.75 的折减系数。

2. 吊钩

1）吊钩的概述

起重吊钩常用优质碳素钢锻成。锻成后要进行退火处理，要求硬度达到 95~135 HB。吊钩表面应光滑，不得有剥裂、刻痕、锐角、裂缝等缺陷存在，并不准对磨损或有裂缝的吊钩进行补焊修理。

吊钩在钩挂吊索时，要将吊索挂至钩底；直接钩在构件吊环中时，不能使吊钩硬别或歪扭，以免吊钩产生变形，或使吊索脱钩。

2）带环吊钩规格

带环吊钩规格如表4-5所示。

| 简　图 | 起重量/t | *A* | *B* | *C* | *D* | *E* | *F* | 适用钢丝绳<br>直径/mm | 每只自<br>重/kg |
|---|---|---|---|---|---|---|---|---|---|
| | 0.5 | 7 | 114 | 73 | 19 | 19 | 19 | 6 | 0.34 |
| | 0.75 | 9 | 133 | 86 | 22 | 25 | 25 | 6 | 0.45 |
| | 1 | 10 | 146 | 98 | 25 | 29 | 27 | 8 | 0.79 |
| | 1.5 | 12 | 171 | 109 | 32 | 32 | 35 | 10 | 1.25 |
| | 2 | 13 | 191 | 121 | 35 | 35 | 37 | 11 | 1.54 |
| | 2.5 | 15 | 216 | 140 | 38 | 38 | 41 | 13 | 2.04 |
| | 3 | 16 | 232 | 152 | 41 | 41 | 48 | 14 | 2.90 |
| | 3.75 | 18 | 257 | 171 | 44 | 48 | 51 | 16 | 3.86 |
| | 4.5 | 19 | 282 | 193 | 51 | 51 | 54 | 18 | 5.00 |
| | 6 | 22 | 330 | 206 | 57 | 54 | 64 | 19 | 7.40 |
| | 7.5 | 24 | 356 | 227 | 64 | 57 | 70 | 22 | 9.76 |
| | 10 | 27 | 394 | 255 | 70 | 64 | 79 | 25 | 12.30 |
| | 12 | 33 | 419 | 279 | 76 | 72 | 89 | 29 | 15.20 |
| | 14 | 34 | 456 | 308 | 83 | 83 | 95 | 32 | 19.10 |

表 4-5　带环吊钩规格　　mm

**3. 卡环（卸甲、卸扣）**

卡环用于吊索和吊索的连接，或吊索和构件吊环之间的连接，由弯环与销子两部分组成。

卡环按弯环形式分，有 D 形卡环和弓形卡环；按销子和弯环的连接形式分，有螺栓式卡环和活络卡环。螺栓式卡环的销子和弯钩采用螺纹连接；活络卡环的销子端头和弯环孔眼无螺纹，可直接抽出，销子断面有圆形和椭圆形两种（图 4-3）。

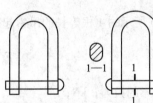

(a) 螺栓式卡环(D)形　(b) 椭圆销活络卡环(D)形　(c) 弓形卡环

图 4-3　卡环

**4. 吊索（千斤）**

吊索有环状吊索（又称万能吊索或闭式吊索）和 8 股头吊索（又称轻便吊索或开式吊索）两种（图 4-4）。

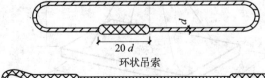

环状吊索

8 股头吊索

图 4-4　吊索

123

吊索是用钢丝绳做成的，因此，钢丝绳的允许拉力即为吊索的允许拉力。在工作中，吊索拉力不应超过其允许拉力。吊索拉力取决于所吊构件的重量及吊索的水平夹角，水平夹角应不小于30°，一般为45°～60°。已知构件重量和水平夹角后，2根吊索的拉力可从表4-6中查得。

表4-6                 2根吊索的拉力计算表

| 吊索简图 | 简图夹角 $\alpha$ | 吊索拉力 $F$ | 水平压力 $H$ |
|---|---|---|---|
| 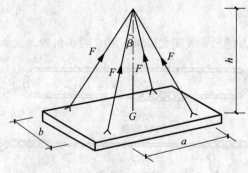 | 25° | 1.18G | 1.07G |
| | 30° | 1.00G | 0.87G |
| | 35° | 0.87G | 0.71G |
| | 40° | 0.78G | 0.60G |
| | 45° | 0.71G | 0.506 |
| | 50° | 0.65G | 0.42G |
| | 55° | 0.61G | 0.356 |
| | 60° | 0.58G | 0.29G |
| | 65° | 0.56G | 0.24G |
| | 70° | 0.53G | 0.18G |

注：G为构件自重。

当采用如图4-5所示的4根等长的吊索起吊构件时，每根吊索的拉力可用下式计算：

$$F = \frac{G}{4\cos\beta} \tag{4-2}$$

式中　$F$——1根吊索的拉力，kN；

　　　$G$——构件自重，kN；

　　　$\beta$——吊索与垂直线的夹角。

图4-5　4根等长吊索拉力计算

如果已知构件吊环的相互位置和起重机吊钩至构件上表面的距离，则

$$cos\beta = \frac{2h}{\sqrt{a^2 + b^2 + 4h^2}} \qquad (4\text{-}3)$$

即

$$F = \frac{\sqrt{a^2 + b^2 + 4h^2}}{8h} \cdot G \qquad (4\text{-}4)$$

式中　$a$——在构件纵向 2 只吊环的距离；

　　　$b$——在构件横向 2 只吊环的距离；

　　　$h$——起重机吊钩至构件上表面的距离。

#### 5. 横吊梁（铁扁担）

横吊梁常用于柱和屋架等构件的吊装。用横吊梁吊柱容易使柱身保持垂直，便于安装；用横吊梁吊屋架可以降低起吊高度，减少吊索的水平分力对屋架的压力。

常用的横吊梁有滑轮横吊梁、钢板横吊梁、钢管横吊梁等。

1）滑轮横吊梁

滑轮横吊梁一般用于吊装 8 t 以内的柱，主要由吊环、滑轮和轮轴等部分组成（图 4-6），其中吊环用 Q235 号圆钢锻制而成，环圈的大小要保证能够直接挂上起重机吊钩；滑轮直径应大于起吊柱的厚度，轮轴直径和吊环断面应按起重量的大小计算而定。

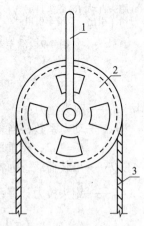

1—吊环；2—滑轮；3—吊索
图 4-6　滑轮横吊梁

2）钢板横吊梁

钢板横吊梁一般用于吊装 10 t 以下的柱，它是由 Q235 号钢钢板制作而成（图 4-7）。

钢板横吊梁中的两个挂卡环孔的距离应比柱的厚度大 20 cm，以便柱"进档"。

3）钢管横吊梁

钢管横吊梁一般用于吊屋架，钢管长 6 ~ 12 m（图 4-8）。

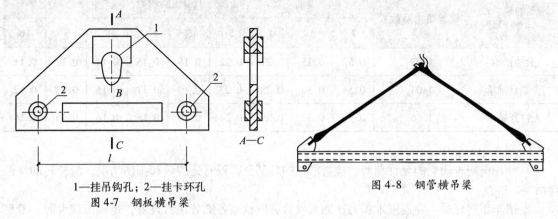

1—挂吊钩孔；2—挂卡环孔
图 4-7　钢板横吊梁

图 4-8　钢管横吊梁

#### 6. 滑车组

滑车组是由一定数量的定滑车和动滑车及绕过它们的绳索组成的。

1）滑车组的种类

滑车组根据跑头（滑车组的引出绳头）引出的方向不同，可分为以下三种（图 4-9）。

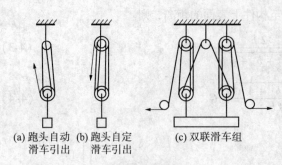

(a) 跑头自动　(b) 跑头自定　(c) 双联滑车组
滑车引出　　滑车引出

图 4-9　滑车组的种类

① 跑头自动滑车引出：用力的方向与重物移动的方向一致；

② 跑头自定滑车引出：用力的方向与重物移动的方向相反；

③ 双联滑车组：有两个跑头，可用两台卷扬机同时牵引。具有速度快一倍、受力较均衡、工作中滑车不会产生倾斜等优点。

2）滑车组的计算

滑车组的跑头拉力（引出索拉力）按下式计算：

$$S = f_0 K Q \qquad (4-5)$$

式中　$S$——跑头拉力；

$K$——动力系数，当采用手动卷扬机时，$K = 1.1$；当采用机动卷扬机起重量在 30 t 以下时，$K = 1.2$；起重量在 30 ~ 50 t 时，$K = 1.3$；起重量在 50 t 以上时，$K = 1.5$；

$Q$——吊装荷载，为构件自重与索具自重之和；

$f_0$——跑头拉力计算系数，当绳索从定滑轮绕出时，$f_0 = \dfrac{f-1}{f^n-1} \cdot f^n$；当绳索从动滑轮绕出时，$f_0 = \dfrac{f-1}{f^n-1} \cdot f^{n-1}$，$f_0$ 一般可按表 4-7 取用，其中 $n$ 为工作绳数；$f$ 为滑轮阻力系数，滚动轴承取 1.02；有青铜衬套取 1.04；无青铜衬套取 1.06。

注意：从滑车组引出绳到卷扬机之间，一般还要绕过几个导向滑轮，所以，计算卷扬机的牵引力时，还需将滑车组的跑头拉力 $S$ 乘以 $f^k$（$k$ 为导向滑轮数目）。

表 4-7　　　　　　　　　滑车组跑头拉力计算系数 $f_0$ 值

| 滑轮的轴承或衬套材料 | 滑轮阻力系数 $f$ | 动滑轮上引出绳根数 | | | | | | | | |
|---|---|---|---|---|---|---|---|---|---|---|
| | | 2 | 3 | 4 | 5 | 6 | 7 | 8 | 9 | 10 |
| 滚动轴承 | 1.02 | 0.52 | 0.35 | 0.27 | 0.22 | 0.18 | 0.15 | 0.14 | 0.12 | 0.11 |
| 青铜套轴承 | 1.04 | 0.54 | 0.36 | 0.28 | 0.23 | 0.19 | 0.17 | 0.15 | 0.13 | 0.12 |
| 无衬套轴承 | 1.06 | 0.56 | 0.38 | 0.29 | 0.24 | 0.20 | 0.18 | 0.16 | 0.15 | 0.14 |

3）滑车组的使用

① 使用前应查明它的允许荷载，检查滑车的各部分，看有无裂缝和损伤情况，滑轮转动是否灵活等。

② 滑车组穿好后，要慢慢地加力；绳索收紧后应检查各部分是否良好，是否出现卡绳，若有不妥，应立即修正，不能勉强工作。

③ 滑车的吊钩（或吊环）中心，应与起吊构件的重心在一条垂直线上，以免构件起吊后不平稳；滑车组上下滑车之间的最小距离一般为 700 ~ 1 200 mm。

④ 滑车使用前后都要刷洗干净，轮轴应加油润滑，以减少磨损，防止锈蚀。

## 4.1.2  起重设备准备

### 1. 桅杆式起重机

在建筑工程中常用的桅杆式起重机有：独脚拔杆，悬臂拔杆，人字拔杆和牵缆式桅杆起重机等。这类起重机适于在比较狭窄的工地上使用，受地形限制小。桅杆式起重机具有制作简单，装拆方便，起重量大的特点，特别是大型构件吊装缺少大型起重机械时，这类起重设备更显示了它的优越性。但这类起重机需设较多的缆风绳，移动较困难，灵活性也较差。所以，桅杆式起重机一般多用于缺乏其他起重机械或安装工程量比较集中，而构件又较重的工程。一般情况下用电源作动力，无电源时，可用人工绞盘。

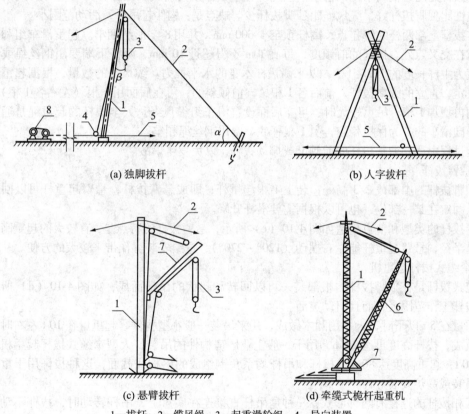

(a) 独脚拔杆          (b) 人字拔杆

(c) 悬臂拔杆          (d) 牵缆式桅杆起重机

1—拔杆；2—缆风绳；3—起重滑轮组；4—导向装置；
5—拉锁；6—起重臂；7—回转盘；8—卷扬机
图 4-10  桅杆式起重机

#### 1）独脚拔杆

独脚拔杆是由拔杆、起重滑车组、卷扬机、缆风绳和锚碇组成，如图 4-10（a）所示。在使用时，拔杆应保持一定的倾角（但倾角 $\beta$ 不宜大于 10°），以便在吊装时，构件不致撞碰拔杆。拔杆的稳定主要依靠缆风绳。缆风绳一般为 6～12 根，依起重量、起重高度和绳索的强度而定，但不能少于 4 根。缆风绳与地面的夹角，一般取 30°～45°，角度过大则对拔杆将产生较大的压力。缆风绳多采用钢丝绳，起重量小的木拔杆也可用白棕绳，但需做防腐处理和拉力试验，以确保施工安全。

根据制作材料不同，拔杆分以下几种：木独脚拔杆、钢管独脚拔杆、金属格构式独脚拔杆。木独脚拔杆通常采用一根圆木做成，起重高度为 8 ~ 15 m，起重量在 3 ~ 10 t 之间，起重量大时，也可将 2 ~ 3 根圆木绑扎在一起，作为 1 根拔杆使用；钢管独脚拔杆适用于起重量不超过 30 t、起重高度 <20 m 的情况；金属格构式独脚拔杆是由 4 根角钢和横向，斜向缀条（角钢或扁钢）联系而成。截面一般为方形，整根拔杆由多段拼成，可根据需要调整拔杆高度。金属格构式拔杆，起重量可达 100 t 以上，起重高度达 70 ~ 80 m，拔杆所受的轴向力往往很大，因此，对支座及地基要求较高，一般要经过计算。

2）人字拔杆

人字拔杆是用 2 根圆木或钢管以钢丝绳绑扎或铁件铰接而成，如图 4-10（b）所示。优点是：侧向稳定性比独脚拔杆好，缆风绳比独脚拔杆少。缺点是：构件起吊后，活动范围小。

人字拔杆上部两杆的绑扎点，离杆顶至少 600 mm，并用 8 字形结捆牢。起重滑车组和缆风绳均应固定在交叉点处。拔杆的前倾度，每高 1 m 不得超过 10 mm，两杆下端要用钢丝绳或钢杆拉住，长度为主杆长度的 1/2 ~ 1/3，以平衡拔杆本身的水平推力。缆风绳的数量，根据起重量和起重高度决定，直立的人字拔杆，前后各 1 根，向前倾斜的，可在后面用 2 根（左右各 1 根），必要时，前面再增加 1 根，吊重较大时，可在后面设置滑车组缆风绳。人字拔杆的起重绳是通过 1 根杆底的导向滑车的，为保持稳定，另 1 根杆底，要用钢丝绳扣牢。

吊装过程中严禁调整拔杆的前倾度或挪动拔杆，以免发生事故。

3）悬臂拔杆

在独脚拔杆的中部或 2/3 高处，装上 1 根起重杆，即成悬臂拔杆，悬臂起重杆可以回转和起伏，可以固定在某一部位，也可以根据需要沿杆升降。

悬臂拔杆的类型和节点构造如图 4-10（c）所示，悬臂拔杆的特点是：有较大的起重高度和相应的起重半径，悬臂起重杆能左右摆动（120° ~ 270°），这给安装工作带来较大的方便。

4）牵缆式拔杆起重机

牵缆式拔杆是在独脚拔杆的根部装一可以回转和起伏的吊杆而成，如图 4-10（d）所示，它比独脚拔杆工作范围大，而且机动灵活。

起重量在 5 t 以下时，大多用圆木做成，用来吊装一般小型构件，起重量在 10 t 左右时，用无缝钢管做成，拔杆高度可达 25 m，用于一般工业厂房构件的吊装，大型牵缆式拔杆起重机，起重量可达 80 t，起重高度达 80 m，拔杆和吊杆均系角钢组成的格构式截面，这种拔杆用于重型工业厂房的吊装或高炉安装。

吊杆和拔杆的连接有两种形式：一种是吊杆直接连在底盘上，吊杆转动时，拔杆不动，由设在吊杆顶两侧的拉绳牵动吊杆旋转，另一种是将吊杆与拔杆连接在一个转盘上，由卷扬机牵动转盘转动，带动拔杆和吊杆同时旋转，这时，缆风绳必须通过活动装置连接在拔杆顶上，当拔杆转动时，缆风绳保持不动。这种起重机需要较多的缆风绳，至少要有 6 根。

2. 履带式起重机

履带式起重机是由行走装置、回转机构、机身及起重臂等部分组成，如图 4-11 所示。

行走装置为链式履带，以减少对地面的压力。回转机构为装在底盘上的转盘，使机身可回转 360°。机身内部有动力装置、卷扬机及操纵系统。

起重臂为是用角钢组成的格构式杆件，下端铰接在机身的前面，随机身回转。起重臂可分节接长，设有两套滑轮组（起重滑轮组及变幅滑轮组），其钢丝绳通过起置臂顶端连到机身内的卷扬机上。若变换起重臂端的工作装置，将构成单斗挖土机。

　　履带式起重机的特点是操纵灵活，本身能回转360°，在平坦坚实的地面上能负荷行驶。由于履带的作用，可在松软、泥泞的地面上作业，且可在山区不平的场地行驶。目前，在装配式结构施工中，特别是单层工业厂房结构安装中，履带式起重机得到广泛使用。履带式起重机的缺点是稳定性较差，不应超负荷吊装，行驶速度慢且履带易损坏路面，因而，转移时多用平板拖车装运。

　　目前，在结构安装工程中常用的国产履带式起重机，主要有以下几种型号：W1-50，W1-100，西北78D等。此外，还有一些进口机型。履带式起重机的外形尺寸如图4-11及表4-8所示。

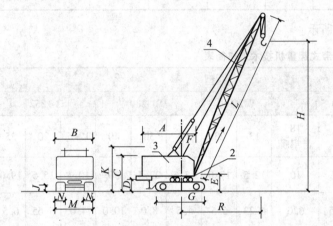

1—行走装置；2—回转机构；3—机身；4—起重臂；
$A$，$B$，$C$—外形尺寸；$L$—起重臂长；$H$—起重高度；$R$—起重半径

图 4-11　履带式起重机外形图

表 4-8　　　　　　　　　　　　　履带式起重机的外形尺寸　　　　　　　　　　　　　　　　　　mm

| 符号 | 名　　称 | 型　　号 | | | | |
|---|---|---|---|---|---|---|
| | | W1-50 | W1-100 | W1-200 | 3-1252 | 西北78D（80D） |
| $A$ | 机身尾部到回转中心的距离 | 2 900 | 3 300 | 4 500 | 3 540 | 3 450 |
| $B$ | 机身宽度 | 2 700 | 3 120 | 3 200 | 3 120 | 3 500 |
| $C$ | 机身顶部到地面高度 | 3 220 | 3 675 | 4 125 | 3 675 | — |
| $D$ | 机身底部距地面高度 | 1 000 | 1 045 | 1 190 | 1 095 | 1 220 |
| $E$ | 起重臂下铰点中心距地面高度 | 1 555 | 1 700 | 2 100 | 1 700 | 1 850 |
| $F$ | 起重臂下铰点中心距回转中心高度 | 1 000 | 1 300 | 1 600 | 1 300 | 1 340 |
| $G$ | 履带长度 | 3 420 | 4 005 | 4 950 | 4 005 | 4 500（4 450） |

（续表）

| 符号 | 名　称 | 型　号 | | | | |
|------|--------|--------|--------|--------|--------|--------|
| | | W1-50 | W1-100 | W1-200 | 3-1252 | 西北78D（80D） |
| $M$ | 履带架宽度 | 2 850 | 3 200 | 4 050 | 3 200 | 3 250（3 500） |
| $N$ | 履带板宽度 | 550 | 675 | 800 | 675 | 680（760） |
| $J$ | 行走架距地面高度 | 300 | 275 | 390 | 270 | 310 |
| $K$ | 机身 | 3 480 | 4 170 | 6 300 | 3 930 | 4 720（5 270） |

履带式起重机的技术规格如表4-9所示。

表4-9　　　　　　　　履带式起重机技术规格简表

| 参　数 | | 单位 | 型　号 | | | | | | | | | |
|--------|--------|------|--------|--------|--------|--------|--------|--------|--------|--------|--------|--------|
| | | | W1-50 | | | W1-100 | | W1-200 | | | 3-1252 | | |
| 起重臂长度 | | m | 10 | 18 | 18 带鸟嘴 | 13 | 23 | 15 | 30 | 40 | 12.5 | 20 | 25 |
| 最大起重半径 | | m | 10 | 17 | 10 | 12.5 | 17.0 | 15.5 | 22.5 | 30 | 10.1 | 15.5 | 19.0 |
| 最小起重半径 | | m | 3.7 | 4.5 | 6.0 | 4.23 | 6.5 | 4.5 | 8.0 | 10.0 | 4.0 | 5.65 | 6.5 |
| 起重量 | 最小起重半径时 | kN | 100 | 75 | 20 | 150 | 80 | 500 | 200 | 80 | 200 | 90 | 70 |
| | 最大起重半径时 | kN | 26 | 10 | 10 | 35 | 17 | 82 | 43 | 15 | 55 | 25 | 17 |
| 起重高度 | 最小起重半径时 | m | 9.2 | 17.2 | 17.2 | 11.0 | 19.0 | 12.0 | 26.8 | 36.0 | 10.7 | 17.9 | 22.8 |
| | 最大起重半径时 | m | 3.7 | 7.6 | 14.0 | 5.8 | 16.0 | 3.0 | 19.0 | 25.0 | 8.1 | 12.7 | 17.0 |

1）履带式起重机技术性能

履带式起重机主要技术性能包括三个参数：起重量 $Q$、起重半径 $R$ 及起重高度 $H$。其中，起重量 $Q$ 指起重机安全工作所允许的最大起重物的质量，起重半径 $R$ 指起重机回转轴线至吊钩中心的水平距离；起重高度 $H$ 指起重吊钩中心至停机地面的垂直距离。

起重量 $Q$、起重半径 $R$、起重高度 $H$ 这3个参数之间存在相互制约的关系，其数值的变化取决于起重臂的长度及其仰角的大小。每种型号的起重机都有几种臂长，当臂长 $L$ 一定时，随起重臂仰角 $\alpha$ 的增大，起重量 $Q$ 和起重高度 $H$ 增大，而起重半径 $R$ 减小。当起重臂仰角 $\alpha$ 一定时，随着起重臂长 $L$ 增加，起重半径 $R$ 及起重高度 $H$ 增加，而起重量 $Q$ 减小。

履带式起重机主要技术性能可查起重机手册中的起重机性能表或性能曲线。表4-10为W1-50型履带式起重机性能表，图4-12为W1-50型履带式起重机工作性能曲线。

表 4-10　　　　　　　　　　W1-50 型履带式起重机性能表

| 臂长 10 m | | | 臂长 18 m | | | 臂长 18 m（带鸟嘴） | | |
|---|---|---|---|---|---|---|---|---|
| 起重半径/m | 起重量/kN | 起重高度/m | 起重半径/m | 起重量/kN | 起重高度/m | 起重半径/m | 起重量/kN | 起重高度/m |
| 3.7 | 100 | 9.2 | 4.5 | 75 | 17.28 | 20 | 20 | 17.3 |
| 4 | 87 | 9.0 | 5 | 62 | 17.0 | 8 | 15 | 16.0 |
| 5 | 62 | 8.6 | 7 | 41 | 16.4 | 10 | 10 | 14 |
| 6 | 50 | 8.1 | 9 | 30 | 15.5 | | | |
| 7 | 41 | 7.5 | 11 | 23 | 14.4 | | | |
| 8 | 35 | 6.5 | 13 | 18 | 12.8 | | | |
| 9 | 30 | 5.4 | 15 | 14 | 10.7 | | | |
| 10 | 26 | 3.7 | 17 | 10 | 7.6 | | | |

2）履带式起重机的稳定性验算

履带式起重机超载吊装时或由于施工需要而接长起重臂时，为保证起重机的稳定性，保证在吊装中不发生倾覆事故需进行整个机身在作业时的稳定性验算。验算后，若不能满足要求，则应采用增加配重等措施。

在图 4-13 所示的情况下（起重臂与行驶方向垂直），起重机的稳定性最差。此时，以履带中心点为倾覆中心，验算起重机的稳定性。

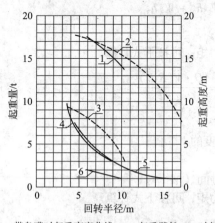

1—起重臂长18 m带鸟嘴时起重高度曲线；2—起重臂长18 m时起重高度曲线；
3—起重臂长10 m时起重高度曲线；4—起重臂长10 m时起重量曲线；
5—起重臂长18 m时起重量曲线；6—起重臂长18 m带鸟嘴时起重量曲线

图 4-12　W1-50 型履带式起重机工作性能曲线

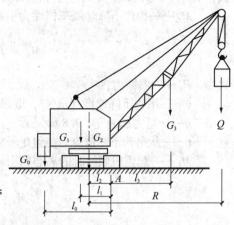

图 4-13　履带式起重机的稳定性验算

① 当仅考虑吊装荷载，不考虑附加荷载时，起重机的稳定性应满足下式要求。

稳定性安全系数：

$$K_1 = \frac{稳定弯矩(M_稳)}{倾覆力矩(M_倾)} = \frac{G_1 l_1 + G_2 l_2 + G_0 l_0 - G_3 l_3}{(Q + q)(R - l_2)} \geqslant 1.4 \tag{4-6}$$

② 考虑吊装荷载及所有附加荷载时，应满足下式要求。

稳定性安全系数：

$$K_2 = \frac{稳定弯矩(M_稳)}{倾覆力矩(M_倾)} = \frac{G_1 l_1 + G_2 l_2 + G_0 l_0 - G_3 l_3 - M_F - M_G - M_L}{(Q + q)(R - l_2)} \geqslant 1.15 \tag{4-7}$$

以上两式中，$K_1$，$K_2$ 为稳定性安全系数。为计算方便，"倾覆力矩"取由吊重一项所产生的倾覆力矩；而"稳定力矩"则取全部稳定力矩与其他倾覆力矩之差。在施工现场中，为计算简单，常采用 $K_1$ 验算。

式中　$G_0$——平衡重，由于机身长，行驶时的转弯半径较大；

　　　$G_1$——机身可转动部分的自重；

　　　$G_2$——机身不转动部分的自重；

　　　$G_3$——起重臂自重（起重臂接长时，为接长后自重）；

　　　$Q$——吊装荷载（构件及索具自重）；

　　　$q$——起重滑轮组及吊钩自重；

　　　$l_1$——$G_1$ 重心至 $A$ 点的距离；

　　　$l_2$——$G_2$ 重心至 $A$ 点的距离；

　　　$l_3$——$G_3$ 重心至 $A$ 点的距离；

　　　$l_0$——$G_0$ 重心至 $A$ 点的距离；

　　　$M_F$——风载引起的倾覆力矩。一般在 6 级风以上时不进行高空作业，6 级风以下时，臂长 $L < 25$ m 可不考虑 $M_F$，$M_F$ 可按下式计算。

$$M_F = W_1 h_1 + W_2 h_2 + W_3 h_3 \tag{4-8}$$

式中　$W_1$，$W_2$，$W_3$——作用于相应部位的风荷载；

　　　$M_G$——构件下降时刹车惯性力引起的倾覆力矩，可按下式计算。

$$M_G = P_G(R - l_2) = \frac{Q \cdot V(R - l_2)}{g \cdot t} \tag{4-9}$$

式中　$P_G$——惯性力；

　　　$v$——吊钩下降速度（m/s），取吊钩起重速度的 1.5 倍；

　　　$g$——重力加速度，9.8 m/s$^2$；

　　　$t$——从吊钩下降速度 $v$ 变到 0 所需的制动时间（取 1 s）；

　　　$M_L$——起重机回转时的离心力引起的倾覆力矩，可按下式计算。

$$M_L = P_L h_3 = \frac{(Q + q) R n^2 h_3}{900 - n^2 h} \tag{4-10}$$

式中　$P_L$——离心力；

　　　$n$——起重机回转速度，取 1 r/min；

$h$——所吊构件于最低位置时，其重心至起重臂顶端的距离；

$h_3$——停机面至起重臂顶端的距离。

3）履带式起重机起重臂接长的计算

当起重机的起重高度或工作半径不能满足构件安装要求时，在起重臂强度和稳定得到保证的前提下，可将起重臂接长。接长后起重量 $Q'$ 可根据图 4-14 所示，按照接长前后力矩相等的原则进行计算。由 $\sum M_A = 0$ 可列出：

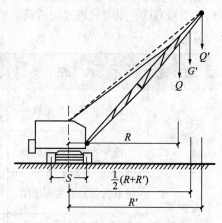

$$Q'\left(R' - \frac{M}{2}\right) + G'\left[\frac{R' + R}{2} - \frac{M}{2}\right] = Q\left(R - \frac{M}{2}\right) \qquad (4\text{-}11)$$

简化后得：

$$Q' = \frac{Q(2R - M) - G'(R' + R - M)}{2R' - M} \qquad (4\text{-}12)$$

图 4-14　接长起重臂受力图

式中　$R'$——接长起重臂长度后最小工作半径；

$G$——起重臂接长部分的重量；

$Q'$，$R'$——起重机原有最大起重臂长时的最小起重量和最小工作半径。

## 3. 汽车式起重机

汽车式起重机是把起重机构安装在普通载重汽车或专用汽车底盘上的一种自行式起重机。起重臂的构造形式有桁架臂和伸缩臂两种。其行驶的驾驶室与起重操纵室是分开的。如图 4-15。汽车式起重机的优点是行驶速度快，转移迅速，对路面破坏性小。因此，特别适用于流动性大，经常变换地点的作业。其缺点是安装作业时稳定性差，为增加其稳定性，设有可伸缩的支腿，起重时支腿落地。这种起重机不能负荷行驶。由于机身长，行驶时的转弯半径较大。

图 4-15　汽车式起重机图

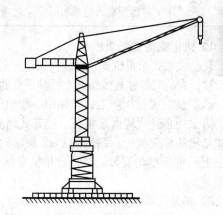

图 4-16　轨道式塔式起重机

## 4. 塔式起重机

塔式起重机具有竖直的塔身。其起置臂安装在塔身顶部与塔身组成"Γ"形，使塔式起重机具有较大的工作空间。它的安装位置能靠近施工的建筑物，有效工作半径较其他类型起重机大。塔式起重机种类繁多，广泛应用于多层及高层建筑工程施工中。

塔式起重机按其行走机构、旋转方式、变幅方式、起重量大小分为多种类型，各类型起重机的特点参见表4-11。常用的塔式起重机的类型有：轨道式塔式起重机，型号 QT；爬升式塔式起重机，型号 QTP；附着式塔式起重机，型号 QTF。

表 4-11                                                    塔式起重机的分类和特点

| 分类方法 | 类　型 | 特　点 |
|---|---|---|
| 按行走机构分类 | 行走式塔式起重机 | 能靠近工作地点，转移方便、机动性强，常用的有轨道行走式，轮胎行走式，履带行走式三种 |
| | 自升式塔式起重机 | 没有行走机构，安装在靠近修建物的基础上，可随施工的建筑物升高而升高 |
| 按起重臂变幅方式分类 | 起重臂变幅塔式起重机 | 起重臂与塔身铰接，边幅时调整起重臂的仰角，边幅机构有电动和手动两种 |
| | 起重小车变幅塔式起重机 | 起重臂是不变（或可变）的横梁，下弦装有起重小车，这种起重机变幅简单，操作方便，并能带载变幅 |
| 按回转方式分类 | 塔顶回转式起重机 | 结构简单，安装方便，但起重机重心高，塔身下部要加配重，操作室位置低，不利于高层建筑施工 |
| | 塔身回转式起重机 | 塔身与起重臂同时旋转，回转机构在塔身下部，便于维修操作室位置较高，便于施工观察，但回转机构较复杂 |
| 按起重能力分类 | 轻型塔式起重机 | 起重能力 5 ~ 30 kN |
| | 中型塔式起重机 | 起重能力 30 ~ 50 kN |
| | 重型塔式起重机 | 起重能力 150 ~ 400 kN |

1）轨道式塔式起重机

轨道式塔式起重机是一种能在轨道上行驶的起重机，又称自性式塔式起重机。这种起重机可负荷行驶，有的只能在直线轨道上行驶，有的可沿"L"形或"U"形轨道上行驶，如图4-16所示。

高层装配式结构施工，若采用一般轨道式塔式起重机，其起重高度已不能满足构件的吊装要求，需采用自升式塔式起重机。爬升式塔式起重机是自升式塔式起重机的一种，它安装在高层装配式结构的框架梁上，每吊装 1 ~ 2 层楼的构件后，向上爬升 1 次。这类起重机主要用于高层（10层以上）框架结构安装。其特点是机身体积小，重量轻，安装简单，适于现场狭窄的高层建筑结构安装。

2）爬升式塔式起重机

爬升式塔式起重机由底座，套架、塔身、塔顶、行车式起重臂，平衡臂等部分组成，如图4-17所示。爬升式塔式起重机的底座及套架上均设有可伸出和收回的活动支腿，在吊装构件过程中及爬升过程中分别将支腿支承在框架梁上。每层楼的框架梁上均需埋设地脚螺栓，用以固定活动支腿。

此类塔式起重机的爬升过程如图 4-18 所示，先用起重钩将套架提升到上一个塔位处予以固定，然后松开塔身底座与建筑物骨架的连接螺栓，收回支腿，将塔身提至需要位置，然后旋出支腿，拧紧连接螺栓。

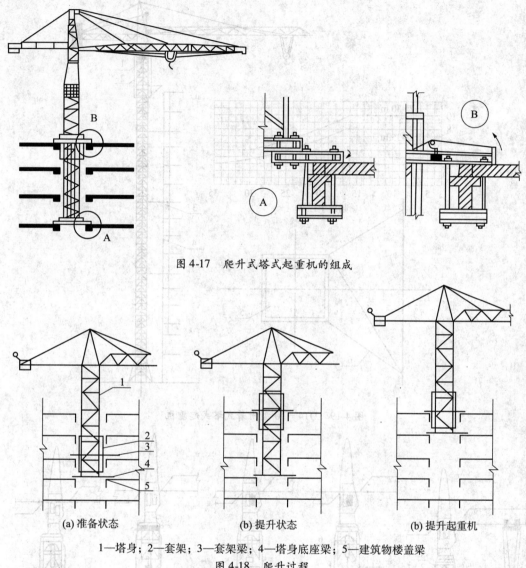

图 4-17　爬升式塔式起重机的组成

(a) 准备状态　　　　　　(b) 提升状态　　　　　(b) 提升起重机

1—塔身；2—套架；3—套架梁；4—塔身底座梁；5—建筑物楼盖梁

图 4-18　爬升过程

3）附着式塔式起重机

附着式塔式起重机是固定在建筑物近旁混凝土基础上的起重机械，它可借助顶升系统随着建筑施工进度而自行向上接高。为了减小塔身的计算长度，规定每隔 20 m 左右将塔身与建筑物用锚固装置联结起来（图 4-19）。这种塔式起重机宜用于高层建筑施工。

附着式塔式起重机的液压顶升系统主要包括，顶升套架、长行程液压千斤顶，支承座，顶升横梁及定位销等。液压千斤顶的缸体装在塔吊上部结构的底端支座上，活塞杆通过顶升横梁（扁担梁）支承在塔身顶部。其顶升过程可分以下 5 步，如图 4-20 所示。

（1）将标准节吊到摆渡小车上，并将过渡节与塔身标准节相连的螺栓松开，准备顶升（图 4-20（a））。

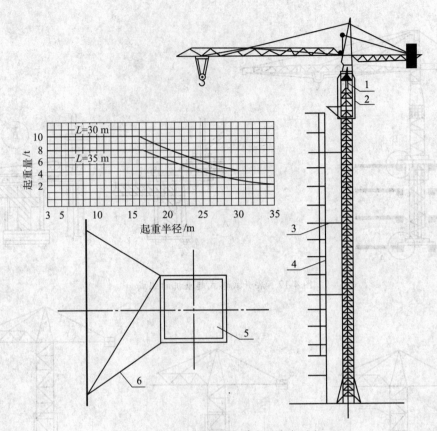

图 4-19  QT4-10 型附着式塔式起重机

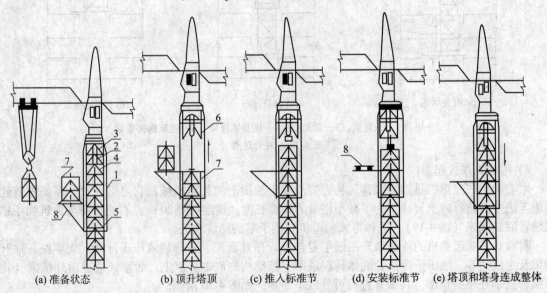

(a) 准备状态    (b) 顶升塔顶    (c) 推入标准节    (d) 安装标准节    (e) 塔顶和塔身连成整体

1—顶升套架；2—液压千斤顶；3—承座；4—顶升横梁；5—定位销；6—过渡节；7—标准节；8—摆渡小车
图 4-20  附着式塔式起重机的顶升过程

（2）开动液压千斤顶，将塔吊上部结构包括顶升套架向上顶升到超过一个标准节的高度，然后用定位销将套架固定。于是塔吊上部结构的重量就通过定位销传递到塔身（图 4-20（b））。

（3）液压千斤顶回缩，形成引进空间，此时将装有标准节的摆渡小车开到引进空间内（图 4-20（c））。

（4）利用液压千斤顶稍微提起标准节，退出摆渡小车，然后将标准节平稳地落在下面的塔身上，并用螺栓加以连接（图 4-20（d））。

（5）拔出定位销，下降过渡节，使之与已接高的塔身连成整体（图 4-20（e））。如一次要接高若干节塔身标准节时，则可重复以上工序。

### 5. 起重机的选择

1）起重机类型的选择

起重机的选择主要包括选择起重机的类型和型号。一般中小型厂房多选择履带式等自行式起重机；当厂房的高度和跨度较大时，可选择塔式起重机吊装屋盖结构；在缺乏自行式起重机或受到地形的限制，自行式起重机难以到达的地方，可选择桅杆式起重机。

2）起重机型号及起重臂长度的选择

（1）起重量起重机的起重量 $Q$ 应满足下式要求：

$$Q \geqslant Q_1 + Q_2 \tag{4-13}$$

式中　$Q_1$——构件质量，t；
　　　$Q_2$——索具质量，t。

（2）起重高度：起重机的起重高度必须满足所吊构件的吊装高度要求，如图 4-21 所示。图中，$H$—起重机的起重高度，从停机面算起至吊钩中心，m；$h_1$—安装支座表面高度，从停机面算起，m；$h_2$—安装间隙，视具体情况而定，但不小于 0.2 m，m；$h_3$—绑扎点至起吊后构件底面的距离，m；$h_4$—索具高度，自绑扎点至吊钩中心的距离，视具体情况而定，m。

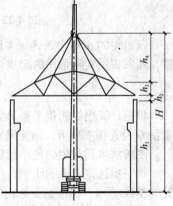

（3）起重半径（也称工作幅度）

当起重机可以不受限制地开到构件吊装位置附近吊装构件时，对起重半径没有什么要求。

当起重机不能直接开到构件吊装位置附近去吊装构件时，就需要根据起重量、起重高度、起重半径 3 个参数，查阅起重机的性能表或性能曲线来选择起重机的型号及起重臂的长度。

当起重机的起重臂需要跨过已安装好的结构构件去吊装构件

图 4-21　起升高度计算简图

时，为了避免起重臂与已安装的结构构件相碰，则需求出起重机的最小臂长及相应的起重半径。此时，可用数解法或图解法。数解法求所需最小起重臂长（图 4-22（a））：

$$L \geqslant l_1 + l_2 = \frac{h}{\sin\alpha} + \frac{f+g}{\cos\alpha} \tag{4-14}$$

式中　$L$——起重臂的长度，m；
　　　$h$——起重臂底铰至构件（如屋面板）吊装支座的高度，m；$h = h_1 - E$

$h_1$——停机面至构件（如屋面板）吊装支座的高度，m；

$f$——起重钩需跨过已安装结构构件的距离，m；

$g$——起重臂轴线与已安装构件间的水平距离；

$E$——起重臂底铰至停机面的距离，m；

$\alpha$——起重臂的仰角。

$$\alpha = \arctan \sqrt[3]{\frac{h}{f+g}} \tag{4-15}$$

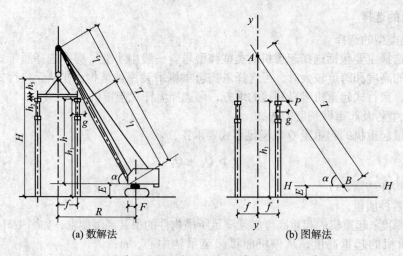

图 4-22　吊装屋面板时起重机起重臂最小长度计算简图

以求得的 $\alpha$ 角代入式（4-15），即可求出起重臂的最小长度，据此，可选择适当长度的起重臂，然后根据实际采用的起重臂及仰角 $\alpha$ 计算起重半径 $R$：

$$R = F + L\cos\alpha \tag{4-16}$$

根据计算出的起重半径 $R$ 及已选定的起重臂长度 $L$，查起重机的性能表或性能曲线，复核起重量 $Q$ 及起重高度 $H$，如能满足吊装要求，即可根据 $R$ 值确定起重机吊装屋面板时的停机位置。

图解法求起重机的最小起重臂长度（图4-22（b））：

第一步选定合适的比例，绘制厂房一个节间的纵剖面图；绘制起重机吊装屋面板时吊钩位置处的垂线 $y$—$y$；根据初步选定的起重机的 $E$ 值绘出水平线 $H$—$H$；

第二步在所绘的纵剖面图上，自屋架顶面中心向起重机方向水平量出一距离 $g$，$g$ 至少取1 m，定出点 $P$；

第三步根据式 $\alpha = \arctan \sqrt[3]{\dfrac{h}{f+g}}$ 计算 $\alpha$，求出起重臂的仰角 $\alpha$，过 $P$ 点作一直线，使该直线与 $H$—$H$ 的夹角等于 $\alpha$，交 $y$—$y$，$H$—$H$ 于 $A$，$B$ 两点；

第四步 $AB$ 的实际长度即为所需起重臂的最小长度。

3）起重机的数量的确定

起重机的数量根据工程、工期要求和起重机的台班产量定额按下式计算：

$$N = \frac{1}{CTK} \sum \frac{Q_i}{P_i} \tag{4-17}$$

式中　$N$——起重机台班数;

　　　$T$——工期,天;

　　　$C$——每天工作班数;

　　　$K$——时间利用系统数;

　　　$Q_i$——每种构件的安装工程量,件或 kN;

　　　$P_i$——起重机的产量定额,(件/台班)或(kN/台班)。

### 4.1.3　钢构件常用连接方法

钢构件常用连接方法主要有焊接连接、螺栓连接、紧固件连接等。

1. 螺栓连接

(1)螺栓连接的特点:分为普通螺栓连接和高强度螺栓连接。

优点:施工工艺简单,安装方便,适用于工地安装连接,工程进度、质量易得到保证。

缺点:因开孔对构件截面有一定的削弱,且被连接的板件需要相互搭接或另加拼接板或角钢等连接件,因而比焊接连接用材多,构造也较繁琐。

(2)普通螺栓连接

建筑钢结构中常用的普通螺栓牌号为 Q235,很少采用其他牌号的钢材制作。有 4.4 级、4.8 级、5.6 级和 8.8 级。建筑钢结构中使用的普通螺栓,一般为六角头螺栓,常用规格有 M8,M10,M12,M16,M20,M24,M30,M36,M42,M48,M56,M64 等。普通螺栓质量等级按加工制作质量及精度分为 A 级、B 级、C 级三个等级,A 级螺栓为精制螺栓,B 级螺栓为半精制螺栓,A级、B 级适用于拆装式结构或连接部位需传递较大剪力的重要结构中,C 级螺栓为粗制螺栓,由圆钢压制而成,适用于钢结构安装中的临时固定,或用于承受静载的次要连接。

(3)高强度螺栓连接

高强度螺栓连接按受力机理分为:摩擦型高强度螺栓和承压型高强度螺栓。摩擦型高强度螺栓靠连接板叠间的摩擦阻力传递剪力,以摩擦力刚好被克服作为连接承载力的极限状态;承压型高强度螺栓是当剪力大于摩擦阻力后,以栓杆被剪断或连接板被挤坏作为承载力极限。图 4-23 所示为普通螺栓和高强度螺栓受力机理。

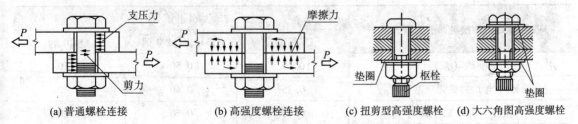

(a) 普通螺栓连接　　(b) 高强度螺栓连接　　(c) 扭剪型高强度螺栓　　(d) 大六角图高强度螺栓

图 4-23　普通螺栓和高强度螺栓受力机理

高强度螺栓按形状不同分为:大六角头型高强度螺栓和扭剪型高强度螺栓。大六角头高强度螺栓可用扭矩法和转角法两种拧紧方法。扭矩法一般采用指针式扭力(测力)扳手或预置式扭力(定力)扳手施加预应力,目前使用较多的是电动扭矩扳手;转角法是在初拧基础上,用扳手将螺母转动一个角度达到终拧要求。扭剪型高强度螺栓的螺栓头为盘头，栓杆端部有一个承受拧紧反力矩的十二角体（梅花头）和一个能在规定力矩下剪断的断颈槽。扭剪型高强度螺栓通过特制的电动扳手，拧紧时对螺母施加顺时针力矩，对梅花头施加逆时针力矩，终拧至栓杆端部断颈拧掉梅花头为止，如图 4-24 所示。

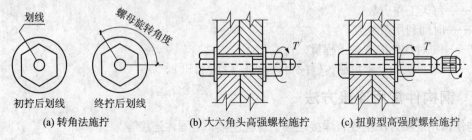

(a) 转角法施拧      (b) 大六角头高强螺栓施拧      (c) 扭剪型高强度螺栓施拧

图 4-24　高强度螺栓的施拧

大六角头高强度螺栓连接副，由一个螺栓，一个螺母，两个垫圈组成。扭剪型高强螺栓连接副，由一个螺栓，一个螺母，一个垫圈组成。高强螺栓使用日益广泛，大六角头螺栓常用 8.8S 和 10.9S 两个强度等级，扭剪型螺栓只有 10.9S，目前扭剪型 10.9S 使用较为广泛。国标扭剪型高强螺栓为 M16，M20，M22，M24 四种，非国标有 M27，M30 两种；国标大六角高强螺栓有 M12，M16，M20，M22，M24，M27，M30 等型号。

（4）由于摩擦型高强度螺栓靠连接板叠间的摩擦阻力传递剪力，施工中主要通过对螺栓施加预拉力和保证摩擦面抗滑移系数 $\mu$ 来实现。螺栓施工预拉力参考值如表 4-12 所示，施工中通常把施工轴力转换成施工扭矩值；摩擦面抗滑移系数 $\mu$ 的大小取决于构件材质量和摩擦面的处理方法，如表 4-13 所示，施工单位应按设计要求进行摩擦面处理并进行抗滑移系数的试验。

表 4-12　　　　　　　　　　　　　　螺栓预拉力值范围

| 螺栓规格/mm | | M16 | M20 | M22 | M24 | M27 | M30 |
|---|---|---|---|---|---|---|---|
| 预拉力值 $P$/kN | 10.9S | 93～113 | 142～177 | 175～215 | 206～250 | 265～324 | 325～390 |
| | 8.8S | 62～78 | 100～120 | 125～150 | 140～170 | 185～225 | 230～275 |

表 4-13　　　　　　　　　　　　　　摩擦面抗滑移系数 $\mu$

| 在连接处构件接触面的处理方法 | 构件的钢号 | | |
|---|---|---|---|
| | Q235 钢 | Q345，Q390 钢 | Q420 钢 |
| 喷砂（丸） | 0.45 | 0.50 | 0.50 |
| 喷砂（丸）后涂无机富锌漆 | 0.35 | 0.40 | 0.40 |
| 喷砂（丸）后生赤锈 | 0.45 | 0.50 | 0.50 |
| 钢丝刷清除浮锈或未经处理的干净轧制面 | 0.30 | 0.35 | 0.40 |

高强度螺栓施工轴力与施工扭矩转换按下式计算：

$$T_{\mathrm{C}} = K \cdot P_{\mathrm{C}} \cdot d \qquad\qquad (4\text{-}18)$$

式中   $T_c$——施工扭矩值，N·m；

      $P_c$——施工预拉力值，kN；

      $d$——螺栓公称直径，mm；

      $K$——扭矩系数，通常为 $0.110 \sim 0.150$。

扭矩系数和抗滑移系数应按规范要求由试验确定，高强度螺栓紧固后，以丝扣露出 $2 \sim 3$ 扣为宜，一个工程的高强度螺栓，首先按直径分类，统计出钢板束厚度，计算螺栓长度选择相应规格，螺栓长度 $L$ = 板束厚度 + 附加长度。

普通螺栓可重复使用，建筑结构主结构螺栓连接，一般应选用高强螺栓，高强螺栓不可重复使用，属于永久连接的预应力螺栓。

### 2. 紧固件连接

钢结构中经常采用自攻螺钉、钢拉铆钉、射钉等机械式紧固件连接方式，如图 4-25 所示。

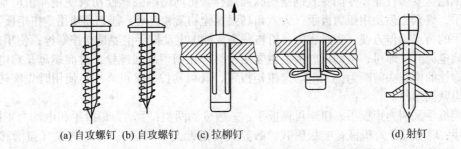

(a) 自攻螺钉 (b) 自攻螺钉    (c) 拉柳钉        (d) 射钉

图 4-25 常用结构紧固件

自攻螺钉多用于薄金属板间的连接，连接时先对被连接板制出螺纹底孔，再将自攻螺钉拧入被连接件螺纹底孔中，由于自攻螺钉螺纹表面具有较高硬度（$\geqslant$ HRC45），其螺纹具有弧形三角截面普通螺纹，螺纹表面也具有较高硬度，可在被连接板的螺纹底孔中攻出内螺纹，从而形成连接。自攻螺钉具有低拧入力矩和高锁紧性能，在轻型钢结构中广泛应用。

自钻自攻螺钉（b）与普通自攻螺钉（a）的不同之处是普通自攻螺钉在连接时，须经过钻孔（钻螺纹底孔）和攻丝（包括紧固连接）两道工序；而自钻自攻螺钉在连接时，是将钻孔和攻丝两道工序合并后一次完成，先用螺钉前面的钻头进行钻孔，接着就用螺钉进行攻丝和紧固连接，可节约施工时间，提高工效。

铆钉的常用形状有半圆头、平头、沉头铆钉，抽芯铆钉，空心铆钉，通常是利用自身变形进行连接。铆钉连接根据施工温度不同分为冷铆和热铆，冷铆连接通过高压使铆柱变形，冷流使得铆柱区域产生应力，设备和铆钉间不出现间隙。热铆连接，压缩焊头发热，在铆柱上形成铆钉头所需压力，铆钉头中产生的残余应力较小，热铆可以拆卸，冷铆不可拆卸，铆钉杆直径 8 mm 以下可用冷铆，超过 8 mm 采用热铆。

### 3. 钢结构安装常用机具

#### 1）螺栓连接工具

（1）活络扳手又叫活动扳手、活络扳头，活扳手，其开口宽度可以调节，能扳动一定尺寸范围内的六角头或方形螺栓、螺母，是一种旋紧或拧松有角螺丝钉或螺母的工具。开口宽度不能调节的为呆扳手。常用型号有 200 mm，250 mm，300 mm 三种，应根据螺母的大小选配。活络扳手扳口夹持螺母时，呆扳唇在上，活扳唇在下，切不可反过来使用。不可将钢管套于扳手手柄上来增加扭力，这样易损伤活络扳唇，且不得将活络扳手当锤子使用。

（2）棘轮扳手。棘轮套筒扳手是一种手动螺栓松紧工具，单头、双头多规格活动柄棘轮，梅花扳手带有固定孔，由不同规格尺寸的主梅花套和从梅花套通过铰接键的阴键和阳键咬合方式连接。由于一个梅花套具有两个规格的梅花形通孔，使它可以用于两种规格螺丝的松紧，从而扩大了使用范围，节省了原材料和工时费用，活动扳柄可方便地调整扳手使用角度。这种扳手用于螺栓、螺钉的松紧操作，具有适用性强、使用方便和造价低的特点。

（3）梅花扳手又叫闭口扳手，俗称眼睛扳手，只适用于扳动六角螺栓、螺母。特点是承受扭矩大，使用安全，特别适用于场地狭小，位于凹处不能容纳活动扳手的工作场地，拆装位于稍凹处的六角螺母或螺栓特别方便。

（4）电动扳手是以电源或电池为动力的扳手，是一种拧紧螺栓的工具。主要分为冲击扳手、扭剪扳手、定扭矩扳手、转角扳手、角向扳手、液压扳手、扭力扳手、充电式电动扳手。电动扳手主要用于钢结构安装行业，专门安装钢结构高强螺栓。扭剪型高强螺栓初紧使用冲击电动扳手或定扭矩扳手，终紧必须使用扭剪扳手；大六角高强螺栓初紧和终紧，都必须使用定扭矩扳手。

电动扳手的特点操作方便、省时省力、价格稍高。冲击电动扳手主要是初拧螺栓，使用简单，对准螺母开启电源开关即可，电动扭剪扳手主要用于终拧扭剪型高强螺栓，对准螺母开启电源开关，直至将螺栓的梅花头剪断为止。电动定扭矩扳手，既可初拧，又可终拧，使用时先旋转度数调节扭矩，再紧固螺栓。

（5）扭矩扳手又叫力矩扳手、扭矩可调扳手，一般分为两类：手动力矩扳手和电动力矩扳手。手动扭矩扳手：现阶段分为机械音响报警式，数显式，指针式（表盘式），打滑式（自滑转式）。其中机械音响报警式，采用杠杆原理，当力矩到达设定力矩时会出现"嘭"的机械相碰声，扳手形成死角，再用力会出现过力现象。

数显式和指针式（表盘式）差不多，都是把作用力矩可视化，现阶段的数显和指针都是在机械音响报警式扭矩扳手的基础上工作的。打滑式（自滑转式）采用过载保护、自动卸力模式，当力矩到达设定力矩时会自动卸力，同时也会出现机械相碰的声音，此后扳手自动复位，如再用力，会再次打滑，不会出现过力现象。电动扭矩扳手一般是指可设定扭矩值的电动扳手，也叫定值扭矩扳手，主要区别在于电动定值扳手的力矩值可以设定，用于高强度螺栓的初拧和终拧。如图4-26所示为常用螺栓连接工具。

(a) 活络扳手　　(b) 棘轮套筒扳手　　(c) 冲击电动扳手　　(d) 电动扭矩扳手　　(e) 指针式扭矩扳手

图 4-26　常用螺栓连接工具

4. 高强度螺栓的安装技术要求

（1）高强度螺栓连接处摩擦面如采用生锈处理方法时，安装前应以细钢丝刷除去摩擦面上的浮锈。

（2）不得用高强度螺栓兼做临时螺栓，以防损伤螺纹引起扭矩系数的变化。

（3）高强度螺栓的安装应在结构构件中心位置调整后进行，其穿入方向应以施工方便为准，并力求一致。高强度螺栓连接副组装时，螺母带圆台面的一侧朝向垫圈有倒角的一侧。

（4）安装高强度螺栓时，严禁强行穿入螺栓（如用锤敲打）。如不能自由穿入时，该孔用铰刀进行修整，修整后孔的最大直径应小于 1.2 倍螺栓直径。修孔时，为防止铁屑落入板迭缝中，铰孔前应将四周螺栓全部拧紧，使板迭密贴后再进行。严禁气割扩孔。

（5）安装高强度螺栓时，构件的摩擦面应保持干燥，不得在雨中作业。

（6）高强度螺栓施工所用的扭矩扳手，班前必须校正，其扭矩误差不得大于 ±5%，合格后方准使用。校正用的扭矩扳手，其扭矩误差不得大于 ±3%。

（7）高强度螺栓的拧紧分为初拧、终拧。对于大型节点分为初拧、复拧、终拧。初拧扭矩为施工扭矩的 50% 左右，复拧扭矩等于初拧扭矩。初拧或复拧后的高强度螺栓用颜色在螺母上涂上标记，然后按规定的施工扭矩值进行终拧。终拧后的高强度螺栓用另一种颜色在螺母上涂上标记。

（8）高强度螺栓拧紧时，只准在螺母上施加扭矩。

（9）一个接头上的高强度螺栓在初拧、复拧和终拧时，连接处的螺栓按一定顺序施拧，一般由螺栓群中央顺序向外拧紧；高强螺栓的紧固顺序从刚度大的部位向不受约束的自由端进行，同一节点内从中间向四周，使板间密贴。

（10）高强度螺栓的初拧、复拧、终拧应在同一天完成。

**5. 高强度螺栓质量检验**

（1）用小锤（0.3 kg）敲击法对高强度螺栓进行普查，以防漏拧。

（2）对每个节点螺栓数的 10%，但不少于一个进行扭矩检查。扭矩检查应在螺栓终拧后的 1 h以后、48 h 之前完成。

## 第二部分　项目训练

**1. 训练目的**

通过训练，了解常用索具设备种类和特点，熟悉起重机械性能及选用原则，掌握螺栓连接方法和要求。

**2. 能力标准及要求**

能正确选用索具设备；能进行工程起重设备的选择并进行安全验算；能进行螺栓连接计算。

**3. 活动条件**

综合训练室，收集并整理钢结构图纸、建筑施工计算参考书籍。

**4. 训练步骤提示**

1）索具设备选用

（1）熟悉吊装设备的几何尺寸，重量及技术性能。

（2）索具设备的计算与选择。

2）起重机械的选择

（1）熟悉起吊构件的起吊高度、回转半径、起吊重量、起重臂长。

（2）熟悉重设备的技术性能、选择起重机械。

3）螺栓的连接计算

（1）螺栓连接前的准备工作。

（2）连接螺栓的检查。

## 训练 4-1　起重机械的选择

### 1. 选择依据

（1）构件最大重量、数量、外形尺寸、结构特点、安装高度、吊装方法等。

（2）各类型构件的吊装要求，施工现场条件。

（3）吊装机械的技术性能。

（4）吊装工程量的大小、工程进度等。

（5）现有或租赁起重设备的情况。

（6）施工力量和技术水平。

（7）构件吊装的安全和质量要求及经济合理性。

### 2. 选择原则

（1）应考虑起重机的性能满足使用方便、吊装效率、吊装工程量和工期等要求。

（2）能适应现场道路、吊装平面布置和设备、机具等条件，能充分发挥其技术性能。

（3）能保证吊装工程量、施工安全和有一定的经济效益。

（4）避免使用起重能力大的起重机起吊小且轻的构件。

### 3. 起重机类型的选择

（1）一般吊装多按履带式、轮胎式、汽车式、塔式的顺序选用。对高度不大的中小型厂房优先选择起重量大、全回转、移动方便的 100～150 kN 履带式起重机或轮胎式起重机吊装主体；对大型工业厂房主体结构高度较高、跨度较大、构件较重宜选用 500～750 kN 履带式起重机和 300～1 000 kN 汽车式起重机；对重型工业厂房，主体结构高度高、跨度大，宜选用塔式起重机吊装。

（2）对厂房大型构件，可选用重型塔式起重机吊装。

（3）当缺乏起重设备或吊装工作量不大、厂房不高时，可选用各种拔杆进行吊装。回转式拔杆较适用于单层钢结构厂房的综合吊装。

（4）当厂房位于狭窄的地段，或厂房采用敞开式施工方案（厂房内设备基础先施工），宜采用双机抬吊吊装屋面结构或选用单机在设备基础上铺设枕木垫道吊装。

（5）当起重机的起重量不能满足要求时，可以采取增加支腿或增长支腿、后移或增加配重、增设拉绳等措施来提高起重能力。

### 4. 吊装参数的确定

起重机的吊装参数包括起重量、起重高度、起重半径。所选择的起重机起重量应大于所吊装最重构件加吊索重量；起重高度应满足所安装的最高构件的吊装要求；起重半径应满足在一定起重量和起重高度时，能保持一定安全距离吊装构件的要求。当伸过已安装好的构件上空吊装时，起重臂与已安装好的构件应有不小于 0.3 m 的距离。起重机的起重臂长度可采用图解法。

### 5. 项目实施

【案例 4-2】　某单层厂房起重机械的选择

某车间为单层、单跨 18 m 的工业厂房，柱距 6 m，共 13 个节间，厂房平面图、剖面图如图 4-27 所示，车间主要构件一览表如表 4-14 所示，主要构件尺寸如图 4-28 所示。

1）起重机的选择及工作参数计算

根据厂房基本概况及现有起重设备条件，初步选用 W1-100 型履带式起重机进行结构吊装。

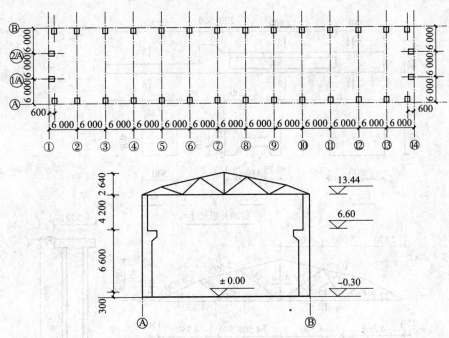

图 4-27 某厂房结构的平面图和剖面图

主要构件吊装的参数计算如下:

表 4-14　　　　　　　　　　　　　车间主要构件一览表

| 厂房轴线 | 构件名称及编号 | 构件数量 | 构件质量/t | 构件长度/m | 安装标高/m |
|---|---|---|---|---|---|
| Ⓐ轴、Ⓑ轴、<br>①轴、⑭轴 | 基础梁 JL | 32 | 1.51 | 5.95 | |
| Ⓐ轴、Ⓑ轴 | 连系梁 LL | 26 | 1.75 | 5.95 | +6.60 |
| Ⓐ轴、Ⓑ轴 | 柱 Z1 | 4 | 7.03 | 12.20 | −1.40 |
| Ⓐ轴、Ⓑ轴 | 柱 Z2 | 24 | 7.03 | 12.20 | −1.40 |
| ⑴/Ⓐ轴、⑵/Ⓐ轴 | 柱 Z3 | 4 | 5.8 | 13.89 | −1.20 |
| ①—⑭ | 屋架 YWJ18-1 | 14 | 4.95 | 17.70 | +10.80 |
| Ⓐ轴、Ⓑ轴 | 吊车梁 DL-8Z<br>DL-8B | 22<br>4 | 3.95<br>3.95 | 5.95<br>5.95 | +6.60<br>+6.60 |
| | 屋面板 YWB | 156 | 1.30 | 5.97 | +13.80 |
| Ⓐ轴、Ⓑ轴 | 天沟板 TGB | 26 | 1.07 | 5.97 | +11.40 |

(1) 柱子采用一点绑扎斜吊法吊装。

柱 Z1,Z2 要求的起重量:$Q = Q_1 + Q_2 = 7.03 + 0.2 = 7.23$ t

145

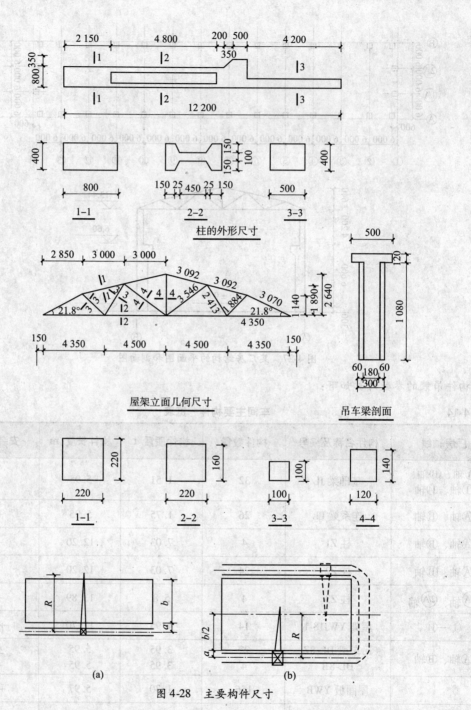

图 4-28　主要构件尺寸

柱 Z1，Z2 要求的起升高度（图 4-29）：

$$H = h_1 + h_2 + h_3 + h_4 = 0 + 0.3 + 7.05 + 2.0 = 9.35 \text{ m}$$

柱 Z3 要求的起重量：$Q = Q_1 + Q_2 = 5.8 + 0.2 = 6.0 \text{ t}$

柱 Z3 要求的起升高度：$H = h_1 + h_2 + h_3 + h_4 = 0 + 0.30 + 11.5 + 2.0 = 13.8$ m

（2）屋架

屋架要求的起重量：$Q = Q_1 + Q_2 = 4.95 + 0.2 = 5.15$ t

屋架要求的起升高度（图 4-30）：

$$H = h_1 + h_2 + h_3 + h_4 = 10.8 + 0.3 + 1.14 + 6.0 = 18.24 \text{ m}$$

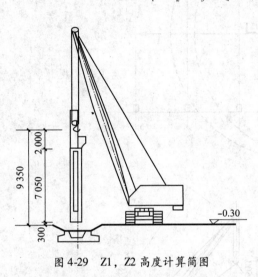

图 4-29　Z1，Z2 高度计算简图　　　　　图 4-30　屋架起升高度计算简图

（3）屋面板

吊装跨中屋面板时，起重量：$Q = Q_1 + Q_2 = 1.3 + 0.2 = 1.5$ t

起升高度（图 4-31）：$H = h_1 + h_2 + h_3 + h_4 = (10.8 + 2.64) + 0.3 + 0.24 + 2.5 = 16.48$ m

起重机吊装跨中屋面板时，起重钩需伸过已吊装好的屋架上弦中线 $f$ 为 3 m，且起重臂中心线与已安装好的屋架中心线至少保持 1 m 的水平距离，因此，起重机的最小起重臂长度及所需起重仰角 $\alpha$ 为：

$$\alpha = \arctan \sqrt[3]{\frac{h}{f+g}} = \arctan \sqrt[3]{\frac{10.8 + 2.64 - 1.7}{3+1}} + 55.07°$$

$$L = \frac{h}{\sin\alpha} + \frac{f+g}{\cos\alpha} = \frac{11.74}{\sin 55.7°} + \frac{4}{\cos 55.7°} = 21.34 \text{ m}$$

根据上述计算，选 W1-100 型履带式起重机吊装屋面板，起重臂长 $L$ 取 23 m，起重仰角 $\alpha = 55°$，则实际起重半径为

$$R = F + L\cos\alpha = 1.3 + 23 \times \cos 55° = 14.5 \text{ m}$$

查 W1-100 型 23 m 起重臂的性能曲线或性能表知，$R = 14.5$ m 时，$Q = 2.3$ t > 1.5 t，$H = 17.3$ m > 16.48 m，所以选择 W1-100 型 23 m 起重臂符合吊装跨中屋面板的要求。

以选取的 $L = 23$ m，$\alpha = 55°$ 复核能否满足吊装跨边屋面板的要求。

起重臂吊装Ⓐ轴最边缘屋面板时，起重臂与Ⓐ轴的夹角 $\beta$，$\beta = 34.7°$，则屋架在Ⓐ轴线处的端部 A 点与起重杆同屋架在平面图上的交点 B 之间的距离为 $0.75 + 3\tan\beta = 0.75 + 3 \times \tan 34.7° = 2.83$ m。可得 $f = 3/\cos\beta = 3/\cos 34.7° = 3.65$ m；由屋架的几何尺寸计算出 2—2 剖面屋架被截得的

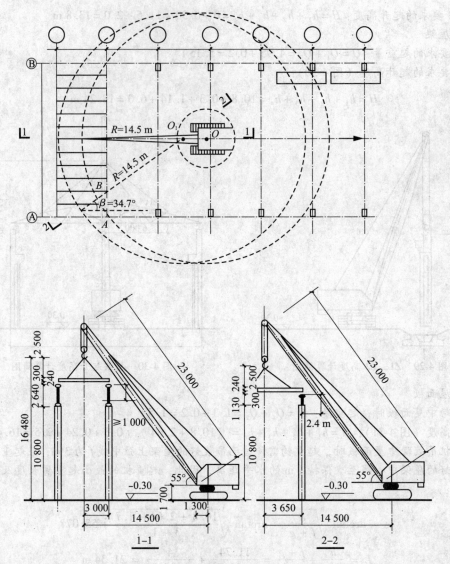

图 4-31　屋面板吊装工作参数计算简图

高度 $h_{屋} = 2.83 \times \tan21.8° = 1.13$ m。

根据

$$L = \frac{h}{\sin\alpha} + \frac{f+g}{\cos\alpha} = \frac{10.8 + 1.13 - 1.7}{\sin55°} + \frac{3.65 + g}{\cos55°}$$

得 $g = 2.4$ m。因为 $g = 2.4$ m $>1$ m，所以满足吊装最边缘一块屋面板的要求。也可采用作图法复核选择 W1-100 型履带式起重机，取 $L = 23$ m，$\alpha = 55°$ 时能否满足吊装最边缘一块屋面板的要求。

根据以上各种吊装工作参数的计算，从 W1-100 型 $L = 23$ m 履带式起重机性能曲线表并列表 4-15 可以看出，所选起重机可以满足所有构件的吊装要求。

表 4-15                                   车间主要构件吊装参数

| 构件名称 | 柱 Z1，Z2 | | | 柱 Z3 | | | 屋架 | | | 屋面板 | | |
|---|---|---|---|---|---|---|---|---|---|---|---|---|
| 吊装工作参数 | $Q/t$ | $H/m$ | $R/m$ | $Q/t$ | $H/m$ | $R/m$ | $Q/t$ | $H/m$ | $R/m$ | $Q/t$ | $H/m$ | $R/m$ |
| 计算所需工作参数 | 7.23 | 9.35 | | 6.0 | 13.8 | | 5.15 | 18.24 | | 1.5 | 16.48 | |
| 23 m 起重臂工作参数 | 8 | 20.5 | 6.5 | 6.9 | 20.3 | 7.26 | 6.9 | 20.3 | 7.26 | 2.3 | 17.5 | 14.5 |

# 项目 4.2　单层钢结构厂房安装

## 第一部分　项目应知

　　钢结构单层厂房，具有轻型、快速、高效等安装特点，结合节能环保型新型建材，实现工厂化加工制作、现场施工组装，方便快捷、建设周期短；结构坚固耐用、建筑外形新颖美观、质优价廉、经济效益明显；柱网尺寸布置自由灵活、能满足不同环境条件下施工和使用要求，如图 4-32 所示。

(a) 上海固泉轻钢结构厂房

(b) 西安未央区众邦彩钢厂

(c) 揭阳市云海钢结构工程有限公司

(d) 揭阳市云海钢结构工程有限公司

图 4-32　钢结构单层厂房

## 4.2.1 构件安装前的准备工作

### 1. 准备工作

准备工作主要有场地清理，道路修筑，基础准备，构件运输、排放，构件拼装加固、检查清理、弹线编号，以及机械、机具的准备工作等。

### 2. 构件的检查与清理

检查构件的型号与数量；检查构件截面尺寸；检查构件外观质量（变形、缺陷、损伤等）；检查预埋件、预留孔的位置及质量等，并作相应清理工作。

### 3. 构件的弹线与编号

（1）柱子。在柱身三面弹出中心线（可弹两小面、一个大面），对工字形柱除在矩形截面部分弹出中心线外，为便于观察及避免视差，还需要在翼缘部分弹一条与中心线平行的线。

（2）屋架。屋架上弦顶面上应弹出几何中心线，并将中心线延至屋架两端下部，再从跨度中央向两端分别弹出天窗架、屋面板的安装定位线。

（3）吊车梁。在吊车梁的两端及顶面弹出安装中心线。

### 4. 基础的准备工作

先检查基础轴线和标高、地脚螺栓的位置等项目，再进行地脚螺栓的验收，地脚螺栓的精度关系到钢结构的定位，其埋设必须符合规范允许偏差要求如表 4-16 所示，最后进行基础标高调整，基础标高调整应根据钢柱的长度、钢牛腿和柱脚距离来决定基础标高的调整数值。

### 5. 构件运输

1）运输准备

成品运输的准备工作包括技术准备、工具准备、构件准备三部分。其中技术准备包括制定运输方案、设计制作运输架、验算构件强度；工具准备包括车辆工具的选择、装运工具材料的选用；构件准备包括构件清点、检查、外观修饰等。

表 4-16　　　　　　　　　　地脚螺栓埋设位置、尺寸允许偏差

| 项　　目 | 允许偏差/mm |
| --- | --- |
| 地脚螺栓中心偏移 | 5.0 |
| 螺栓露出长度 | 0.0，+30.0 |
| 螺纹长度 | 0.0，+30.0 |

（1）技术准备：应根据钢构件基本形式，结合现场起重设备、运输车辆的具体条件，制定切实可行经济实用的装运方案；设计、制作运输架时，应根据构件重量、外形尺寸，设计制作各种类型构件的钢、运输架。要求构造简单，装运受力合理、稳定、重心低、重量轻、节约钢材，能适应多种类型构件通用，装拆方便。

（2）工具准备：运输工具的准备包括运输车辆及装运工具的选用。运输车辆应根据构件形状

和几何尺寸、重量、起重工具、道路条件、经济效益，确定合适的运输车辆、吊车型号、台数和装运方式。装运工具包括钢丝绳扣、倒链、卡环、花篮螺栓、千斤顶、信号旗、垫木、汽车旧轮胎等。

（3）构件准备：包括构件的清点、检查、外观修饰等。构件清点应按吊装顺序核对，确定构件装运先后顺序，编号核对构件的型号及数量，检查构件尺寸、几何形状、预埋件、吊环位置及其牢固性，安装孔位置及贯通情况。检查构件焊接情况，包括焊脚尺寸、焊缝外观是否符合设计要求，超差应采用碳弧气刨处理后重新焊接。发现缺陷及损伤后应进行外观修饰，如裂缝、焊脚尺寸不够、长度偏小、咬边、弧坑、气孔、夹渣、焊瘤、余高超标等必须处理，经补焊修饰检验合格后方可运输出厂。

2）成品运输

（1）多节柱运输。长度≤8 m 的刚架梁、柱，采用载重汽车装运，长度＞8 m 的梁、柱，采用半托挂车或全托挂车装运，每车装 1～3 根，设置钢支架，用钢丝绳、倒链拉牢固定。柱下设至少两个支承点，抗裂能力较差的长柱运前采用平衡梁三支点支承，或设置一个辅助垫点（仅用木楔塞紧）。搁置时前端伸至驾驶室顶面距离不宜小于 0.5 m，后端离地面应大于 1 m。

运输道路应平整，确保有足够路面宽度及转弯半径，载重汽车单行道宽度不得小于 3.5 m，托挂车单行道宽度不小于 4 m，并适当考虑汇车点，双行道宽度不小于 6 m。载重汽车要求转弯半径不小于 10 m，半托挂车转弯半径不小于 15 m，全托挂车不小于 20 m。公路运输构件装运高度极限为 4 m，如需通过隧道则高度极限 3.8 m。

高宽比大构件或层叠运装构件，应根据构件外形尺寸、重量，设置工具式支承框架、固定架、支撑或倒链等予以固定，以防倾倒，严禁采用悬挂式堆放运输。对支承运输架应进行设计计算，保证足够的强度和刚度，支承稳定牢固，装卸方便。大型构件采用托挂车运运，在构件支承处应设有转向装置，使其能自由转动，同时应根据吊装方法及运输方向确定装车方向，以免现场掉头困难。

（2）吊车梁运输。吊车梁跨度≤6 m 时，采用普通载重汽车装运，每车装 4～5 根；9～12 m 的吊车梁，采用 8 t 以上载重汽车、半托挂车或全托挂车装运，平板上设钢支架，每车装 3～4 根，根据吊车梁侧向刚度情况决定采用平放或立放。

构件的运输顺序、堆放位置应按施工组织设计的要求和规定进行，以免增加构件的二次搬运。

## 4.2.2　单层钢结构安装工艺

### 1. 单层钢结构房屋安装工艺

单层钢结构房屋安装工艺流程如图 4-33 所示。

### 2. 单层钢结构厂房安装

单层钢结构厂房的结构安装构件有柱子、吊车梁、钢梁、屋架、天窗架、屋面板及支撑等。构件的吊装工艺包括绑扎、吊升、对位、临时固定、校正、最后固定等工序。

1）柱子吊装

（1）柱的绑扎方法、绑扎位置和绑扎点数，应根据柱的形状、长度、截面、配筋、起吊方法和起重机性能等确定。常用的绑扎方法有一点绑扎斜吊法、一点绑扎直吊法、两点绑扎斜吊法和两点绑扎直吊法，如图 4-34 所示。

**建筑钢结构制作与安装**

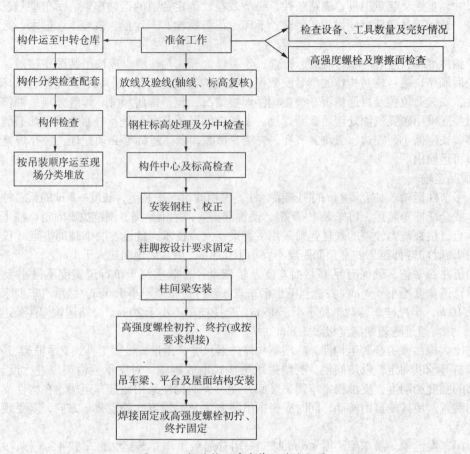

图 4-33　钢结构厂房安装工艺流程图

图 4-34　钢柱的绑扎方法及吊装方法示意图

（2）柱的吊升

① 采用旋转法吊装柱子时，柱的平面布置宜使柱脚靠近基础，柱的绑扎点、柱脚中心与基础中心三点宜位于起重机的同一起重半径的圆弧上，如图 4-35 所示。

② 采用滑行法吊升柱时，起重机只升钩，起重臂不转动，使柱顶随起重钩的上升而上升，柱脚随柱顶的上升而滑行，直至柱子直立后，吊离地面，并旋转至基础杯口上方，插入杯口，如图 4-36 所示。

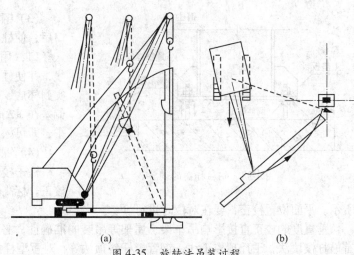

(a)　　　　　　　　　　　　　　(b)

图 4-35　旋转法吊装过程

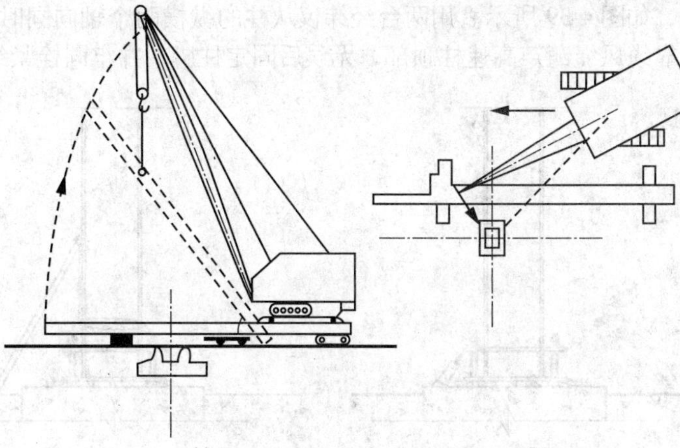

(a)　　　　　　　　　　　　　　(b)

图 4-36　滑行法吊装过程示意图

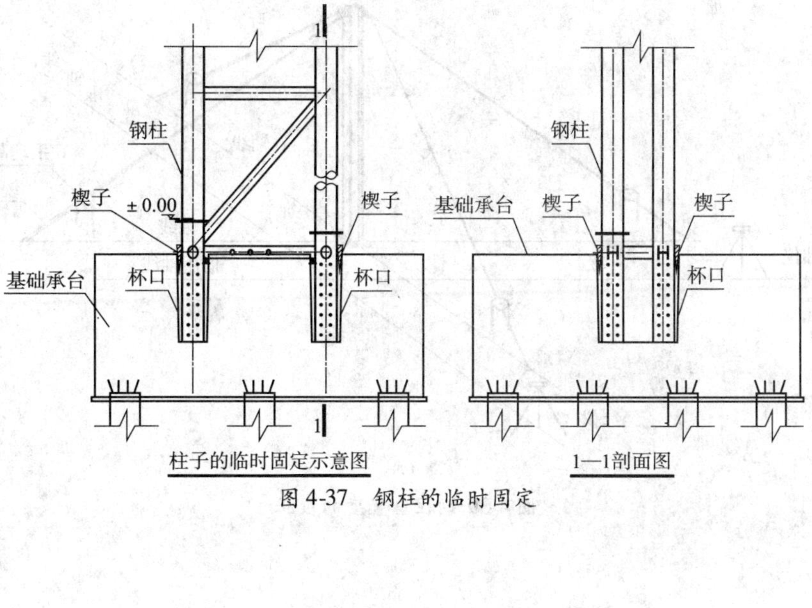

柱子的临时固定示意图　　　　1—1剖面图

图 4-37　钢柱的临时固定

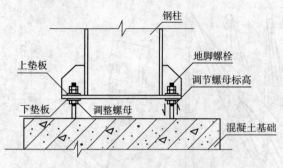

图 4-38 钢柱标高的调整

（3）钢柱的对位与临时固定。柱脚插入杯口后，使柱脚悬离杯底 50 mm 左右，用楔子放入杯口，用撬杠使柱子中心线对准杯口中心线，并使柱子基本垂直，即可下落，使柱脚落实到杯底，杯底标高在吊装之前已进行处理，偏差在 ±2 mm 以内。再复查对线，随后打紧楔子，即可松吊钩。

（4）钢柱的校正与最后固定

柱子校正包括平面位置、标高和垂直度的校正。标高的校正可采用调整螺母，如图 4-38 所示。平面位置校正，要在对位时进行。

垂直度的校正直接影响吊车梁、屋架等吊装的准确性，必须认真对待。柱垂直度的校正方法有敲打楔块法，千斤顶校正法，钢管撑杆斜顶法等，对重型柱或偏斜值较大则用千斤顶、缆风绳、钢管支撑等方法校正，如图 4-39 所示。用两台经纬仪从柱的纵横两个轴向同时观测，依靠千斤顶进行调整。柱底部依靠缆风绳葫芦高速柱顶部，无误后固定柱脚，并牢固栓紧缆风绳。

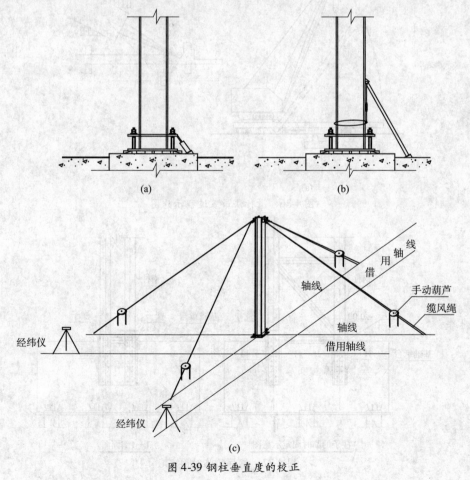

(a)　　　　　　　　　　(b)

(c)

图 4-39 钢柱垂直度的校正

柱校正后，应将楔块以每两个一组对称、均匀、分次地打紧，并立即进行最后固定。固定方法是柱脚按设计要求焊接固定，另在柱脚与杯口的空隙中浇筑比柱子混凝土标号高一级的细石混凝土。混凝土的浇筑应分两次进行，第一次浇至楔块底面，待混凝土强度达到 25% 时，即可拔去楔块，再将混凝土浇满杯口，进行养护，待第二次浇筑混凝土强度达到 70% 后，方能安装上部构件。

图 4-40　吊车梁的吊装

2）吊车梁的吊装

（1）绑扎、吊升、对位和临时固定　吊车梁绑扎时，两根吊索要等长，绑扎点对称设置，吊钩对准梁的重心，使吊车梁起吊后能基本保持水平，如图 4-40 所示。

（2）校正及最后固定。吊车梁的校正工作一般包括平面位置、标高及垂直度这三个内容。吊车梁的标高主要取决于柱子牛腿的标高，只要牛腿标高准确，其误差就不大，如存在误差，可待安装轨道时加以调整。垂直度校正需用测量工具同时进行，常用的观测梁的垂直度工具是经纬仪或线坠。平面位置的校正，常用的有通线法、平移轴线法，如图 4-41 所示。重型吊车梁校正时撬动困难，可在吊装吊车梁时借助于起重机，采用边吊装边校正的方法。

检查校正吊车梁，可在屋盖吊装前校正，亦可在屋盖吊装后校正，较重的吊车梁，宜在屋盖吊装前校正。吊车梁校正后，应随即焊接牢固。

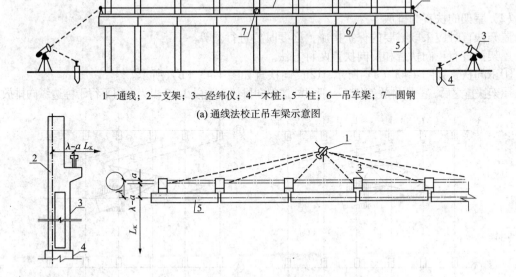

1—通线；2—支架；3—经纬仪；4—木桩；5—柱；6—吊车梁；7—圆钢

(a) 通线法校正吊车梁示意图

1—经纬仪；2—标志；3—柱；4—桩基础；5—吊车梁

(b) 平移轴线法校正吊车梁

图 4-41　吊车梁的校正

3）屋架的吊装

（1）屋架的绑扎点应选在上弦节点处，左右对称，绑扎中心（即各支吊索的合力作用点）必须高于屋架重心，使屋架起吊后基本保持水平，不晃动、不倾翻。吊索与水平线的夹角不宜小于45°。当屋架跨度小于或等于 18 m 时，采用两点绑扎；屋架跨度为 18～24 m 时，采用四点绑扎；当跨度为 30～36 m 时，采用横吊梁四点绑扎；侧向刚度较差的屋架，必要时应进行临时加固；对于组合屋架，因刚性差、下弦不能承受压力，故绑扎时也应用横吊梁。

屋架的绑扎如图 4-42 所示。

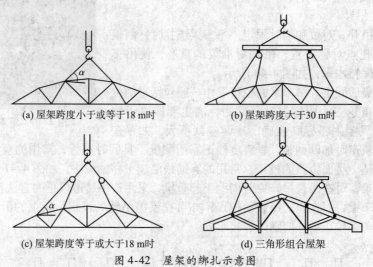

(a) 屋架跨度小于或等于18 m时　　　　　(b) 屋架跨度大于30 m时

(c) 屋架跨度等于或大于18 m时　　　　　(d) 三角形组合屋架

图 4-42　屋架的绑扎示意图

（2）屋架的扶直与排放

屋架扶直时应采取必要的保护措施，必要时要进行验算。

屋架扶直有正向扶直和反向扶直两种方法。

①正向扶直如图 4-43（a）所示；②反向扶直如图 4-43（b）所示。

屋架扶直之后，立即排放就位，一般靠柱边斜向排放，或以 3～5 榀为一组平行于柱边纵向排放。

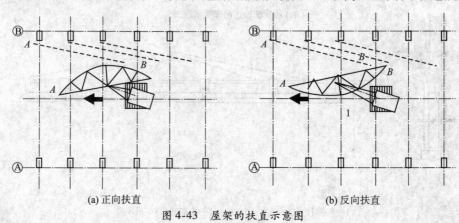

(a) 正向扶直　　　　　　　　　　　(b) 反向扶直

图 4-43　屋架的扶直示意图

（3）屋架的吊升、对位与临时固定。屋架的吊升是将屋架吊离地面约 300 mm，然后将屋架转至安装位置下方，再将屋架吊升至柱顶上方约 300 mm 后，缓缓放至柱顶进行对位。屋架对位应以建筑物的定位轴线为准。屋架对位后立即进行临时固定，如图 4-44 所示。

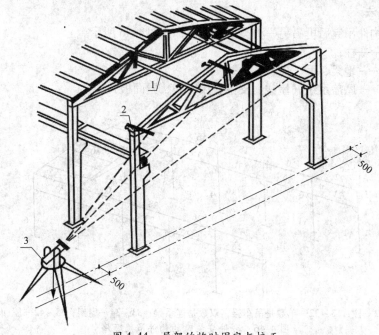

图 4-44　屋架的临时固定与校正

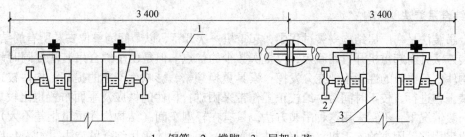

1—钢管；2—撑脚；3—屋架上弦

图 4-45　工具式支撑的构造

（4）屋架的校正及最后固定

屋架垂直度的检查与校正方法是在屋架上弦安装三个卡尺，一个安装在屋架上弦中点附近，另两个安装在屋架两端。

屋架垂直度的校正可通过转动工具式支撑的螺栓加以纠正，并垫入斜垫铁。工具式支撑的构造如图 4-45 所示。屋架校正后应立即电焊固定。

（5）天窗架及屋面板的吊装

天窗架常采用单独吊装，也可与屋架拼装成整体同时吊装。天窗架单独吊装时，应待两侧屋面板安装后进行，最后固定的方法是用电焊将天窗架底脚焊牢于屋架上弦的预埋件上。

屋面板的吊装一般采用一钩多块叠吊法或平吊法，吊装顺序应由两边檐口向屋脊对称进行。

## 4.2.3　结构安装方案的选择

在拟定单层厂房结构安装方案时，应着重解决起重机的选择、结构安装方法、起重机的开行路线和构件的平面布置等。单层厂房的结构吊装方法有分件吊装法和综合吊装法。

### 1. 分件吊装法

一种类型的构件吊完后再吊另一种类型的构件，如图 4-46 所示。

第一次开行——柱；

第二次开行——地梁、吊车梁、连梁；

第三次开行——屋盖系统（屋架、支撑、天窗架、屋面板）。

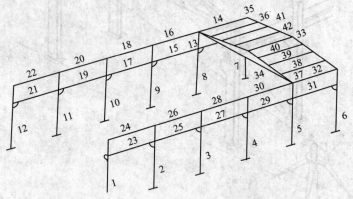

1~12—柱；13~32—单数是吊车梁，双数是连系梁；33，34—屋架；35~42—屋面板

图 4-46　分件安装时的构件吊装顺序

### 2. 综合吊装法

综合吊装法是在厂房结构安装过程中，起重机一次开行，以节间为单位安装所有的结构构件。这种吊装方法具有起重机开行路线短，停机次数少的优点。但是由于综合吊装法要同时吊装各种类型的构件，起重机的性能不能充分发挥；索具更换频繁，影响生产率的提高；构件校正要配合构件吊装工作进行，校正时间短，给校正工作带来困难；构件的供应及平面布置也比较复杂。所以，在一般情况下，不宜采用这种吊装方法，只有在轻型车间（结构构件重量相差不大）结构吊装时，或采用移动困难的起重机（如桅杆式起重机）吊装时才采用综合吊装法。如图 4-47 所示。

综合吊装法的构件安装顺序

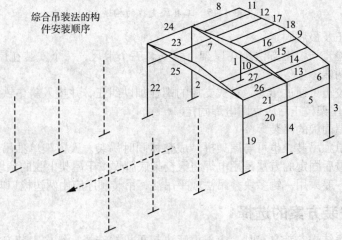

图 4-47　综合吊装法

表 4-17                                两种吊装法方法的比较

| 吊装方法 | 分件吊装方法 | 综合吊装方法 |
|---|---|---|
| 优点 | 机械灵活应用 | 停机次数少，开行路线短 |
| | 校正、固定允许较长时间 | 有利于大型设备安装 |
| | 索具更换少，工人熟工效高 | 后续可紧跟，局部早用 |
| | 现场不拥挤（构件单一布置） | |
| 缺点 | 装饰、围护晚 | 现场紧张 |
| | 开行路线长 | 机械不经济 |
| | | 需要及时校正固定 |
| | | 工效低 |

## 4.2.4  起重机的开行路线及停机位置

吊装柱子时起，起重机的开行路线及构件的平面布置，如图 4-48 所示。吊装屋架、屋面板等屋面构件时，起重机宜跨中开行；吊装柱子时，则视跨度大小、构件尺寸、质量及起重机性能，可沿跨中开行或跨边开行。

当 $R \geqslant L/2$ 时，起重机可沿跨中开行，每个停机位置可吊装两根柱，如图 4-48（a）所示；当 $R \geqslant \sqrt{\left(\dfrac{L}{2}\right)^2 + \left(\dfrac{b}{2}\right)^2}$ 时，则可吊装四根柱，如图 4-48（b）所示；当 $R < L/2$ 时，起重机需沿跨边开行，每个停机位置吊装 1~2 根柱，如图 4-48（c），（d）所示。图 4-49 是一个单跨车间采用分件安装法时起重机的开行路线及停机位置图。

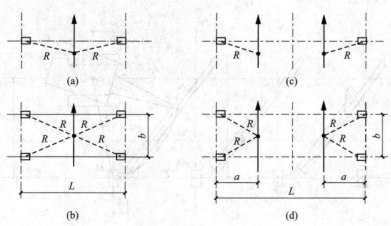

图 4-48  起重机吊装柱时的开行路线及停机位置

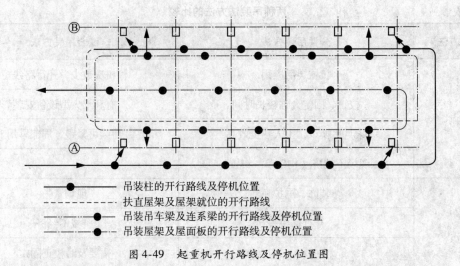

图 4-49　起重机开行路线及停机位置图

图例：
- ●　吊装柱的开行路线及停机位置
- ----　扶直屋架及屋架就位的开行路线
- ●　吊装吊车梁及连系梁的开行路线及停机位置
- ●　吊装屋架及屋面板的开行路线及停机位置

## 4.2.5　吊装构件的平面布置

### 1. 柱子的平面布置

柱的预制布置有斜向布置和纵向布置。

（1）柱子斜向布置。柱子采用旋转法起吊，可按三点共弧斜向布置，如图 4-50（a）所示。

两点共弧的方法有两种：一种是杯口中心与柱脚中心两点共弧，吊点放在起重半径 $R$ 之外，如图 4-50（b）所示。吊装时，先用较大的起重半径 $R'$ 吊起柱子，并升起重臂，当起重半径变成 $R$ 后，停止升臂，随之用旋转法安装柱子。另一种方法是吊点与杯口中心两点共弧，柱脚放在起重半径 $R$ 之外，安装时可采用滑行法，如图 4-50（c）所示。

（2）柱子纵向布置。对于一些较轻的柱子，起重机能力有富余，考虑到节约场地，方便构件制作，可顺柱列纵向布置，如图 4-51 所示。柱子纵向布置，绑扎点与杯口中心两点共弧。

若柱子长度大于 12 m，柱子纵向布置宜排成两行，如图 4-51（a）所示。

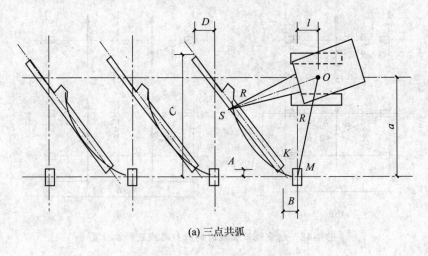

(a) 三点共弧

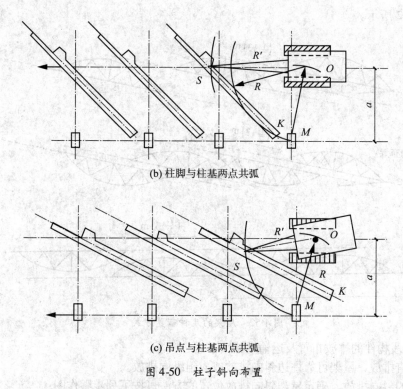

(b) 柱脚与柱基两点共弧

(c) 吊点与柱基两点共弧

图 4-50　柱子斜向布置

若柱子长度小于 12 m，则可叠浇排成一行，如图 4-51（b）所示。

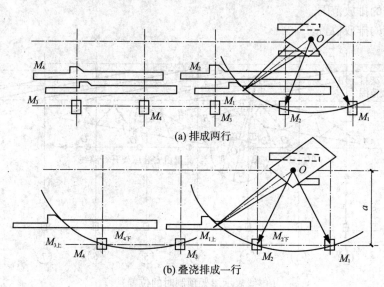

(a) 排成两行

(b) 叠浇排成一行

图 4-51　柱子纵向布置示意图

## 2. 吊装屋架时起重机的开行路线及构件的平面布置

屋架宜安排在厂房跨内平卧布置，布置方式有三种：斜向布置、正反斜向布置和正反纵向布置等，如图 4-52 所示。

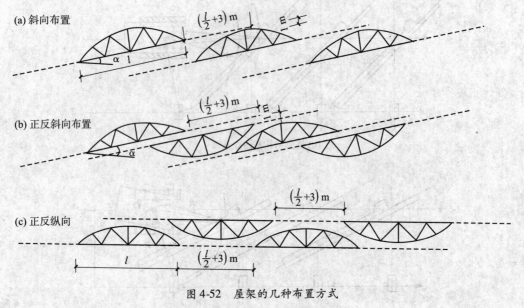

图 4-52 屋架的几种布置方式

2）安装阶段构件的排放布置及运输堆放

屋架的扶直排放 屋架可靠柱边斜向排放或成组纵向排放。

（1）屋架的斜向排放。确定屋架斜向排放位置的方法可按下列步骤作图：

① 确定起重机安装屋架时的开行路线及停机点，如图 4-53 所示。

② 确定屋架的排放范围。

③ 确定屋架的排放位置。

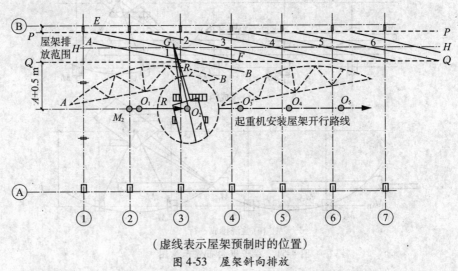

（虚线表示屋架预制时的位置）

图 4-53 屋架斜向排放

（2）屋架的成组纵向排放。屋架纵向排放时，一般以 4～5 榀为一组，靠柱边顺轴线纵向排放，如图 4-54 所示。

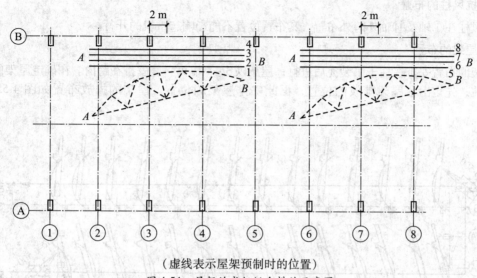

（虚线表示屋架预制时的位置）

图 4-54　屋架的成组纵向排放示意图

### 3. 吊车梁的布置图

当吊车梁安排在现场预制时，可靠近柱基顺纵轴线或略作倾斜布置，也可插在柱子的空挡中预制，或在场外集中预制等。单层工业厂房除了柱和屋架一般在施工现场制作外，其他构件（如吊车梁、连系梁、屋面板等）均可在预制厂或附近的露天预制场制作，然后运至施工现场进行安装。

构件运输至现场后，应根据施工组织设计所规定的位置，按编号及构件安装顺序进行排放或集中堆放。吊车梁、连系梁的排放位置，一般在其吊装位置的柱列附近，跨内跨外均可。屋面板可布置在跨内或跨外。

## 4.2.6　钢结构吊装工艺布置图

### 1. Ⓐ轴列柱布置

根据现场情况及起重半径 $R$，先确定起重机开行路线，吊装Ⓐ轴列柱时，跨内、跨边开行，且起重机开行路线距Ⓐ轴线的距离为 4.8 m；然后以各柱脚中心为圆心，以 $R = 6.5$ m 为半径画弧与开行线路相交，其交点即为吊装各柱的停机点，再以各停机点为圆心，以 $R = 6.5$ m 为半径画弧，该弧均通过各柱脚中心，并在柱脚附近的圆弧上定出一点作为柱脚中心，然后以柱脚中心为圆心，以柱脚至绑扎点的距离 7.05 m 为半径作弧，与以停机点为圆心，以 $R = 6.5$ m 为半径的圆弧相交，此交点即柱的绑扎点。根据圆弧上的两点（柱脚中心及绑扎点）作出柱子的中心线，并根据柱子尺寸确定出柱的布置位置，如图 4-55（a）所示。

### 2. Ⓑ轴列柱布置

根据施工现场情况确定Ⓑ轴列柱跨外布置，由Ⓑ轴线与起重机的开行路线的距离为 4.2 m，定出起重机吊装Ⓑ轴列柱的开行路线，然后按上述同样的方法确定停机点及柱子的布置位置。如图 4-55（a）所示。

### 3. 抗风柱的布置

抗风柱在①轴及⑭轴外跨外布置，其布置位置不能影响起重机的开行。

### 4. 屋架的布置

屋架的布置安排在柱子吊装完后进行；屋架以3~4榀为一叠安排在跨内。在确定屋架的布置位置之前，先定出各屋架排放的位置，据此安排屋架的位置。屋架的排放布置如图 4-55（b）所示。

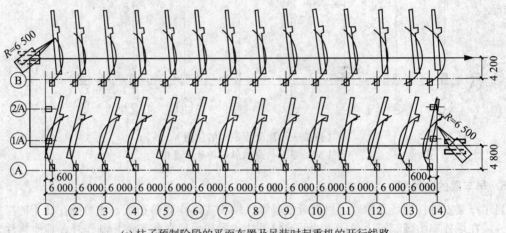

(a) 柱子预制阶段的平面布置及吊装时起重机的开行线路

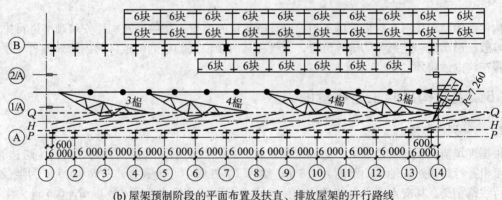

(b) 屋架预制阶段的平面布置及扶直、排放屋架的开行路线

图 4-55　构件平面布置与起重机的开行线路

按图 4-55 的布置方案，起重机的开行路线及构件的安装顺序如下：

起重机首先自Ⓐ轴跨内进场，按⑭→①的顺序吊装Ⓐ轴列柱；其次，转至Ⓑ轴线跨外，按①→⑭的顺序吊装Ⓐ轴列柱；第三，转至Ⓐ轴线跨内，按⑭→①的顺序吊装Ⓐ轴列柱的吊车梁、连系梁、柱间支撑；第四，转至Ⓑ轴线跨内，按①→⑭的顺序吊装Ⓑ轴列柱的吊车梁、连系梁、柱间支撑；第五，转至跨中，按⑭→①的顺序扶直屋架，使屋架、屋面板排放就位后，吊装①轴线的两根抗风柱；第六，按①→⑭的顺序吊装屋架、屋面支撑、大型屋面板、天沟板等；最后，吊装⑭轴线的两根抗风柱后退场。

## 第二部分　项目训练

### 1. 训练目的

通过训练，熟悉厂房钢结构安装方法和工艺流程，掌握钢结构各类构件的安装工艺和技术要求；掌握厂房钢结构安装质量要求。

### 2. 能力标准及要求

根据钢结构施工图制定安装工艺方案；进行钢结构安装质量控制。

### 3. 活动条件

多媒体教室或综合实训室。

### 4. 训练步骤提示

（1）构件安装前的准备工作。
（2）确定单层工业厂房吊装流程。
（3）编制单层工业厂房钢构件吊装方案。

### 5. 项目实施

## 训练 4-2　单层厂房安装方案

【案例 4-3】　结构安装方案编制（工程图见附录 D：钢结构厂房施工图）

**1. 安装前的准备工作**

（1）构件检验：构件进场后必须认真按照图纸要求对构件的编号、外形尺寸、连接螺孔位置及直径等进行全面复核，符合设计图纸和规范要求后方可进入安装作业。

（2）按照安装图纸的要求认真核查构件的数量，并对构件在安装位置就近放置，以便于吊装。

（3）基础复测及放线。钢结构安装前根据土建专业工序交接单及施工图纸对基础的定位轴线、柱基础标高、杯口几何尺寸等项目进行复测与放线，确定安装基准，做好测量记录。基础复测应符合表 4-18 所示的要求。

表 4-18　　　　　　　　　　　　　　基础定位放线允许偏差

| 序号 | 项　目 | | 允许偏差/mm |
|---|---|---|---|
| 1 | 支承面 | 标高 | 3.0 |
| | | 水平度 | $L/1\,000$ |
| 2 | 建筑物定位轴线 | | $L/20\,000$ 且不大于 3.0 |

**2. 钢柱安装**

钢柱的安装应先从有柱间支撑的柱子开始安装，先安装两个钢柱及柱间撑，使其形成体系，

**建筑钢结构制作与安装**

然后再安装其间的吊车梁及屋面梁。

1）吊装前的准备工作

（1）确定安装基准，在基础上做出柱子安装十字中心线，以便于柱子对位检查。

（2）在柱身上做好安装标记，主要包括十字中心线、垂直度检测线、标高检测线等。垂直度检测线应标记两个相互垂直的柱面，标高检测线应以牛腿上表面为基准，在柱身上1.000 m的位置标记测量点，便于安装时进行复测。

（3）基础垫板安装

① 根据基础复测及柱外形检测记录，确定基础垫板的厚度及垫板上表面标高。使得基础标高+垫板厚度+柱底至牛腿上表面高度与牛腿上表面标高一致，以保证吊车梁的安装精度。

② 基础垫板应由一对斜垫铁及数块方垫铁制成，每摞最多不可超过5块。

③ 垫板应设置在靠近柱脚底板加劲板或柱肢下，垫板与基础面的接触应平整紧密。

④ 垫板安装前必须认真清理基础，用水准将垫板标高找平后，将垫铁临时固定，以防滑动。

⑤ 使用成对斜垫板时，两块垫板斜度应相同，且重合长度不应少于垫板长度的2/3。

（4）安装前在柱身上绑扎作业用爬梯、吊框、吊索具、拖拉绳等，便于安装。

2）柱的吊装

选用适当的吊车性能参数，采用旋转法缓慢起吊钢柱，然后使柱缓缓就位。

3）柱的校正

首先应将柱十字中心线与基础中心线对正，用楔块初步固定，然后复测调整柱标高，再调整柱垂直度。在校正柱时，各项指标应综合调整，直至各项指标调整合格为止。调整完成后，将垫板与柱底板焊接，将柱用拖拉绳及楔块固定。再复测各项指标，确认合格。

4）柱的测量

（1）钢柱测量时应排除阳光侧面照射所引起的偏差。

（2）应根据气温控制垂直度偏差并应符合如下规定：

① 当气温接近年平均气温时，柱垂直度应控制在0附近。

② 当气温高于或低于年平均气温时，应以每个伸缩段设柱间支撑的柱为基准，垂直度校正至接近0。当气温高于平均气温（夏季）时，其他柱应倾向基准点相反方向；当气温低于平均气温（冬季）时，其他柱应倾向基准点方向。

5）柱安装允许偏差

柱的安装允许偏差如表4-19所示，第1根钢柱安装完成后，应随即安装相邻钢柱，然后安装柱间支撑使之形成稳定体。

6）二次灌浆

柱子调整固定合格后，交土建单位进行二次灌浆。二次灌浆的振捣要求平缓且不能碰撞钢柱。二次灌浆后要复测柱子垂直度，如有问题必须及时进行处理。

7）提交检测记录

所有以上工作完成后，复测钢柱允许偏差项目，提交钢柱安装检测记录。

表 4-19　　　　　　　　　　　　单层钢结构中柱子安装的允许偏差

| 项目 | | 允许偏差/mm | 图例 | 检验方法 |
|---|---|---|---|---|
| 柱脚底座中心线对定位轴线的偏移 | | 5.0 | | 用吊线和钢尺检查 |
| 柱基准点标高 | 有吊车梁的柱 | +3.0 −5.0 | | 用水准仪检查 |
| | 无吊车梁的柱 | +5.0 −8.0 | | |
| 弯曲矢高 | | $H/1\,200$，且不应大于 15.0 | | 用经纬仪或拉线和钢尺检查 |
| 柱轴线垂直度 | 单层柱 $H\leqslant10$ m | $H/1\,000$ | | 用经纬仪或吊线和钢尺检查 |
| | 单层柱 $H>10$ m | $H/1\,000$，且不应大于 25.0 | | |
| | 多节柱 单节柱 | $H/1\,000$，且不应大于 10.0 | | |
| | 多节柱 柱全高 | 35.0 | | |

#### 3. 吊车梁的安装

1）支座板安装

安装前复测牛腿上表面标高合格，在钢牛腿上放出支座板的定位线，在定位线上安装支座板，在支座板上放出吊车梁的定位线。

2）吊车梁安装

吊车梁的安装应从有柱间支撑的跨间开始，吊装后的吊车梁要进行临时固定。吊车梁吊装时两头需用溜绳控制，以防碰撞柱；就位时要缓慢落钩，以便对线。在纵轴方向不得用撬杠撬动吊车梁，以防因柱轴线方向刚度差使柱弯曲产生垂直偏差。吊车梁吊装时应基本对位吊装，与柱子做临时拉结，不可做最终固定，以免影响屋面结构的安装质量。

3）吊车梁调整

167

屋面结构安装完成后对吊车梁进行调整固定，吊车梁调整时应从有柱间撑的节间开始，逐步向外扩散固定，调整一个，固定一个。吊车梁校正的主要项目为顶面标高、垂直度和平面位置等。吊车梁安装允许偏差如表4-20所示。

表4-20 吊车梁安装允许偏差

| 项　目 | | 允许偏差/mm | 检查方法 |
|---|---|---|---|
| 梁跨中垂直度 | | $h/500$ | 用吊线或钢尺检查 |
| 侧向弯曲矢高 | | $L/1\,500$，且$\leqslant 10.0$ | 用拉线和钢尺检查 |
| 垂直上拱矢高 | | 10.0 | |
| 两端支座中心位移 | 安装在钢柱上时对牛腿中心的偏移 | 5.0 | |
| | 安装在混凝土柱上是对定位轴线的偏移 | 5.0 | |
| 同跨间横截面吊车梁顶面高差 | 支座处 | 10.0 | 用经纬仪、水准仪和钢尺检查 |
| | 其他处 | 15.0 | |
| 同跨间同一横截面下挂式吊车梁底面高差 | | 10.0 | |
| 同列相邻两柱间吊车梁高差 | | $L/1\,500$，且$\leqslant 10.0$ | 用经纬仪和钢尺检查 |
| 相邻两吊车梁接头部位 | 中心错位 | 3.0 | 用钢尺检查 |
| | 上承式顶面高 | 1.0 | |
| | 下承差式底面高差 | 1.0 | |
| 同跨间任一截面的吊车梁中心跨距 | | ±10.0 | 用经纬仪和光电测距仪检查，距离小时可用钢尺检查 |
| 轨道中心对吊车梁腹板轴线的偏移 | | $t/2$ | 用吊线和钢尺检查 |

4. 屋面结构的安装

屋面梁出厂时是分段出厂的，每跨屋面梁一般分为三段，每段屋面梁间为高强螺栓连接。现场跨内设置可移动式拼装台架，安装前在地面拼装成整体，然后整体吊装。

1）屋面梁的地面拼装

（1）屋面梁地面拼装时，应在地面搭设拼装平台，拼装平台的基础要坚实，拼装平台的不平度应小于5 mm。

（2）在拼装平台上放出构件大样，大样对角线偏差≤2 mm，设定定位基准点，然后设置挡铁。

（3）拼装：在拼装平台上，依次摆放各段屋面梁并调整至符合设计要求，然后临时固定。拼装完毕，检查屋面梁的几何尺寸，合格后进行高强螺栓连接。

2）屋面梁的高空安装

屋面梁吊点位置的确定既要保证方便就位，又要考虑到钢梁的稳定性，防止因钢梁稳定性差吊点位置集中而产生弯曲变形。由于屋面梁较长，吊装宜取 4 点吊装，以防止吊装过程平面内挠曲。

拼装好的屋面梁整体吊装，缓慢就位。就位时用临时螺栓过眼冲将屋面梁校正固定，经检查合格后，进行高强螺栓连接。

3）屋面次梁的安装

每榀屋面梁安装完成后，随即安装屋面次梁及其他次结构，使之形成稳定体。这样依次按顺序安装屋面结构至完毕。

钢屋（托）架、桁架、梁及受压杆件的垂直度和侧向弯曲矢高的允许偏差应符合表 4-21 的规定；墙架、檩条等次要构件安装的允许偏差应符合表 4-22 的规定。

表 4-21　　　　钢屋(托)架、桁架、梁及受压杆件垂直度和侧向弯曲矢高的允许偏差

| 项目 | 允许偏差/mm | | 图例 |
|---|---|---|---|
| 跨中的垂直度 | $h/250$，且不应大于 15.0 | | |
| 侧向弯曲矢高 $f$ | $l \leq 30$ m | $l/1\,000$，且不应大于 10.0 | |
| | 30 m $< l \leq$ 60 m | $l/1\,000$，且不应大于 30.0 | |
| | $l > 60$ m | $l/1\,000$，且不应大于 50.0 | |

表 4-22　　　　墙架、檩条等次要构件安装的允许偏差

| 项目 | | 允许偏差/mm | 检验方法 |
|---|---|---|---|
| 墙架立柱 | 中心线对定位轴线的偏移 | 10.0 | 用钢尺检查 |
| | 垂直度 | $H/1\,000$，且不应大于 10.0 | 用经纬仪或吊线和钢尺检查 |
| | 弯曲矢高 | $H/1\,000$，且不应大于 15.0 | 用经纬仪或吊线和钢尺检查 |
| 抗风桁架的垂直度 | | $h/250$，且不应大于 15.0 | 用吊线和钢尺检查 |
| 檩条、墙梁的间距 | | ±5.0 | 用钢尺检查 |
| 檩条的弯曲矢高 | | $L/750$，且不应大于 12.0 | 用拉线和钢尺检查 |
| 墙梁的弯曲矢高 | | $L/750$，且不应大于 10.0 | 用拉线和钢尺检查 |

注：表中 $H$ 为墙架立柱的高度；$h$ 为抗风桁架的高度；$L$ 为檩条或墙梁的长度。

4) 单层钢结构主体结构的整体垂直度和整体平面弯曲的允许偏差应符合表 4-23 中的规定。

表 4-23 整体垂直度和整体平面弯曲的允许偏差

| 项 目 | 允许偏差/mm | 图 例 |
|---|---|---|
| 主体结构的整体垂直度 | H/1 000，且不应大于 25.0 | |
| 主体结构的整体平面弯曲 | L/1 500，且不应大于 25.0 | |

5) 钢平台、钢梯和防护栏杆安装的允许偏差如表 4-24 所示。

表 4-24 钢平台、钢梯和防护栏杆安装的允许偏差

| 项 目 | 允许偏差/mm | 检验方法 |
|---|---|---|
| 平台高度 | ±15.0 | 用水准仪检查 |
| 平台梁水平度 | l/1 000，且不应大于 20.0 | 用水准仪检查 |
| 平台支柱垂直度 | H/1 000，且不应大予 15.0 | 用经纬仪或吊线和钢尺检查 |
| 承重平台梁侧向弯曲 | l/1 000，且不应大于 10.0 | 用拉线和钢尺检查 |
| 承重平台梁垂直度 | H/250，且不应大于 15.0 | 用吊线和钢尺检查 |
| 直梯垂直度 | l/1 000，且不应大于 15.0 | 用吊线和钢尺检查 |
| 栏杆高度 | ±15.0 | 用钢尺检查 |
| 栏杆立柱间距 | ±15.0 | 用钢尺检查 |

6) 现场焊缝组对间隙的允许偏差如表 4-25 所示。

表 4-25 现场焊缝组对间隙的允许偏差

| 项 目 | 允许偏差/mm |
|---|---|
| 无垫板间隙 | +3.0<br>0.0 |
| 有垫板间隙 | +3.0<br>-2.0 |

5. 墙面及屋面围护结构压型金属板的安装工艺

墙面及屋面围护结构压型金属板的安装工艺流程：定位放线→压型金属板检查配料→铺设压型金属板并固定→收边包角等安装→涂防水密封胶→清理现场。

1）定位放线

（1）定位放线前应对安装面进行测量，对达不到要求的部分提出修改。对施工偏差做出记录，并针对偏差提出相应的安装措施。

（2）根据排板图确定排板起始线的位置，在檩条或支承构件上标定起点，然后在板的宽度方向每隔几块板标记一次，以限制和检查板的宽度安装偏差积累情况。标定墙板支承面的垂直度，以保证形成墙面的垂直度。

（3）放线时应保证墙板及屋面板在支承构件上的搭接长度符合本标准的要求。

（4）墙板及屋面板安装完成后应对配件的安装作二次放线，以保证檐口、门窗口和屋脊线、转角线等的水平和垂直度。

2）铺设压型金属板并固定

（1）搭设局部脚手架，由下往上地顺序安装墙板。铺设的起始应注意常年的风向，板肋搭接需与常年风向相背。即应以常年风向尾部开始铺设。

（2）屋面压型板

① 屋面压型板的做法，如图 4-56 所示。

② 屋面板采取由檐口处向屋脊方向的顺序安装，安装时须注意压型金属板的横平竖直。如图 4-57，图 4-58 所示。

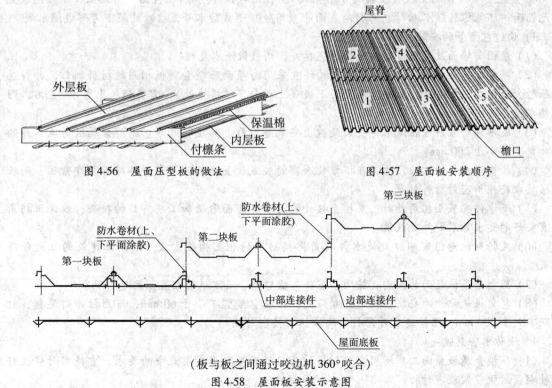

图 4-56  屋面压型板的做法

图 4-57  屋面板安装顺序

（板与板之间通过咬边机 360°咬合）

图 4-58  屋面板安装示意图

③ 山墙处屋面板需裁剪而剪去板肋时，必须将余下的波谷平板沿板长度方向上板，使板边形成 30 mm 高的假肋以防水，并在靠近假肋处用 30 mm 六角头钉在波谷将板与檩条固定，并在螺钉周边打上硅胶。

④ 实测安装所需板材的实际长度，按实测长度核对对应板号的板材长度，需要时对该板进行剪裁。

⑤ 将板材提升到位，依照排板起始线放置，在压型金属板长度方向的两端划出该处安装节点的构造长度，用紧固件固定两端，再依次从左（右）至右（左）、自下而上安装其他板。

⑥ 安装到下一放线标志点处，复查板材安装的偏差，当满足要求后进行板材的全面紧固。不能满足要求时应在下一标志段内调整。当在本标志段内可调整时，应在调整本标志段后再全面紧固。

固定螺钉要与檩条垂直，并对准檩条中心，打钉前应划线，使钉打在一条直线上。螺钉的固定：螺钉固定必须从板的铺设起端开始，随板铺设方向同向逐一固定螺钉。切勿从相反方向往板铺设的起始端打钉，以免板固定时造成的累积误差无法消化而在板扣合处形成大缝或扣合不严。

⑦ 本标识段安装完成后，应及时检查有无遗漏紧固点。

⑧ 压型金属板的横向搭接宜与主导风向一致，搭接不少于一个波；屋面纵向搭接尚不应小于 200 mm，搭接部位宜设通长密封胶带。

⑨ 在紧固自攻螺丝时应掌握紧固的程度，不可过度，过度紧固会使密封垫上翻、甚至将板面压得下凹而积水。

⑩ 屋檐檐口及屋面上板（上板与下板搭接处），需将钢板下弯 80° 左右，可在上、下板间放置三元乙丙—丁基橡胶防水卷材（卷材两表面涂专用胶）形成防水带，檐口处板下弯形成滴水线。

3）收边包角等的安装

（1）屋面与墙面及突出屋面结构等的交接处，均应做泛水处理。

（2）屋脊板、泛水板、堵头板等异型构件宜采用与屋面压型金属板相同的材料制作，并与屋面压型金属板类型相配套。屋脊处及屋面下板（上板与下板搭接处），需将钢板上弯 80° 左右，形成挡水板。

（3）泛水件安装前应在泛水件安装处放出安装基准线，如屋脊线等。压型金属板与泛水件的搭接宽度不小于 200 mm。

（4）检查泛水件的端头尺寸，在搭接处涂密封胶或设置通长密封条，搭接后立即紧固，两板的搭接口处应用密封材料封严。

（5）泛水件安装至拐角处时，应按交接处的泛水件断面形状加工拐角处的接头，以保证拐角处有良好的防水效果和外观效果。

（6）应特别注意门窗洞口处泛水件转角搭接防水的相互构造方法，以保证建筑的立面外观效果。

（7）压型金属板屋面的天沟、檐沟、屋脊、檐口线、泛水板应顺直，无起伏现象。

（8）包角板等配件的安装搭接缝宜顺风向，搭接宽度宜不小于 60 mm，可用拉铆钉连接，钉间距不大于 200 mm，搭接缝及外露钉头均涂抹耐候密封胶。

4）涂防水密封胶

（1）压型金属板屋面工程所用密封材料质量必须满足防水耐用寿命的要求，宜使用耐候性好的硅硐密封胶或聚硫密封胶。

（2）压型金属板直接与檩条或固定支架连接时，应使用带防水密封圈的镀锌螺栓（螺钉）固定。螺栓长度应保证进入檩条或固定支架7 mm以上，沿檩条方向应每波或隔一个波固定。为保证防水可靠，连接件应设置在波峰上。所有外露螺栓（螺钉）头均应涂密封材料保护。

（3）压型金属板与泛水板搭接缝均设通长密封条，压型金属板屋面所有搭接缝处均涂耐候胶密封。用胶封缝时，应将附着面擦干净，以使密封胶在压型金属板上有良好的结合面。

（4）压型金属板屋面施工完后，应观察检查和雨后检验或淋水检验。

5）安装封边板、堵头板等

外框架、电梯洞口等处四周应采用专用的边模、封边板、堵头板等进行封闭，大孔洞四周应按要求进行补强。

# 项目4.3　厂房钢结构安装质量与安全措施

第一部分　项目应知

## 4.3.1　钢结构安装工程质量控制程序

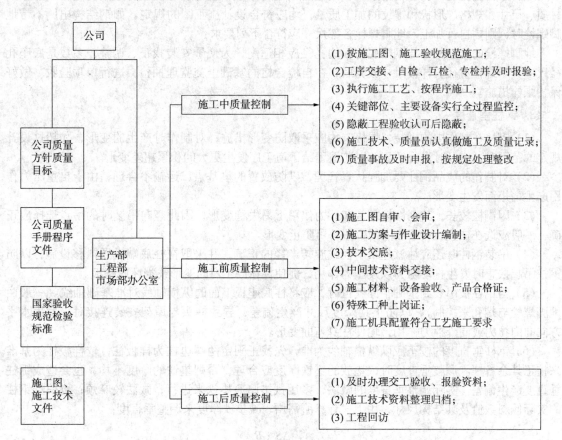

图4-59　施工质量控制程序

## 4.3.2  厂房主体结构安装与质量控制

### 1. 钢柱标高

（1）基础施工时，应按设计施工图规定的标高尺寸进行施工，以保证基础标高的准确性。

（2）安装单位对基础上表面标高尺寸，应结合各成品钢柱的实有长度或牛腿承面的标高尺寸进行处理，使安装后各钢柱的标高尺寸达到一致。这样可避免只顾基础上表面的标高，忽略了钢柱本身的偏差，导致各钢柱安装后的总标高或相对标高不统一。因此，在确定基础标高时，应按以下方法处理：

① 首先确定各钢柱与所在各基础的位置，进行对应配套编号；

② 根据各钢柱的实有长度尺寸（或牛腿承点位置）确定对应的基础标高尺寸；

③ 当基础标高的尺寸与钢柱实际总长度或牛腿承点的尺寸不符时，应采用降低或增高基础上平面的标高尺寸的办法来调整确定安装标高的准确尺寸。

（3）钢柱基础标高的调整应根据安装构件及基础标高等条件来进行。

### 2. 地脚螺栓埋设

地脚螺栓的直径、长度均应按设计规定的尺寸制作；一般地脚螺栓应与钢结构配套出厂，其材质、尺寸、规格、形状和螺纹的加工质量，均应符合设计施工图的规定。如钢结构出厂不带地脚螺栓时，则需自行加工，地脚螺栓各部尺寸应符合下列要求：

地脚螺栓的直径尺寸与钢柱底座板的孔径应相适配，为便于安装找正、调整，多数是底座孔径尺寸大于螺栓直径。样板尺寸放完后，在自检合格的基础上交监理抽检，进行单项验收。做好保护螺栓措施。

### 3. 钢柱垂直度

（1）钢柱在制作中的拼装、焊接，均应采取防变形措施；对制作时产生的变形，如超过设计规定的范围时，应及时进行矫正，以防遗留给下道工序发生更大的积累超差变形。

（2）对制作的成品钢柱要加强认真管理，以防放置的垫基点、运输不合理，由于自重压力作用产生弯矩而发生变形。

（3）因钢柱较长，其刚性较差，在外力作用下易失稳变形，因此竖向吊装时的吊点选择应正确，一般应选在柱全长2/3柱上的位置，可防止变形。

（4）吊装钢柱时还应注意起吊半径或旋转半径的正确，并采取在柱底端设置滑移设施，以防钢柱吊起扶直时发生拖动阻力以及压力作用，促使柱体产生弯曲变形或损坏底座板。

（5）当钢柱被吊装到基础平面就位时，应将柱底座板上面的纵横轴线对准基础轴线（一般由地脚螺栓与螺孔来控制），以防止其跨度尺寸产生偏差，导致柱头与屋架安装连接时，发生水平方向向内拉力或向外撑力作用，均使柱身弯曲变形。

（6）钢柱垂直度的校正应以纵横轴线为准，先找正固定两端边柱为样板柱，依样板柱为基准来校正其余各柱。调整垂直度时，垫放的垫铁厚度应合理，否则垫铁的厚度不均，也会造成钢柱垂直度产生偏差。实际调整垂直度的做法，多用试垫厚薄垫铁来进行，做法较麻烦；可根据钢柱的实际倾斜数值及其结构尺寸，用下式计算所需增、减垫铁厚度来调整垂直度：

$$\delta = \frac{\Delta S \cdot B}{2L} \tag{4-19}$$

式中　$\delta$——垫板厚度调整值，mm；

$\quad\quad\Delta S$——柱顶倾斜的数值，mm；

$\quad\quad B$——柱底板的宽度，mm；

$\quad\quad L$——柱身高度，mm。

（7）钢柱就位校正时，应注意风力和日照温度、温差的影响，以防柱身发生弯曲变形。其预防措施如下：

① 风力对柱面产生压力，使柱身发生侧向弯曲。因此，在校正柱子时，当风力超过 5 级时不能进行。对已校正完的柱子应进行侧向梁的安装或采取加固措施，以增加整体连接的刚性，防止风力作用变形。

② 校正柱子应注意防止日照温差的影响，受阳光照射钢柱的正面与侧面产生温差，发生弯曲变形。由于受阳光照射的一面温度较高，则阳面膨胀的程度就越大，使柱靠上端部分向阴面弯曲就越严重；故校正柱子工作应避开阳光照射的炎热时间，宜在早晨或阳光照射低温较低的时间及环境内进行。

（8）处理钢柱垂直度超偏的矫正措施可参考如下方法：

① 矫正前，需先在钢柱弯曲部位上方或顶端，加设临时支撑，以减轻其承载的重力。

② 单层厂房一节钢柱弯曲矫正时，可在弯曲处固定一侧向反力架，利用千斤顶进行矫正。因结构钢柱刚性较大，矫正时需用较大的外力，必要时可用氧乙炔焰在弯处凸面进行加热后，再加施顶力可得到矫正。

③ 如果是高层结构、多节钢柱某一处弯曲矫正时，与上述中的矫正方法相同，应按层、分节和分段进行矫正。

（9）钢柱与屋架连接安装后再吊装屋面板时，应由上弦中心两坡边缘向中间对称同步进行，严禁由一坡进行，产生侧向集中压力，导致钢柱发生弯曲变形。

（10）未经设计允许，不许利用已安装好的钢柱及与其相连的其他构件作水平曳拉或垂直吊装较重的构件和设备；如需吊装时，应征得设计单位的同意并经过周密的计算，采取有效的加固增强措施，以防止弯曲变形，甚至损坏连接结构。

**4. 钢柱高度**

（1）钢柱在制造过程中应严格控制长度尺寸，在正常情况下应控制以下三尺寸：

① 控制设计规定的总长度及各位置的长度尺寸；

② 控制在允许的负偏差范围内的长度尺寸；

③ 控制正偏差和不允许产生正超差值。

（2）制作时，控制钢柱总长度及各位置尺寸，可参考如下做法：

① 统一进行划线号料、剪切或切割；

② 统一拼接接点位置；

③ 统一拼装工艺；

④ 焊接环境、采用的焊接规范或工艺，均应统一；

⑤ 如果是焊接连接时，应先焊钢柱的两端，留出一个拼接接点暂不焊，留作调整长度尺寸用，待两端焊接结束、冷却后，经过矫正最后焊接接点，以保证其全长及牛腿位置的尺寸正确；

⑥ 为控制无接点的钢柱全长和牛腿处的尺寸正确，可先焊柱身，柱底座板和柱头板暂不焊，一旦出现偏差，在焊柱的底端底座板或上端柱头板前进行调整，最后焊接柱底座板和柱头板。

（3）基础支撑面的标高与钢柱安装标高的调整处理，应根据成品钢柱实际制作尺寸进行，使实际安装后的钢柱总高度及各位置高度尺寸达到统一。

**5. 钢屋架拱度**

（1）钢屋架在制作阶段应按要求进行起拱。

（2）起拱的弧度加工后不应存在应力，并使弧度曲线圆滑均匀；如果存在应力或变形时，应认真矫正消除。矫正后的钢屋架拱度应用样板或尺量检查，其结果要符合施工图规定的起拱高度和弧度；凡是拱度及其他部位的结构发生变形时，一定经矫正符合要求后，方准进行吊装。

（3）钢屋架吊装前应制定合理的吊装方案，以保证其拱度及其他部位不发生变形。因屋架刚性较差，在外力作用下，使上下弦产生压力和拉力，导致拱度及其他部位发生变形。故吊装前的屋架应按不同的跨度尺寸进行加固和选择正确的吊点。否则钢屋架的拱度发生上拱过大或下挠的变形，以至影响钢柱的垂直度。

**6. 钢屋架跨度尺寸**

（1）钢屋架制作时应按施工规范规定的工艺进行加工，以控制屋架的跨度尺寸符合设计要求，其控制方法如下：

用同一底样或模具并采用挡铁定位进行拼装，以保证拱度的正确。为了在制作时控制屋架的跨度符合设计要求，对屋架两端的不同支座应采用不同的拼装形式。具体做法如下：

① 屋架端部 T 形支座要采用小拼焊组合，组成的 T 形座及屋架，经过矫正后按其跨度尺寸位置相互拼装。

② 非嵌入连接的支座，对屋架的变形经矫正后，按其跨度尺寸位置与屋架一次拼装。

③ 嵌入连接的支座，宜在屋架焊接、矫正后按其跨度尺寸位置相拼装，以便保证跨度、高度的正确及便于安装。

④ 为了便于安装时调整跨度尺寸，对嵌入式连接的支座，制作时先不与屋架组装，应用临时螺栓带在屋架上，以备在安装现场安装时按屋架跨度尺寸及其规定的位置进行连接。

（2）吊装前，屋架应认真检查，对其变形超过标准规定的范围时应经矫正，在保证跨度尺寸后再进行吊装。

（3）安装时为了保证跨度尺寸的正确，应按合理的工艺进行安装。

① 屋架端部底座板的基准线必须与钢柱的柱头板的轴线及基础轴线位置一致；

② 保证各钢柱的垂直度及跨距符合设计要求或规范规定；

③ 为使钢柱的垂直度、跨度不产生位移，在吊装屋架前应采用小型拉力工具在钢柱顶端按跨度值对应临时拉紧定位，以便于安装屋架时按规定的跨度进行入位、固定安装；

④ 如果柱顶板孔位与屋架支座孔位不一致时，不宜采用外力强制入位，应利用椭圆孔或扩孔法调整入位，并用厚板垫圈覆盖焊接，将螺栓紧固。不经扩孔调整或用较大的外力进行强制入位，将会使安装后的屋架跨度产生过大的正偏差或负偏差。

**7. 钢屋架垂直度**

（1）钢屋架在制作阶段，对各道施工工序应严格控制质量，首先在拼装底样画线时，应认真检查各零件结构的位置并做好自检、专检，以消除误差；拼装平台应具有足够承载力和水平度，以防承重后失稳下沉导致平面不平，使构件发生弯曲，造成垂直度超差。

（2）拼装用挡铁定位时，应按基准线放置。

（3）拼装钢屋架两端支座板时，应使支座板的下平面与钢屋架的下弦纵横线严格垂直。

（4）拼装后的钢屋架吊出底样（模）时，应认真检查上下弦及其他构件的焊点是否与底模、挡铁误焊或夹紧，经检查排除故障或离模后再吊装，否则易使钢屋架在吊装出模时产生侧向弯曲，甚至损坏屋架或发生事故。

（5）凡是在制作阶段的钢屋架、天窗架，产生各种变形应在安装前、矫正后再吊装。

（6）钢屋架安装应执行合理的安装工艺，应保证如下构件的安装质量：

① 安装到各纵横轴线位置的钢柱的垂直度偏差应控制在允许范围内，钢柱垂直度偏差也使钢屋架的垂直度产生偏差；

② 各钢柱顶端柱头板平面的高度（标高）、水平度，应控制在同一水平面；

③ 安装后的钢屋架与檩条连接时，必须保证各相邻钢屋架的间距与檩条固定连接的距离位置相一致，不然两者距离尺寸过大或过小，都会使钢屋架的垂直度产生超差。

（7）各跨钢屋架发生垂直度超差时，应在吊装屋面板前，用吊车配合来调整处理。

① 首先应调整钢柱达到垂直后，再用加焊厚薄垫铁来调整各柱头板与钢屋架端部的支座板之间接触面的统一高度和水平度；

② 如果相邻钢屋架间距与檩条连接处间的距离不符而影响垂直度时，可卸除檩条的连接螺栓，仍用厚薄平垫铁或斜垫铁，先调整钢屋架达到垂直度，然后改变檩条与屋架上弦的对应垂直位置再相连接；

③ 天窗架垂直度偏差过大时，应将钢屋架调整达到垂直度并固定后，用经纬仪或线坠对天窗架两端支柱进行测量，根据垂直度偏差数值，用垫厚、薄垫铁的方法进行调整。

## 8. 吊车梁垂直度水平度

（1）钢柱在制作时，应严格控制底座板至牛腿面的长度尺寸及扭曲变形，可防止垂直度、水平度发生超差。

（2）应严格控制钢柱制作、安装的定位轴线，可防止钢柱安装后轴线位移，以至吊车梁安装时垂直度或水平度偏差。

（3）应认真搞好基础支承平面的标高，其垫放的垫铁应正确；二次灌浆工作应采用无收缩、微膨胀的水泥砂浆。避免基础标高超差，影响吊车梁安装水平度的超差。

（4）钢柱安装时，应认真按要求调整好垂直度和牛腿面的水平度，以保证下部吊车梁安装时达到要求的垂直度和水平度。

（5）预先测量吊车梁在支承处的高度和牛腿距柱底的高度，如产生偏差时，可用垫铁在基础上平面或牛腿支承面上予以调整。

（6）吊装吊车梁前，防止垂直度、水平度超差应认真检查其变形情况，如发生扭曲等变形时应予以矫正，并采取刚性加固措施防止吊装再变形；吊装时应根据梁的长度，可采用单机或双机进行吊装。

（7）安装时应按梁的上翼缘平面事先划的中心线，进行水平移位、梁端间隙的调整，达到规定的标准要求后，再进行梁端部与柱的斜撑等连接。

（8）吊车梁各部位置基本固定后应认真复测有关安装的尺寸，按要求达到质量标准后，再进行制动架的安装和紧固。

（9）防止吊车梁垂直度、水平度超差，应认真搞好校正工作。其顺序是首先校正标高，其他项目的调整、校正工作，待屋盖系统安装完成后再进行校正、调整。这样可防止因屋盖安装引起钢柱变形而直接影响吊车梁安装的垂直度或水平度的偏差。

（10）钢吊车梁安装的允许偏差应符合设计或现行规范的规定。

### 9. 吊车轨道安装

（1）安装吊车梁时应按设计规定进行安装，首先，应控制钢柱底板到牛腿面的标高和水平度，如产生偏差，应用垫铁调整到所规定的垂直度。

（2）吊车梁安装前后不许存在弯曲、扭曲等变形。

（3）固定后的吊车梁调整程序应合理：一般是先就位作临时固定，调整工作要待钢屋架及其他构件完全调整固定好后进行。否则其他构件安装调整将会使钢柱（牛腿）位移，直接影响吊车梁的安装质量。

（4）吊车梁的安装质量，要受吊车轨道的约束，同时吊车梁的设计起拱上挠值的大小与轨道的水平度有一定的影响。

（5）吊车轨道在安装前应严格复测吊车梁的安装质量，使其上平面的中心线、垂直度和水平度的偏差数值，控制在设计或施工规范的允许范围内；同时对轨道的总长和分段（接头）位置尺寸分别测量，以保证全长尺寸、接头间隙的正确。

（6）安装轨道时为了保证各项技术指标达到设计和现行施工规范的标准，应做到如下要求：

① 轨道的中心线与吊车梁的中心线应控制在允许偏差的范围内，使轨道受力重心与吊车梁腹板中心的偏移量不得大于腹板板厚的1/2。调整时，为达到这一要求，应使两者（吊车梁及轨道）同时移动，否则不能达到这一数值标准。

② 安装调整水平度或直线度用的斜、平垫铁与轨道和吊车梁应接触紧密，每组垫铁不应超过2块；长度应小于100 mm；宽度应比轨道底宽10～20 mm；两组垫铁间的距离不应小于200 mm；垫铁应与吊车梁焊接牢固。

③ 为使安装后的轨道水平度、直线度符合设计或规范的要求，固定轨道、矩形或桥形的紧固螺栓应有防松措施，一般在螺母下应加弹簧垫圈或用副螺母，以防吊车工作时在荷载及振动等外力作用下使螺母松脱。

### 10. 水平支撑安装

（1）严格控制下列构件制作、安装时的尺寸偏差：

控制钢屋架的制作尺寸和安装位置的准确；控制水平支撑在制作时的尺寸不产生偏差，应根据连接方式采用下列方法予以控制：

① 如采用焊接连接时，应用放实样法确定总长尺寸；

② 如采用螺栓连接时，应通过放实样法制出样板来确定连接板的尺寸；

③ 号孔时应使用统一样板进行；

④ 钻孔时要使用统一固定模具钻孔；

⑤ 拼装时，应按实际连接的构件长度尺寸、连接的位置，在底样上用挡铁准确定位进行拼装；为防止水平支撑产生上拱或下挠，在保证其总长尺寸不产生偏差的条件下，可将连接的孔板用螺栓临时连接在水平支撑的端部，待安装时与屋架相连。如水平支撑的制作尺寸及屋架的安装位置都能保证准确时，也可将连接板按位置先焊在屋架上，安装时可直接将水平支撑与屋架孔板连接。

（2）吊架时，应采用合理的吊装工艺，防止产生弯曲变形，导致其下挠度的超差。可采用以下方法防止吊装变形：如十字水平支撑长度较长、型钢截面较小、刚性较差，吊装前应用圆木杆等材料进行加固；吊点位置应合理，使其受力重心在平面均匀受力，吊起时不产生下挠为准。

（3）安装时应使水平支撑稍作上拱略大于水平状态与屋架连接，使安装后的水平支撑即可消除下挠；如连接位置发生较大偏差不能安装就位时，不宜采用牵拉工具，用较大的外力强行入位连接，否则不但会使屋架下弦侧向弯曲或水平支撑发生过大的上拱或下挠，还会使连接构件存在较大的结构应力。

11. **梁—梁、柱—梁端部节点**

（1）门式刚架跨度≥15 m 时，其横梁宜起拱，拱度可取跨度的 1/500，在制作、拼装时应确保起拱高度，注意拼装胎具下沉影响拼装过程起拱值。

（2）刚架横梁的高度与其跨度之比：格构式横梁可取 1/25～1/15；实腹式横梁可取 1/45～1/30。

（3）采用高强度螺栓，螺栓中心至翼缘板表面的距离，应满足拧紧螺栓时的施工要求。紧固件的中心距，理论值约为 $2.5\,d_0$，考虑施拧方便取 $3\,d_0$。

（4）梁—梁、柱—梁端部节点板焊接时要将两梁端板拼在一起有约束的情况下再进行焊接，变形即可消除。

12. **控制网**

（1）控制网定位方法应依据结构平面而定。矩形建筑物的定位，宜选用直角坐标法；任意形状建筑物的定位，宜选用极坐标法。平面控制点距测点位距离较长、量距困难或不便量距时，宜选用角度（方向）交会法；平面控制点距测点距离不超过所用钢尺的全长，且场地量距条件较好时，宜选用距离交会法。使用光电测距仪定位时，宜选极坐标法。

（2）根据结构平面特点及经验选择控制网点。有地下室的建筑物，开始可用外控法，即在槽边 ±0.000 处建立控制网点，当地下室达到 ±0.000 后，可将外围点引到内部即内控法。

（3）无论内控法或外控法，必须将测量结果进行严密平差，计算点位坐标，与设计坐标进行修正，以达到控制网测距相对中误差小于 $L/25\,000$，测角中误差小于 $2''$。

（4）基准点处预埋 100 mm × 100 mm 钢板，必须用钢针划十字线定点，线宽 0.2 mm，并在交点上打样冲点。钢板以外的混凝土面上放出十字延长线。

（5）竖向传递必须与地面控制网点重合，主要做法如下：

① 控制点竖向传递，采用内控法。投点仪器选用全站仪、激光铅垂仪、光学铅垂仪等。控制点设置在距柱网轴线交点旁 300～400 mm 处，在楼面预留孔 300 mm × 300 mm 设置光靶，为削减铅垂仪误差，应将铅垂仪在 0°，90°，180°，270°的 4 个位置上投点，并取其中点作为基准点的投递点。

② 根据选用仪器的精度情况，可定出一次测得高度，如用全站仪、激光铅垂仪、光学铅垂仪，在 100 m 范围内竖向投测精度较高。

③ 定出基准控制点网，其全楼层面的投点，必须从基准控制点网引投到所需楼层上，严禁使用下一楼层的定位轴线。

（6）经复测发现地面控制网中测距超过 $L/25\,000$，测角中误差大于 $2''$，竖向传递点与地面控制网点不重合，必须经测量专业人员找出原因，重新放线定出基准控制点网。

13. **柱—柱安装**

（1）钢柱安装过程采取在钢柱偏斜方向的一侧打入钢楔或顶升千斤顶，如果连接板的高强度螺栓孔间隙有限，可采取扩孔办法，或预先将连接板孔制作比螺栓大 4 mm，将柱尽量校正到零值，拧紧连接耳板高强度螺栓。

（2）钢梁安装过程直接影响柱垂偏，首先掌握钢梁长度数据，并用2台经纬仪、1台水平仪跟踪校正柱垂偏及梁水平度控制。梁安装过程可采用在梁柱间隙当中加铁楔进行校正柱，柱子垂直度要考虑梁柱焊接收缩值，一般为1.2 mm（根据经验预留值的大小）。梁水平度控制在 $L/1\,000$ 内且不大于10 mm，如果水平偏差过大，可采取换连接板或塞孔重新打孔办法解决。

（3）钢梁的焊接顺序是先从中间跨开始对称地向两端扩展，同一跨钢梁，先安上层梁，再安中、下层梁，把累积偏差减小到最小值。

（4）采用相对标高控制法，在连接耳板上下留15～20 mm间隙，柱吊装就位后临时固定上下连接板，利用起重机起落调节柱间隙，符合标定标高后打入钢楔，点焊固定，拧紧高强螺栓，为防止焊缝收缩及柱自重压缩变形，标高偏差调整为 +5 mm 为宜。

（5）钢柱扭转调整可在柱连接耳板的不同侧面夹入垫板（垫板厚0.5～1.0 mm），拧紧高强度螺栓，钢柱扭转每次调整3 mm。

（6）如果塔吊固定在结构上，测量工作应在塔吊工作以前进行，以防塔吊工作使结构晃动影响测量精度。

### 14. 箱形、圆形柱—柱焊接

（1）钢结构安装前，应进行焊接工艺试验（正温及负温，根据当地情况而定），制定所用钢材、焊接材料及有关工艺参数和技术措施。

（2）箱形、圆形柱—柱焊接工艺按以下顺序进行：

① 在上下柱无耳板侧，由两名焊工在两侧对称等速焊至板厚1/3，切去耳板；

② 在切去耳板侧由2名焊工在两侧焊至板厚1/3；

③ 两名焊工分别承担相邻两侧两面焊接，即1名焊工在一面焊完一层后，立即转过90°，接着焊另一面，而另一面焊工在对称侧以相同的方式保持对称同步焊接，直至焊接完毕；

④ 两层之间焊道接头应相互错开，两名焊工焊接的焊道接头每层也要错开。

（3）阳光照射对钢柱垂偏影响很大，应根据温差大小、柱子端面形状、大小、材质，不断总结经验，找出规律，确定留出预留偏差值。

（4）柱—柱焊接过程，必须采用两台经纬仪呈90°跟踪校正，由于焊工施焊速度、风向、焊缝冷却速度不同，柱—柱节点装配间隙不同，焊缝熔敷金属不同，焊接过程就出现偏差，可利用焊接来纠偏。

## 4.3.3 结构安装工程安全措施

安全隐患是指可导致事故发生的"人的不安全行为，物的不安全状态，作业环境的不安全因素和管理缺陷"等。

根据"人—机—环境"系统工程学的观点分析，造成事故隐患的原因分为三类：即"人"的隐患，"机"的隐患，"环境"的隐患。

在结构安装的施工中，控制"人的不安全行为，物的不安全状态，作业环境的不安全因素和管理缺陷"是保证安全的重要措施。

### 1. 人的不安全行为的控制

人的不安全行为是人的生理和心理特点的反映，主要表现在身体缺陷、错误行为和违纪违章三方面。

（1）有身体缺陷的人不能进行结构安装的作业。

（2）严禁粗心大意、不懂装懂、侥幸心理、错视、错听、误判断、误动作等错误行为。

（3）严禁喝酒、吸烟，不正确使用安全带、安全帽及其他防护用品等违章违纪行为。

（4）加强安全教育、安全培训、安全检查、安全监督。

（5）起重吊装的指挥人员必须持证上岗，作业时应与操作人员密切配合，执行规定的指挥信号。

**2. 吊装机械的控制**

（1）各类起重机应装有音响清晰的喇叭、电铃或汽笛等信号装置。

（2）起重机的变幅指示器、力矩限制器、起重量限制器以及各种行程限位开关等安全保护装置，应完好齐全、灵敏可靠，不得随意调整或拆除。

（3）操作人员应按规定的起重性能作业，不得超载。

（4）严禁使用起重机进行斜拉、斜吊和起吊地下埋设或凝固在地面上的重物以及其他不明重量的物体。

（5）重物起升和下降的速度应平稳、均匀，不得突然制动。

（6）严禁起吊重物长时间悬挂在空中，作业中遇突发故障，应采取措施将重物降落到安全地方，并关闭发动机或切断电源后进行检修。

（7）起重机不得靠近架空输电线路作业。

（8）起重机使用的钢丝绳，应有钢丝绳制造厂签发的产品技术性能和质量证明文件。

（9）履带式起重机如需带载行驶时，载荷不得超过允许起重量的70%，行走道路应坚实平整，并应拴好拉绳，缓慢行驶。

**3. 环境的不安全行为的控制**

（1）操作人员在作业前必须对工作现场环境、行驶道路、架空电线、建筑物以及构件重量和分布情况进行全面了解。

（2）现场施工负责人应为起重机作业提供足够的工作场地，清除或避开起重臂起落或回转半径内的障碍物。

（3）在露天有六级及以上大风、大雨、大雪或大雾等恶劣天气时，应停止起重吊装作业。

# 第二部分　项目训练

**1. 训练目的**

通过训练，掌握钢结构安装过程中质量控制和安全管理方面的知识，能把"安全第一、质量至上"的理念贯彻到工程施工过程中。

**2. 能力标准及要求**

能加深理解安装工艺方案，能根据工程特点制定安装工艺措施，正确实施组织设计中的各项施工技术方案，能根据工程特点制订相应的安全预防措施。

**3. 活动条件**

综合实训室或构件加工厂。

**4. 训练步骤提示**

（1）认真学习国家和地方安全生产的法律法规和《建筑机械使用安全技术规程》（JGJ 33），分组讨论质量控制要点和施工安全隐患。

建筑钢结构制作与安装

（2）分析钢结构安装方案中的质量控制措施。

（3）分组对构件安装过程中的质量措施进行抽查，填写记录。

（4）分组对安装过程安全措施进行抽查，填写记录。

5. 项目实施

## 训练 4-3　钢结构安装工程质量验收

【案例 4-4】　钢结构安装工程质量验收

单层厂房钢结构安装分项工程质量验收计划如表 4-26 所示；钢结构安装分项工程检验批质量验收记录表如表 4-27 所示。

表 4-26　　　　　　　　　　单层钢结构安装分项工程验收计划

| 项目 | 项次 | 项目内容 | 规范编号 | 验收要求 | 检验方法 | 检查数量 |
|---|---|---|---|---|---|---|
| 主控项目 | 1 | 基础验收 | 第 10.2.1 | | | |
| | | | 第 10.2.2 | | | |
| | | | 第 10.2.3 | | | |
| | | | 第 10.2.4 | | | |
| | 2 | 构件进场验收 | 第 10.3.1 | | | |
| | 3 | 顶紧接触面 | 第 10.3.2 | | | |
| | 4 | 垂直度和侧弯曲 | 第 10.3.3 | | | |
| | 5 | 主体结构尺寸 | 第 10.3.4 | | | |
| 一般项目 | 1 | 地脚螺栓精度 | 第 10.2.5 | | | |
| | 2 | 标记 | 第 10.3.5 | | | |
| | 3 | 桁架、梁安装精度 | 第 10.3.6 | | | |
| | 4 | 钢柱安装精度 | 第 10.3.7 | | | |
| | 5 | 吊车梁安装精度 | 第 10.3.8 | | | |
| | 6 | 墙檩条等安装精度 | 第 10.3.9 | | | |
| | 7 | 平台等安装精度 | 第 10.3.10 | | | |
| | 8 | 现场组对精度 | 第 10.3.11 | | | |
| | 9 | 结构表面 | 第 10.3.12 | | | |

182

**表 4-27**　　　　　　　　　单层钢结构安装分项工程检验批质量验收记录

| 工程名称 | | 检验批部位 | | 施工执行标准<br>名称和编号 | GB 50205—2001 |
|---|---|---|---|---|---|
| 施工单位 | | 项目经理 | | 专业工长 | |
| 分包单位 | | 分包项目经理 | | 施工班组长 | |

| | 序号 | GB 50205—2001 的规定 | | | 施工单位检查<br>评定记录 | 监理（建设）单位<br>验收结论 |
|---|---|---|---|---|---|---|
| 主控项目 | 1 | 基础验收 | | | | |
| | 2 | 构件进场验收 | | | | |
| | 3 | 设计要求顶紧的节点，接触面不应少于 70% 紧贴，且边缘最大间隙不应大于 0.8 mm | | | | |
| | 4 | 构件垂直度和侧向弯曲矢高偏差 | | | | |
| | 5 | 主体结构的整体垂直度和整体平面弯曲的偏差 | | | | |
| 一般项目 | 1 | 地脚螺栓精度 | | | | |
| | 2 | 钢柱等主要构件的中心线及标高基准点等标记齐全 | | | | |
| | 3 | 当钢桁架（梁）安装的混凝土柱上时，其支座中心对定位轴线的偏差不应大于 10 mm；当采用大型混凝土面电极时，钢桁架（梁）间距的偏差不应大于 10 mm | | | | |
| | 4 | 钢柱安装精度 | | | | |
| | 5 | 吊车梁安装精度 | | | | |
| | 6 | 墙架、檩条等次要构件安装精度 | | | | |
| | 7 | 钢平台、钢梯、防护钢栏杆安装度 | | | | |
| | 8 | 现场安装焊缝组对精度 | 无垫板间隙 | 允许偏差：| +3.0<br>0 | | |
| | | | 有垫板间隙 | 允许偏差：| +3.0<br>0 | | |
| | 9 | 钢结构表面应干净，结构主要表面不应有疤痕、泥沙等污垢 | | | | |

| 施工单位检<br>查评定结果 | 项目专业质量检查员：　　　　　　　　　　　　　　　　　　　　年　月　日 |
|---|---|
| 监理（建设）<br>单位验收结论 | 监理工程师（建设单位项目专业技术负责人）：　　　　　　　　　年　月　日 |

## 【项目训练】

[4-1]　根据附录 C 厂房钢结构工程图，进行构件吊装器具的准备、起重机械的选择。

[4-2]　进行柱吊装平面布置图的绘制。

[4-3]　进行屋架梁吊装平面图的绘制。

[4-4]　编制厂房安装施工方案。

[4-5]　编制附录 C 工程的验收计划，并参照单元 3 项目 3.3 中的格式编写《单层钢结构安装分项工程有关允许偏差验收记录表》。

## 【复习思考题】

[4-1]　建筑钢结构工程常用的起重机械有哪几种类型？

[4-2]　桅杆式起重机有哪些优点与缺点？

[4-3]　履带式起重机有哪些优点？

[4-4]　单层钢结构厂房安装前制定吊装方案时，应考虑哪些因素？

[4-5]　单层钢结构厂房如采用节间综合安装法，其构件吊装顺序通常是怎样的？

[4-6]　单层钢结构厂房吊装机械选择的依据有哪些？

[4-7]　单层钢结构厂房吊装前的技术准备有哪些内容？

[4-8]　单层钢结构厂房吊装前的施工准备有哪些内容？

[4-9]　构件进场后，应做好哪些构件准备工作？

[4-10]　门式刚架制作和安装常见问题有哪些？如何预防和处理？

[4-11]　钢构件吊装工艺有哪些要点？

[4-12]　对于重型吊车梁，在利用钢丝绳捆扎的方法时需要注意哪些问题？

[4-13]　钢屋架现场拼装时，平拼方法有哪些优缺点？

[4-14]　钢屋架现场拼装时，立拼方法有哪些优缺点？

[4-15]　钢结构建筑工程质量控制依据哪些要求具体实施？

[4-16]　高强度螺栓连接如何进行质量检查与评定？

# 单元5

# 多、高层
# 钢结构施工

**单元概述**：钢框架结构是钢结构中常见的一种结构类型。本单元主要是着重于钢框架结构主体的安装工作，主要包括技术资料准备，施工现场布置与工作准备，钢结构安装与质量验收，工程技术资料归档是钢结构施工的最重要一个环节。

**学习目标**：

1. 能按照钢框架的施工流程，并编制相应的施工计划。
2. 能对钢框架结构施工前进行现场的筹划准备工作。
3. 能根据钢框架结构的施工流程，编写各分项工程的施工方案。
4. 能按照钢结构规范，对钢结构进行施工质量的检查。
5. 能对钢框架的施工过程中的资料进行收集和整理。

**学习重点**：多、高层钢结构安装工艺与质量标准。

**教学建议**：本单元教学，宜结合导学项目组织进行自主项目的训练，采用教、学、练相结合的方式。配合多媒体、实物观摩进行钢结构施工工艺和质量检查的学习，可用案例分析、成果评议、小组伙伴学校等形式控制项目训练质量。

# 项目5.1  多、高层钢结构安装工艺

## 第一部分  项目应知

### 5.1.1  施工准备

#### 1. 多、高层钢结构安装特点

多、高层钢结构施工是将工厂生产的钢构件，经运输、中转、堆放、配套后，运抵现场，用吊装设备安装就位后，进行拼装、校正、固定，形成空间受力骨架。根据结构形式的不同，构件施工顺序有所不同。

多、高层建筑物由于高度大，任何主要构件制作和安装的精度，都将直接影响建筑物整体垂直度，型钢和构件的加工安装精度应严格控制，确保整个建筑物内外偏差控制在允许范围内。多、高层钢结构建造过程，离不开工厂制作、土建施工、构件安装三大工序，安装过程与土建施工同时展开，相互穿插，相互关联，形成立体交叉施工，同一垂直面有许多工种同时施工，组织多、高层钢结构施工时，必须充分认识到这一特点，制定施工方案，精心组织施工，确保工程质量。

#### 2. 施工条件准备

1）材料准备

（1）根据施工图，测算各主耗材料（如焊条、焊丝等）的品种、规格和数量，做好订货安排，确定进场时间。

（2）根据施工方案设计、制作工装卡具，确定措施用料、安全防护用品及环境保护器材的品种、规格、数量和进场时间。

（3）根据现场施工安排，编制钢构件制作、运输计划。对于特殊构件的运输，要做好相应的措施并到当地公安、消防部门登记。

（4）对超重超长超宽的构件，还应规定好吊耳的设置，并标出重心的位置。

2）钢构件运输

选择适合的钢构件的运输路线。对扩大拼装的构件运输时，应注意构件的刚度；必要时，应增加搁置点和支架数量。

3）堆场

钢构件堆场的位置力求设置在吊装现场附近，并遵循"重近轻远"的原则。满足钢构件进场堆放、检验、组装和配套供应。

钢构件在吊装现场，一般沿吊车开行路线两侧按轴线就近堆放。其中钢柱和钢屋架等大件放置，应依据吊装工艺作平面布置设计，避免现场二次倒运困难。钢梁、支撑等可按吊装顺序配套供应堆放。钢构件堆放应以不产生超出规范要求的变形为原则。

4）堆放

构件应分规格和型号分类堆放，构件编号宜置于醒目处。构件堆放宜使用垫木，每堆构件堆放高度应视构件情况分别掌握，以安全方便、不损伤构件为原则：平面刚度差的构件（屋架、桁架等）宜竖直几榀组合堆放，榀间用角钢夹住外侧用支架支撑稳定；螺栓、高强度螺栓、栓钉等应堆放在室内，其底层应架空防潮。

每堆构件间应留有一定距离，供构件预检及装卸操作，每隔一定堆数，还应留出装卸机械通行的道路。

5）钢构件检验

钢构件成品出厂，制造单位应提交产品质量证明书和下列技术文件：

（1）设计变更文件、钢构件施工图，并在图中注明修改位置。

（2）制作中对问题处理的协议文件。

（3）所用钢材和其他材料的质量证明书和试验报告（必要时）。

（4）高强度螺栓摩擦系数的实测数据。

（5）在钢结构安装前，应对钢结构构件进行检查，其项目除包含钢结构构件的规格、型号、数量、标记外，还需对运输过程中易产生变形和损坏的部位进行专门检查，并检查制作精度和孔眼位置等。如钢结构构件的变形和缺陷超出允许偏差，处理后必须重新检查。

6）高强度螺栓准备

根据图纸要求，分规格统计所需高强度螺栓的数量并配套供应至现场。应检查其出厂合格证、扭矩系数或紧固轴力（预拉力）的检验报告是否齐全，并按规定做紧固轴力或扭矩系数复验。对钢结构连接件摩擦面的抗滑移系数进行复验。

7）焊接材料准备

钢结构焊接施工前，应对焊接材料的品种、规格、性能进行检查，各项指标应符合现行国家标准和设计要求。检查焊接材料的质量合格证明文件、检验报告及中文标志等。对重要钢结构采用的焊接材料应进行抽样复验，并有复验报告。

**3. 技术准备**

1）图纸会审及设计技术交底

钢结构工程施工前由建设单位组织监理单位、设计单位和施工单位共同进行图纸会审和设计技术交底，明确钢结构体系的力学模型、施工荷载、结构承受的动载及疲劳要求；确定钢结构各节点、构件分节及工厂制作图；分段制作构件满足运输和吊装要求；核对构件的空间安装就位尺寸、标高和相互关系。做好保证结构安全的技术准备，需要时，应进行钢结构安装的施工模拟。

2）编制施工方案与作业指导书

（1）根据本单位施工能力编制施工方案，对特殊或关键部位可编制作业指导书。

（2）建立合理的测量控制网，编制满足构件空间定位精度要求的测量方案。

（3）依承接工程的具体情况，确定钢构件进场检验内容及适用标准，以及钢结构安装单元的划分、施工检验内容、检测标准、检测方法和检测工具。

3）组织必要的工艺试验

组织必要的工艺试验如焊接工艺试验、压型钢板施工及栓钉焊焊接检测工艺试验。尤其要做好新工艺、新材料的工艺试验，作为指导生产的依据。对于栓钉焊焊接工艺试验，应根据栓钉的直径、长度及焊接类型，通过试验确定焊接电流大小和通电时间长短。

4）吊装机具及人员准备

（1）根据结构深化设计图纸，验算钢结构框架安装时构件受力情况，科学地预计可能的变形情况，并采取相应合理的技术措施，保证钢结构安装的顺利进行。

（2）按施工方案要求的精度配置计量器具。

（3）施工方案应经相关部门（企业主管部门和业主或监理）审批。

（4）按经批准的施工方案，对施工人员进行施工交底。

5）协调准备

主要是按合同要求确定与设计、监理、总包、构件制作厂间的工作程序。大型构件运输与相关部门协调；混凝土基础、预埋件、钢构件验收协调；混凝土与钢结构施工交叉施工协调等。

## 5.1.2 多、高层钢结构安装流程

多、高层结构安装示意如图 5-1 所示；多、高层钢结构安装流程如图 5-2 所示。

(a) 构件准备

(b) 构件吊装

(c) 节点连接

(d) 楼面铺设

图 5-1　多、高层结构安装示意图

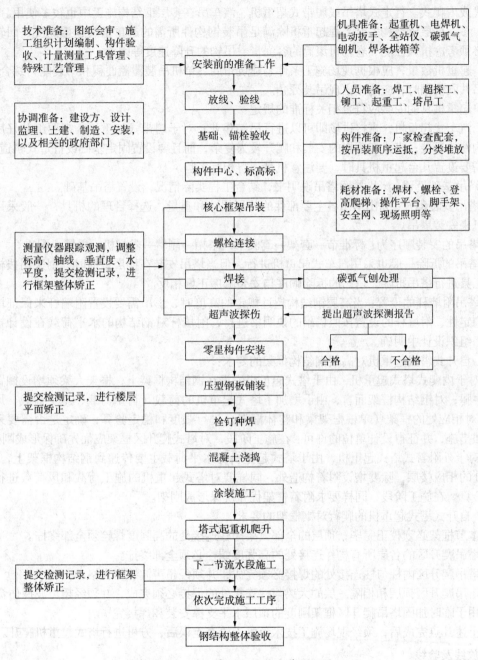

图 5-2 多、高层钢结构安装流程图

## 5.1.3 多、高层钢结构安装

### 1. 吊装设备的选择及安装

起重机应根据工程特点合理选用，通常首选塔式起重机，自升式塔式起重机根据现场情况选择外附式或内爬式。行走式塔吊或履带式超重机、汽车吊在多层钢结构施工中也较多使用。

（1）多、高层钢结构安装工程起重机除满足吊装钢构件所需的起重量、起重高度、回转半径外，还必须考虑抗风性能、卷扬机滚筒的容绳量、吊钩的升降速度等因素。

（2）起重机数量，应根据现场施工条件、建筑布局、单机吊装覆盖面积和吊装能力综合决定；多台塔吊共同使用时，应防止出现吊装死角。

（3）起重机具的安装应符合相关标准的规定：

对于汽车式起重机，直接进场即可以进行吊装作业；对于履带式起重机，需要组装好后才能进行钢构件的吊装；塔式起重机的安装和爬升较为复杂，而且要设置固定基础或行走式轨道基础；当工程需要设置几台起重机具时，要注意机具不得相互影响。

① 塔吊基础设置：严格按照塔吊说明书，结合工程实际情况，设置塔吊基础。

② 塔吊安装爬升：列出塔吊各主要部件的外形尺寸和重量，选择合理的机具，一般采用汽车式起重机来安装塔吊。

③ 塔吊的安装顺序为：标准节→套架→驾驶节→塔帽→副臂→卷扬机→主臂→配重。

④ 塔吊的拆除一般也采用汽车式起重机进行，但当塔吊安装在楼层里面时，则采用拔杆及卷扬机等工具进行塔吊拆除。塔吊的拆除顺序与安装顺序正好相反。

⑤ 塔吊附墙杆的设置：当高层钢结构超过规定的高度时，塔吊需要设置附墙杆来保证塔吊的刚度和稳定性，附墙杆的设置按照塔吊的说明书进行，附墙杆对钢结构的水平荷载在设计技术交底和施工组织设计中明确。

（4）自升式塔式起重机对高层钢结构框架的要求：

① 对于内爬式塔式起重机，由于塔式起重机安设在钢结构框架上，框架大梁须增设搁置爬升架用的牛腿；对钢结构框架而言，由于增加了塔式起重机的荷载（自重荷载、施工荷载、风荷载等），应对相应处的框架（单根框架梁和整体框架）进行强度和稳定验算，确定是否需要采取必要的补强措施，并征得设计单位的许可：在施工阶段，对塔式爬升区框架应优先确保形成刚架。

② 对于外附着式塔式起重机，由于塔式起重机的水平荷载主要传递到钢结构框架上，所以，对附着处的相应楼层，除要增设附着构造外，同样要对塔式起重机的施工荷载和风荷载进行强度和稳定验算。在施工阶段，同样要求附着框架优先确保形成刚架。

（5）自升式塔式起重机的爬行对钢框架的要求

① 本节框架必须校正完毕，顶层的全部大梁与柱连接处的高强度螺栓须全部终拧。

② 塔吊爬升区的各层所有构件连接处的高强度螺栓必须全部终拧。

③ 塔吊爬升区内柱与柱连接处的焊接必须完成，并须经超声波探伤合格。

④ 塔吊爬升区顶层和相隔一层的大梁与柱连接处的焊接必须完成，并须经超声波探伤合格。

⑤ 用于临时加固塔吊爬升区框架刚度的顶层水平支撑安装和焊接完毕。

⑥ 上述几点完成后，须经现场施工技术负责人检查无误后，方可进行塔式起重机爬升。

2. 放线及验线

（1）将柱子定位轴线弹测在柱的基础表面。

（2）高层钢结构地下室部分劲性钢柱，因钢柱的周围都布满了钢筋；调整标高和轴线时，应同土建施工单位协调好交叉作业。

（3）对柱基础进行找平。混凝土柱基础一般预留 50~60 mm 二次灌浆层，在安装前用钢垫板或坐浆承板找平。

当采用钢垫板做支承板时，钢垫板的面积应根据基础混凝土的抗压强度、柱脚底板下二次灌浆前承受的荷载和地脚螺栓的紧固拉力计算确定，垫板与基础面和柱底面的接触应平整、紧密。当采用坐浆承板时，应采用无收缩砂浆。柱子吊装时，砂浆垫板的强度应高于基础混凝土强度一个等级，且砂浆垫块应有足够的面积满足承载的要求。

### 3. 钢框架分段吊装

1）吊装前的准备工作

（1）钢筋混凝土基础完成，并经设计、监理、总包、业主共同验收合格。

（2）各专项施工方案编制审核完成。

（3）施工临时用电用水铺设到位，平面规划按方案完成。

（4）施工机具安装调试验收合格。

（5）构件进场并验收，构件现场检查内容包括数量、质量、运输保护三个方面，为确保安装顺利进行，构件外形尺寸、螺孔大小和间距应做重点检查。超过规范的误差和运输变形，必须在地面上修复完成，以减少高空作业。

（6）各相关工种施工人员已进场。

2）框架流水段的划分

高层钢结构框架，由于制作和吊装的需要，须对整体框架从立面和水平方向划分为若干流水段。立面流水以一节钢柱为单元；平面流水段的划分应考虑钢结构在安装过程中的对称性和稳定性。每个单元以主梁或钢支撑安装成框架为原则，其次是其他构件的安装。可以采用由一端向一端进行的吊装顺序，既有利于安装期间结构的稳定，又有利于设备安装单位的进场施工。

（1）起重机的起重性能（起重量、起重半径、起吊高度）应满足流水段的最重物件的吊装要求。

（2）每一节流水段内柱的长度，应能满足构件制造厂的制作条件和运输堆放条件。

立面流水段作业流程的特点，是为了克服在安装阶段高空的风荷载、塔式起重机的动荷载、安装误差、日照温差、焊接对框架整体稳定和垂直度的影响，为此一定要把柱、梁、支撑等构件先组成框架，然后对框架进行整体校正。这种方法明显地优于一般钢结构框架中对单体柱、梁、桁架进行校正的传统施工习惯，是减少日照温差和焊接变形对框架垂直度影响的有效措施。划分平面流水区须注意下列条件：

① 尽量把抗剪筒体和塔式起重机爬升区划分为一个主要流水区，作为每节框架流水的主要施工重点；

② 余下部分的区域，划分为次要流水区，在相对条件下，它不会影响框架的稳定和塔式起重机的爬升，其进度必须服从主要流水区的进度而展开；

③ 如有一台以上的塔式起重机施工时，还须按其不同的起重半径，根据上述要求划分各自的主要流水区、次要流水区。

3）吊装顺序

多层及高层钢结构吊装，在分段分区的基础上，多采用综合吊装法，其吊装程序一般是：先主要流水区，后次要流水区；先吊框架柱，后吊框架梁与支撑；先吊主要构件，后吊次要构件。平面从中间或某一对称间开始作为标准间，以一个节间的柱网为一个吊装单元，按钢柱→钢梁→支撑的顺序吊装，并向四周扩展，垂直方向由下至上组成稳定结构后，分层安装次要结构。采取对称安装、对称固定的工艺，有利于消除安装误差积累和节点焊接变形，使误差降低到最小程度。当一个片区吊装完毕后，即进行测量、校正、高强度螺栓初拧等工序，待几个片区安装完毕，再对整体结构进行测量、校正、高强度螺栓终拧、焊接。

每节框架吊装时，必须先组成整体框架，即安装阶段基本暂不校正柱垂直度、间距偏差等，只以能满足安装螺栓能进孔为限（当然对明显偏差过大的情况还得进行校正处理），尽量避免单柱长时间处于悬臂状态，使框架尽早形成并增加吊装阶段的稳定性。

在起重机能力允许的情况下，尽量在地面组拼较大的吊装单元，如钢柱与钢支撑、层间柱与钢支撑、钢桁架组拼等，一次吊装就位。

一节柱上一般有 2~4 层梁，梁安装时，应先安装顶层梁，再从下向上依次安装。安装柱与柱之间的主梁时，必须跟踪测量、校正柱与柱之间的距离，并预留安装余量，特别是节点焊接收缩量，达到控制变形、减少或消除附加应力的目的。

同一列柱的钢梁从中间跨开始对称地向两端扩展安装。

多、高层钢结构框架，总体布局可划分为若干节框架（一般以 3~4 层为 1 节），在若干节框架中，存在多数节框架具有结构类型大致相同的情况，把这类框架节归纳为标准节框架，对标准节框架进行分析和研究，并为之制定相应的施工技术方案和实施细则，即能达到事半功倍的效果，只要抓住标准节框架的施工，也就基本上取得多、高层钢结构框架施工的主动权。

如图 5-3 所示为采用履带式起重机跨内开行以综合吊装法吊装两层装配式框架结构的顺序。起重机 I 先安装 C—D 跨间第 1~2 节间柱 1~4、梁 5~8 形成框架后，再吊装楼板 9，接着吊装第 2 层梁 10~13 和楼板 14，完成后起重机后退，依次同次吊装第 2~3，第 3~4 节间各层构件；起重机 Ⅱ 安装 AB，BC 跨柱、梁和楼板，顺序与起重机 I 相同。

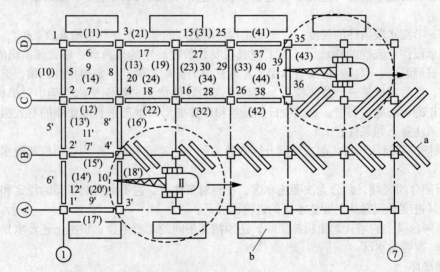

a—柱预制、堆放场地；b—梁板堆放场地；1，2，3…为起重机 I 的吊装顺序；
1′，2′，3′…为起重机 Ⅱ 的吊装顺序；带（ ）的为第二层楼板吊装顺序

图 5-3　履带式起重机跨内综合吊装法（吊装两层梁板结构顺序图）

如图 5-4 为采用 1 台塔式起重机跨外开行采用分层分段流水吊装四层框架顺序，划分为 4 个吊装段进行。起重机先吊装第一吊装段的第二层柱 1~12，再吊装梁 13~28，形成框架。接着吊

装第二吊装段的柱、梁。接着吊装一、二段的楼板。接着进行第三、四段吊装，顺序同前。第一
施工层全部吊装完成后，接着进行上层吊装。

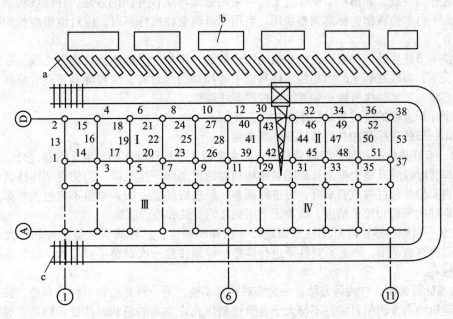

a—柱预制堆放场地；b—梁板堆放场地；c—塔式起重机轨道
Ⅰ，Ⅱ，Ⅲ……为吊装段编号；1，2，3……为构件吊装顺序
图 5-4　塔式起重机跨外分件吊装顺序（一个楼层）

4）吊装时的注意事项

（1）吊装前，应对所有施工人员进行技术交底和安全交底。

（2）严格按照交底的吊装步骤实施作业。

（3）构件必须清理干净，特别是接触面、摩擦面，必须用钢丝刷清除铁锈、污物等。

（4）严格遵守吊装、焊接等操作规程，出现问题按交底内容执行。

（5）严禁在操作规程禁止的风、雨、雪、低温等恶劣气候条件下作业。

（6）钢梁吊装宜采用专用吊具、两点绑扎法吊装，吊升过程中必须保证使钢梁保持水平状态；
一机吊多根钢梁时，绑扎要牢固、安全，便于逐一安装。

### 4. 钢柱吊装

1）钢柱吊升

（1）吊装方法基本与单层钢结构框架柱的吊装类似，允许时，可采用钢柱节点板做吊耳。

（2）柱与柱连接处的四周侧面应对齐，不应有转角产生。

（3）柱与柱连接之处连接面间应留有间隙，当间隙为 1.5 ~ 6 mm 之间时，必须用与母材相匹
配的钢板垫牢。

（4）待柱子初校结束，用夹板把上、下节柱的连接板用安装螺栓拧紧后，方可松开起重吊钩。

2）钢柱校正

包括柱基标高校正、柱基轴线校正、柱身垂直度校正。

（1）柱基标高校正。钢柱基础标高校正主要采用螺母调整和垫铁调整两种方法。螺母调整是根据钢柱的实际长度，在钢柱柱底板下的地脚螺栓上加一个调整螺母，螺母上表面的标高调整到与柱底板底标高一致。如第一节钢柱过重，可采用螺母与垫铁并用的方法，在柱底板下、基础钢筋混凝土面上再加垫铁作为标高调整块用。当用螺母调整柱底标高时，应对地脚螺栓的强度和刚度进行计算。

（2）第一节柱底轴线调整。在柱底板的四个侧面，用样冲眼标出钢柱的中心线。在起重机不松钩的情况下，将柱底板上的中心线与柱基础上的控制轴线对齐，缓慢降落至设计标高位置；如果钢柱中心线与控制轴线有微小偏差，可按控制线调整。

（3）钢柱垂直度的校正与单层钢结构校正类似。

（4）第一节柱顶标高和其他节柱顶标高调整。

① 第一节柱顶标高和其他节柱顶标高误差主要取决于构件制作的精度。除此之外，由于钢柱与钢柱在焊接时收缩及整个框架基础随着结构荷载的增加而产生沉降，而使框架柱柱顶标高发生负偏差。当负偏差超过规范要求时，应进行调整，但也应注意一次调整量不宜过大。第二节及以上节数的钢柱的吊装和校正精度，取决于下层钢柱的安装和校正质量。

② 安装一节钢柱后，应对钢柱顶面进行一次标高测定，其标高误差值应控制在允许值范围内；若超过允许值范围，则必须对柱子进行调整，但须注意一次调整不宜过大，以免影响整个多层框架的标高。

③ 柱顶标高调整，有两种方法。一是相对标高调整，另一种是按设计标高调整。按相对标高安装时，建筑物高度的积累偏差不得大于各节柱制作允许偏差的总和。按设计标高安装时，应以每节柱为单位进行柱标高的调整，将每节接头焊缝的收缩变形和在荷载下的压缩变形值，加到柱的制作长度中去。

④ 钢柱吊装就位后，用大六角高强度螺栓临时固定连接，通过起重机和撬杠微调柱间间隙，量取上下柱顶预先标定的标高值，符合要求后，打入钢楔，拧紧临时固定螺栓，考虑到焊缝及压缩变形，标高偏差调整至 +4 mm 以内。钢柱临时固定后，在柱顶安置水准仪，测量柱顶标高，以设计标高为准，如偏差在设计值的 0 ~ +5 mm 以内，则无需调整；否则，需进行调整，但调整值不得超过 5 mm，以免过大的调整量造成其他构件节点连接的复杂化和安装难度增加。

（5）第二节以上柱轴线调整。上下柱连接应保证柱中心线重合：如有偏差，在柱与柱连接耳板的不同侧面加入垫板，再拧紧临时固定大六角头高强度螺栓，钢柱中心偏差调整每次控制在 3 mm 以内：如偏差过大，应分 2 ~ 3 次进行调整。

注意：上一节柱的定位轴线不允许使用下一节柱的定位轴线，应从控制网轴线引至高空，保证每节钢柱的安装标准一致，避免积累误差。

（6）第二节以上钢柱垂直度校正。钢柱垂直度校正的重点是对钢柱有关尺寸的预检，下层钢柱的柱顶垂直度偏差就是上节钢柱的底部轴线、位移量、焊接变形、日照影响、垂直度及弹性变形的综合。因此，下节钢柱的柱顶垂直度偏差，应严格控制在上节钢柱底部轴线允许位移量之内。还可采取预留垂直度偏差值消除部分误差。预留值大于下节柱积累偏差时，只预留积累偏差值；否则，预留可预留值，其方向与偏差方向相反。

5. 钢框架整体校正

（1）钢框架整体校正主要体现在框架钢柱的校正，主要有两种方法：其一与单层钢结构框架的钢柱校正法类似；其二采用框架整体垂直度校正的方法，即将本节框架内的柱和梁先行安装，然后进行标准柱校正，再校正其他柱。

（2）标准化框架安装。在建筑物核心部分或对称中心，由框架柱、梁、支撑组成刚度较大的框架结构，作为安装基本单元，其他单元依此扩展。

（3）钢框架整体校正：采用纵、横向放置的两台经纬仪对钢柱及钢梁进行观测，校正分两步：第1步，采用无缆风绳校正，在钢柱偏斜方向的一侧打入钢楔或用千斤顶起，在保证单节柱垂直度不超过允许偏差的前提下，将柱顶偏移控制到最小，最后拧紧临时连接耳板的安装螺栓。第2步，安装框架梁，先安装上层梁，再安装中、下层梁，安装过程会对柱垂直度有影响，采用钢丝绳索（只适宜跨内柱）、千斤顶、钢楔、手拉葫芦等进行调整，其他框架柱依标准柱向四周发展，其做法同上。

## 6. 框架梁安装

钢梁吊装宜采用专用吊具，两点绑扎吊装。吊升中必须保证使钢梁保持水平状态。一机吊多根钢梁时绑扎要牢固，安全，便于逐一安装。

同一列柱的钢梁从中间跨开始对称地向两端扩展安装，同一跨钢梁，先安上层梁，再装中、下层梁。在安装柱与柱之间的主梁时，测量必须跟踪校正柱与柱之间的距离，并预留安装余量，特别是节点焊接收缩量。达到控制变形，减小或消除附加应力的目的。

## 7. 柱—柱节点和梁—柱节点的连接

（1）框架梁与柱连接方式有全焊接、全栓接和栓焊混合连接三种方式。

（2）柱与柱节点和梁与柱节点的连接，原则上对称施工，互相协调。每节框架焊接时，应先分析框架柱子的垂直度偏差情况，有目的地选择偏差较大的柱子部位的梁先进行焊接，以使焊接后产生的收缩变形，有助于减少柱子的垂直度偏差。对于焊接连接，一般可以先焊一节柱的顶层梁，再从下向上焊接各层梁与柱的节点，柱与柱的节点可以先焊，也可以后焊。栓焊混合连接一般为先栓，后焊接，螺栓连接从中心轴开始，对称拧紧。钢管混凝土柱焊接接长时，严格按工艺评定要求施工，确保焊缝质量。

## 8. 柱底灌浆

在第一层柱及柱间钢梁安装完成后，即可进行柱底灌浆，灌浆要留排气孔，钢管混凝土施工也要在钢管柱上预留排气孔。

## 9. 其他构件安装并固定

（1）次梁及支撑构件的安装，可根据实际施工情况，逐层安装完成。

（2）每节框架内的钢楼梯及金属压型板，应及时随框架吊装进展而进行安装，这样既可解决局部垂直登高和水平通道问题，又可起到安全隔离层的作用，给施工现场操作带来许多方便。楼面堆放物不能超过钢梁和压型钢板的承载力。

（3）钢构件安装和楼层钢筋混凝土楼板的施工，两项作业相差不宜超过5层；当必须超过5层时，应通过设计单位认可。

## 10. 补漆

（1）补漆为人工涂刷，在钢结构按设计安装就位后进行。

（2）补漆前，应清渣、除锈、去油污、自然风干，并经检查合格。

**【案例5-1】** 多层钢结构安装实例

**1. 工程概况**

某钢结构建筑，总长 82 m，总宽 22.5 m，总高度 19.700 0 m，钢柱最大构件重量为 5 998.7 kg。钢梁最大构件重量为 14 135.8 kg。

**2. 安装前施工准备**

1）塔吊的选用

依据本工程的结构特点、现场场地状况、吊装单元重量、工期等因素，决定采用 1 台 K30/21B 塔式起重机作为吊装的主要设备。塔吊的最大幅度为 60 m，能够满足构件吊装的需要，如表 5-1 所示。

表 5-1             **60 m 臂 K30/21B 起重性能表**

| 60 臂/m | 16.5 | 20 | 22 | 25 | 27 | 30.6 | 31.8 | 32.4 | 35 | 37 | 40 | 42 | 45 | 47 | 50 | 52 | 55 | 57 | 60 |
|---|---|---|---|---|---|---|---|---|---|---|---|---|---|---|---|---|---|---|---|
| 吊重/t | 12 | 13 | 11.7 | 10.1 | 9.27 | 8 | 7.67 | 7.5 | 6.85 | 6.57 | 5.99 | 5.65 | 5.19 | 4.92 | 4.55 | 4.33 | 4.03 | 3.86 | 3.6 |

2）构件、基础的检验

钢柱吊装前，对钢柱的定位轴线、基础轴线和标高、地脚螺栓直径和伸出长度等进行检查（表 5-2）并办理交接验收手续，对钢柱的编号、外形尺寸、螺孔位置及直径、栓钉等，进行全面复核。确认符合设计图纸要求后，划出钢柱上、下端的安装中心线和标高线。

表 5-2             **支承面、地脚螺栓（锚栓）的允许偏差**

| 项　　目 | | 允 许 偏 差/mm |
|---|---|---|
| 支承面 | 标高 | ±3.0 |
| | 水平度 | 1/1 000 |
| 地脚螺栓（锚栓） | 螺栓中心偏移 | 5.0 |
| | 螺栓露出长度 | +30.00 |
| | 螺纹长度 | +30.00 |

**3. 结构安装**

1）钢柱安装

底层钢柱吊装前，必须对钢柱的定位轴线，基础轴线和标高，地脚螺栓直径和伸出长度等进行检查和办理交接验收，并对钢柱的编号、外形尺寸、螺孔位置及直径、承剪板的方位等，进行全面复核。

（1）钢柱安装辅助准备：钢柱起吊前，将吊索具、操作平台、爬梯、溜绳以及防坠器等固定在钢柱上，如图 5-5 所示。

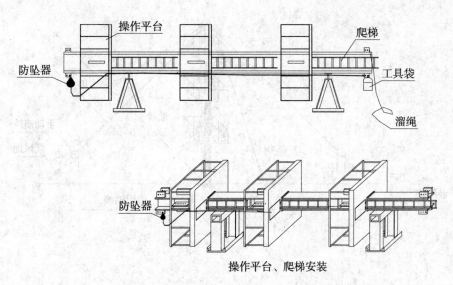

图 5-5 安装操作平台

（2）用钢柱上端连接耳板与吊板进行起吊，由塔吊起吊就位，如图 5-6 所示。

（3）就位调整及临时固定：钢柱标高调整，先在柱身标定标高基准点，然后以水准仪测定其差值，旋动调整螺母以调整柱顶标高，如图 5-7 所示。

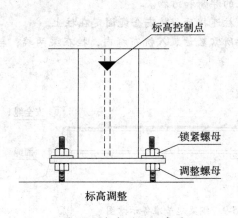

图 5-7 钢柱就位示意图

钢柱垂直度校正，采用水平尺对钢柱垂直度进行初步调整。然后用两台经纬仪从柱的两个侧面同时观测，依靠千斤顶或缆风绳进行调整，如图 5-8 所示。

调整完毕后，将钢柱柱脚螺栓拧紧固定。严禁使用高强螺栓当作临时安装螺栓使用，以免损坏螺纹引起扭矩的变化。安装螺栓不得少于安装总数的 1/3。

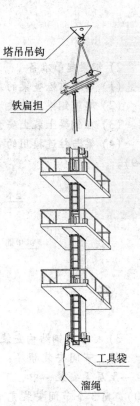

图 5-6 钢柱起吊示意图

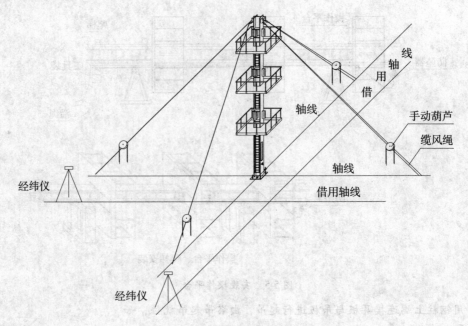

图 5-8　钢柱垂直度的调整

2）钢梁起吊准备

（1）吊装前检查梁的几何尺寸、节点板位置与方向。

（2）起吊钢梁之前要清除摩擦面上的浮锈和污物。

（3）在钢梁上装上安全绳，钢梁与柱连接后，将安全绳固定在柱上。

（4）梁与柱连接用的安装螺栓，按所需数量装入帆布桶内，挂在梁两端，与梁同时起吊（图 5-9）。

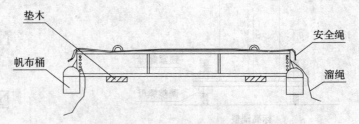

图 5-9　钢梁起吊准备示意图

3）标准层钢结构安装顺序

第 1 节间安装顺序：第 1 根钢柱就位→第 2 根钢柱就位→第 3 根钢柱就位→第 4 根钢柱就位→上层梁安装→中、下层梁安装。第 1 节间安装完成后，依次安装第 2、第 3 节间（图 5-10）。前 3 个节间安装完毕形成稳固的框架后，进行钢柱钢梁整体复测，各相关尺寸无误后进行最终连接。

4）高强度螺栓连接

（1）节点螺栓紧固顺序为：同一平面内紧固顺序为：从中间向两端依次紧固（图 5-11）。

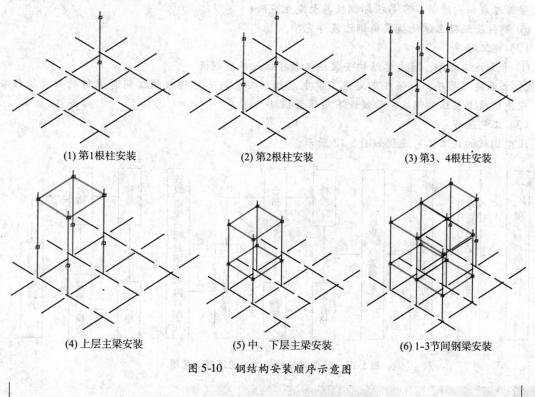

(1) 第1根柱安装　　(2) 第2根柱安装　　(3) 第3、4根柱安装

(4) 上层主梁安装　　(5) 中、下层主梁安装　　(6) 1-3节间钢梁安装

图 5-10　钢结构安装顺序示意图

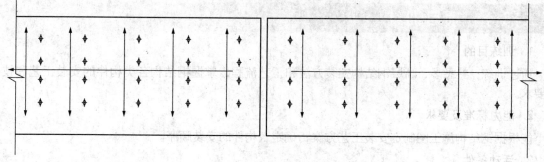

图 5-11　高强度螺栓拧紧顺序

（2）高强度螺栓穿入方向应以便于施工操作为准，设计有要求的按设计要求，框架周围的螺栓穿向结构内侧，框架内侧的螺栓沿规定方向穿入，同一节点的高强螺栓穿入方向应一致。

5）压型钢板施工

（1）施工条件

为配合安装作业顺序，压型钢板铺设前应具备以下条件：

① 主体框架结构焊接完毕并已经超声波探伤合格；

② 主体框架结构焊接完成后，柱垂直度偏差复测合格；

③ 施工层平面次梁安装并终拧全部高强度螺栓；

④ 施工专用操作平台拆除，隔撑已装焊完结；

⑤ 上层平面区部次梁安装前，应先将压型钢板运输至安装位置，若在次梁安装后再吊压型钢

板，势必造成斜向进料，容易损坏钢板甚至发生危险；

⑥ 钢柱及混凝土体处搁置角钢已装焊完毕。

（2）施工顺序

① 平面施工顺序，随主体结构安装施工顺序铺设压型钢板。

② 立面施工顺序，为保证交叉施工前上层钢柱安装与下层楼板施工同时进行的人员操作安全，应先铺设上层压型钢板，后铺设下层压型钢板。

（3）工艺流程

压型钢板的施工工艺流程如图 5-12 所示。

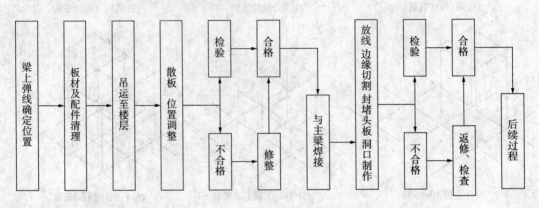

图 5-12　压型钢板的施工工艺流程示意图

# 第二部分　项目训练

## 1. 训练目的

通过训练，熟悉多、高层钢结构安装方法和工艺流程，掌握钢结构各类构件的安装工艺和技术要求。

## 2. 能力标准及要求

能根据钢结构施工图制定安装工艺方案；确定各构件的安装顺序。

## 3. 活动条件

多媒体教室或综合实训室。

## 4. 训练步骤提示

（1）审查钢结构施工图，进行构件统计，计算安装技术指标。

（2）明确钢结构安装工艺，制定安装方案。

（3）选做：对于较复杂结构，应根据结构深化图纸，验算钢结构框架安装时构件受力情况，科学地预计其可能的变形情况，并采取相应合理的技术措施来保证钢结构安装的顺利进行。

## 5. 项目实施

# 训练 5-1　多、高层钢结构安装方案编制

钢柱安装工艺，第 1 节钢柱吊装：吊点设置→起吊钢柱→临时固定→钢柱校正→柱间框架梁

安装→柱底灌浆→下节钢柱连接。

钢柱之间的连接常采用坡口电焊连接。主梁与钢柱间的连接，一般上、下翼缘用坡口电焊连接，而腹板用高强螺栓连接。次梁与主梁的连接基本上是在腹板处用高强螺栓连接，少量再在上、下翼缘处用坡口电焊连接，柱与梁的焊接顺序，先焊接顶部柱、梁节点，再焊接底部柱、梁节点，最后焊接中间部分的柱、梁节点。

坡口电焊连接应先做好准备（包括焊条烘焙、坡口检查、设电弧引入、引出板和钢垫板，并点焊固定，清除焊接坡口、周边的防锈漆和杂物，焊接口预热）。柱与柱的对接焊接，采用2人同时对称焊接，柱与梁的焊接也应在柱的两侧对称同时焊接，以减少焊接变形和残余应力。

对于厚板的坡口焊，打底层焊多用直径4 mm焊条焊接，中间层可用5 mm或6 mm焊条，盖面层多用直径5 mm焊条。三层应连续施焊，每一层焊完后及时清渣。焊缝余高不超过对接焊体中较薄钢板厚的1/10，但也不应大于3.2 mm。焊后当气温低于0℃时，用石棉布保温使焊缝缓慢冷却。焊缝质量检验均按二级以上检验。

# 项目5.2　多、高层钢结构安装质量控制

## 第一部分　项目应知

### 5.2.1　多、高层钢结构安装偏差产生的原因

（1）构件制作偏差及在运输过程中产生的变形。

（2）测量误差。包括设备仪器自身的误差及操作过程产生的误差。

（3）安装过程中因不及时调整产生的累计偏差及后安装构件对已安装构件造成的影响。

（4）现场的焊接变形。主要指钢梁施焊时产生的焊缝横向变形对钢柱垂直度的影响。

（5）自然条件。包括因风力、日晒、昼夜温差造成的构件垂直度偏差。

### 5.2.2　安装误差控制措施

（1）控制构件加工制作质量，及时进行构件进场及安装前检查，做好构件的成品防护，防止构件产生二次变形。

（2）安装前应按照建筑物平面形状、结构形式、安装机械数量和位置等划分施工流水段。考虑结构安装过程中的整体稳定性和对称性，制订结构安装工艺方案，明确构件安装顺序，一个施工流水段的构件尽量由中间向四周展开，以减少焊接和累积误差；重点控制标准柱和标准框架结构体的安装精度，再由标准柱和标准体向四周安装。

（3）柱子安装先调整标高，再调整位移，最后调整垂直度偏差，并应重复上述步骤，直到柱的标高、位移、垂直度偏差符合要求。调整垂直度的缆风绳或支撑夹板，柱起吊前应在地面绑扎好。

（4）安装就位的钢柱、梁应及时校正、固定，并应在当天形成稳定的几何单元空间结构体系。对于多层及高层钢结构，可以一节柱结构楼层或多个节间为几何单元，安装校正完毕后，应及时进行柱、梁节点的固结。

（5）对每根柱子需要重复进行多次校正和观测垂直度偏差值，在起重机脱钩后电焊前进行初校，在焊接接头冷却收缩后进行二次校正，在梁、板安装后进行再次校正，即严格按要求实施测

量三校制度，以免产生误差累积。

（6）制订现场焊接工艺，控制焊接质量，减少因现场焊缝变形不均匀造成的安装偏差。采用合理的施焊方法和工艺措施、掌握焊缝收缩规律，坚持预留预控。

（7）当风力超过 5 级时不要进行校正柱，对已校正完的柱子应进行侧向梁的安装或采取相应的加固措施，以增加整体连接的刚性，防止在风力作用下产生变形。对于温差产生的柱身弯曲变形情况，可采用在吊钢柱的前 1 天，覆盖隔热物，安装第 2 天早晨复核，避开高温施测。

### 5.2.3 构件安装偏差的校正

安装偏差校正主要是纠正构件因安装产生的水平偏差、垂直偏差及标高误差。高层及超高层结构钢柱安装校正时，水平偏差应校正到允许偏差内，垂直偏差宜达到 ±0.000。

水平偏差可采用锲块、斜撑杆、倒链（手拉葫芦）、千斤顶、缆风绳进行调整；垂直度偏差通常由激光垂准仪、经纬仪，标准柱 + 钢尺测得，可采用钢丝绳（只适用跨内柱）、撬棒、倒链、千斤顶等设备进行调整，如图 5-13 所示。

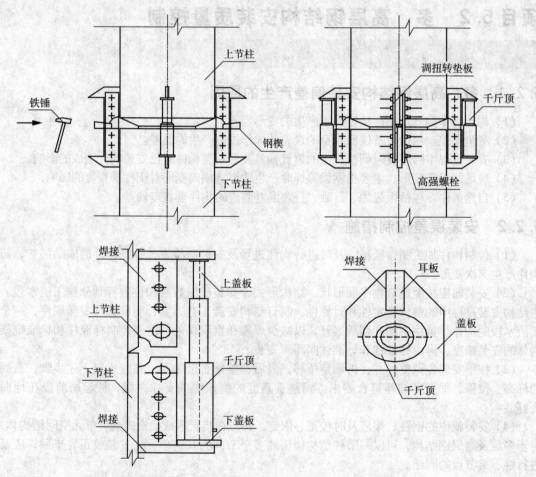

图 5-13　无缆风绳柱安装偏差校正方法示意图

（1）构件安装标高的控制，应事先控制构件的下料长度，估算出构件因焊接收缩及结构在自重作用下的压缩变形量，底层柱标高可采用地脚螺栓调整螺母或设置标高块的方法，上层柱采用相对标高控制法：先找出本层最高、最低差值，确定安装标高（与相对标高控制值相差 5 mm 为宜），主要做法是在连接耳板上、下留 15 ~ 20 mm 间隙，柱吊装就位后临时固定上下连接板，利用起重机起落调节柱间隙，符合标定标高后打入钢楔，点焊固定，拧紧高强度螺栓，为防止焊缝收缩及柱自重压缩变形，标高偏差调整为 + 5 mm 为宜。

（2）钢柱扭转调整可在柱连接耳板的不同侧面夹入垫板（垫板厚 0.5 ~ 1.0 mm），打紧高强度螺栓，钢柱扭转每次调整 3 mm。

（3）垂直偏差调整：钢柱安装过程采取在钢柱偏斜方向的一侧打入钢楔或顶千斤顶，如果连接板的高强度螺栓孔间隙有限，可采取扩孔办法，或预先将连接板孔制作比螺栓大 4 mm，将柱尽量校正到零值，拧紧连接耳板的高强度螺栓。

钢梁安装过程直接影响柱垂偏，首先掌握钢梁长或短的数据，并用 2 台经纬仪、1 台水平仪跟踪校正柱垂偏及梁水平度控制，梁安装过程可采用在梁柱间隙当中加铁楔进行校正柱的方法，柱垂直度要考虑梁柱焊接收缩值，一般为 1 ~ 2 mm（根据经验预留值的大小），梁水平度控制在 $L/1~000$ 内且不大于 10 mm，如果水平偏差过大，可采取换连接板或塞孔重新打孔。

## 5.2.4 测量监控工艺

### 1. 施工测量的重要性

测量工作直接关系整个钢结构安装质量和进度，为此，钢结构安装测量监控应重点做好以下工作：

（1）测量控制网的测定和测量定位依据点的交接与校测。

（2）测量器具的精度要求和器具的检定与校正。

（3）测量方案的编制与数据准备。

（4）建筑物测量验线。

（5）多层与高层钢结构安装阶段的测量放线工作，包括有平面轴线控制点的竖向投递、柱顶平面放线、传递标高、平面形状、复杂钢结构坐标测量、钢结构安装变形监控等。每一环节，都要做好施工先、施工中和施工后的质量控制，详见单元 4 中项目 4.3 的内容。

### 2. 测量器具的检定与校正

为达到符合精度要求的测量成果，全站仪、经纬仪、水平仪、铅直仪、钢尺等，必须经计量部门检定。除按规定周期进行检定外，在检定周期内的全站仪、经纬仪、铅直仪等主要仪器，还应每 2 ~ 3 个月定期检校。

全站仪：在多层与高层钢结构安装中宜采用精度为 2″，3 + 3 ppm 级的全站仪。

经纬仪：宜采用精度为 2″级的光学经纬仪，如是超高层钢结构，宜采用电子经纬仪。

水准仪：按国家三、四等水准测量及工程水准测量的精度要求。

钢卷尺：土建、钢结构制作、钢结构安装、监理单位的钢卷尺，应统一使用经标准计量部门校准的钢卷尺。使用钢卷尺时，应使用统一的拉力值并按检定时的尺长改正数进行尺长改正。

### 3. 建筑物测量验线

钢结构安装前，基础已施工完，为确保钢结构安装质量，施工队伍进场后，应首先复测控制网轴线及标高。

1）轴线复测

（1）复测方法根据建筑物平面形状不同而采取不同的方法，宜选用全站仪进行。

（2）矩形建筑物的验线宜选用直角坐标法。

（3）任意形状建筑物的验线宜选用极坐标法。

（4）对于不便量距的点位，宜选用角度（方向）交会法。

2）验线部位

（1）定位依据桩位及定位条件。

（2）建筑物平面控制网、主轴线及其控制桩。

（3）建筑物标高控制网及 ±0.000 标高线。

（4）控制网及定位轴线中的最弱部位。

3）误差处理

（1）验线成果与原放线成果两者之差若小于 1/1.414 限差时，对放线工作评定为优良。

（2）验线成果与原放线成果两者之差若略小于或等于 1/1.414 限差时，对放线工作评定为合格（可不必改正放线成果或取两者的平均值）。

（3）验线成果与原放线成果两者之差若大于 1/1.414 限差时，原则上不予验收，尤其是关键部位；若次要部位，可令其局部返工。

**4. 测量控制网的建立与传递**

1）建筑物测量基准点的两种测试方法及注意事项

（1）根据施工现场条件，建筑物测量基准点有两种测设方法：

一种方法是将测量基准点设在建筑物外部，俗称外控法。适用于场地开阔的工地，根据建筑物平面形状，在轴线延长线上设立控制点。控制点一般距建筑物（0.8～1.5）H（建筑物高度）处，每点引出两条交会的线组成控制网，并设立半永久性控制桩。建筑物垂直度的传递，都从该控制桩引向各楼面。

另一种测设方法是将测量控制基准点设在建筑物内部，俗称内控法。适用于场地狭窄、无法在场外建立基准点的工地。控制点的多少，由建筑物平面形状决定。当从地面或底层把基准线引至楼面时，遇到楼板要留孔洞，最后修补该孔洞。

上述基准控制点测设方法可混合使用，但不论采取何种方法测设，都应做到以下三点：

为减少不必要的测量误差，从钢结构制作、基础放线到构件安装，应该使用统一型号、经过统一校核的钢尺；各基准控制点、轴线、标高等都要进行三次或以上的复测，以误差最小为准。要求控制网的测距相对误差小于 1/25 000，测角误差小于 2″；设立控制网，提高测量精度。基准点处宜用钢板，埋设在混凝土中，并在旁边做好醒目的标识。

2）平面轴线控制点的竖向传递

地下部分：一般高层钢结构工程，地下部分 1～4 层深，对地下部分，可采用外控法，建立井字形控制点，组成平面控制网，并测设出纵横轴线。

地上部分：控制点的竖向传递采用内控法，投递仪器采用激光铅直仪。在地下部分钢结构工程施工完成后，利用全站仪，将地下部分的外控点引测到 ±0.000 m 楼面，在 ±0.000 m 处楼面形成井字形内控点。在设置内控点时，为保证控制点间相互通视和向上传递，应避开柱、梁位置。在把外控点向内控点引测过程中，其引测必须符合国家标准工程测量规范中的相关规定。地上部分控制点的向上传递过程是：在控制点架设激光铅直仪，精密对中整平；在控制点的正上方，在传递控制点的楼层预留孔 300 mm × 300 mm 上，放置一块有机玻璃做成的激光接收靶，通过移动激光接收靶将控制点传递到施工作业楼层上；然后，在传递好的控制点上架设仪器，复测传递好的控制点，须符合国家标准工程测量规范中的相关规定。

### 5. 柱顶轴线（坐标）测量

利用传递上来的控制点，通过全站仪或经纬仪进行平面控制网放线，把轴线（坐标）放到柱顶上。悬吊钢尺传递标高：

（1）利用标高控制点，采用水准仪和钢尺测量的方法引测。

（2）多层与高层钢结构工程一般用相对标高法进行测量控制。

（3）根据外围原始控制点的标高，用水准仪引测水准点至外围框架钢柱处，在建筑物首层外围钢柱处确定 + 1.000 m 标高控制点，并做好标记。

（4）从做好标记并经过复测合格的标高点处，用钢尺垂直向上量至各施工层，在同一层的标高点应检测相互闭合，闭合后的标高点则作为该施工层标高测量的后视点，并做好标记。

（5）当超过钢尺长度时，另布设标高起始点，作为向上传递的依据。

### 6. 钢柱垂直度测量

钢柱垂直度测量一般选用经纬仪。用两台经纬仪分别架设在引出的轴线上，对钢柱进行测量校正。当轴线上有其他障碍物阻挡时，可将仪器偏离轴线 150 mm 以内。

当某一片区的钢结构吊装形成框架后，对这一片区的钢柱再进行整体测量校正。钢柱焊接前、后均应测定轴线偏差。地下钢结构吊装前，用全站仪、水准仪检测柱脚螺栓的轴线位置，复测柱基标高及螺栓的伸出长度，设置柱底临时标高支承块。

### 7. 对钢结构安装测量的要求

（1）检定仪器和钢尺保证精度。

（2）基础验线。根据提供的控制点，测设柱轴线，并闭合复核。在测设柱轴线时，不宜在太阳暴晒下进行，钢尺应先平铺摊开，待钢尺与地面温度相近时，再进行量距。

（3）主轴线闭合、复核：检验主轴线应从基准点开始。

（4）水准点施测、复核：检验水准点用闭合法，闭合差应小于允许偏差。

（5）根据场地情况及设计与施工的要求，合理布置钢结构平面控制网和标高控制网。

（6）钢结构安装工程中的测量工作必须按照一定的顺序，贯穿于整个钢结构安装施工过程中，才能达到质量的预控目标。

（7）建立钢结构安装测量的"三校制度"。钢结构安装测量经过基准线的设立，平面控制网的投测、闭合，柱顶轴线偏差值的测量及柱顶标高的控制等一系列的测量准备，到钢柱吊装就位，由钢结构吊装过渡到钢结构校正。

初校：初校的目的要保证钢柱接头的相对对接尺寸，在综合考虑钢柱扭曲、垂直度偏差、标高等安装尺寸的基础上，保证钢柱的就位尺寸。

重校：重校的目的是对柱的垂直度偏差、梁的水平度偏差进行全面调整，达到标准要求。

高强度螺栓终拧后的复校：目的是掌握高强度螺栓终拧时钢柱发生的垂直度变化。这种变化，一般用下一道焊接工序的焊接变形来调整。

焊后测量：对焊接后的框架柱及梁进行全面测量，编制单元柱（节柱）实测资料，确定下一节钢结构吊装的预控数据。

通过以上钢结构安装测量程序的运行，测量要求的贯彻、测量顺序的执行，使钢结构安装的质量自始至终都处于受控状态，以达到不断提高钢结构安装质量的目的。

8）沉降、位移和变形监测

为了在钢结构安装施工过程中对钢屋盖关键构件在施工过程中的沉降、位移和变形情况进行连续不间断监测，以便及时对支撑系统和重要杆件的位移、变形量及其设计参数的符合程度进行评估，对结构构件、节点、支撑的损伤进行监测，对结构的变形状态和整体震动进行实测，应设置沉降、位移和变形监测系统进行自检和动态控制，对钢屋盖施工过程进行系统监测。

## 5.2.5　多、高层钢结构安装质量验收

（1）建筑物的定位轴线、基础上柱的定位轴线和标高、地脚螺栓（锚栓）的规格和位置、地脚螺栓（锚栓）紧固，应符合设计要求。当设计无要求时，应符合表5-3的规定。

表5-3　建筑物定位轴线、基础上柱的定位轴线和标高、地脚螺栓（锚栓）的允许偏差

| 项　　目 | 允许偏差/mm | 图　　例 |
|---|---|---|
| 建筑物定位轴线 | $L/20\,000$，且不应大于3.0 | |
| 基础上柱的定位轴线 | 1.0 | |
| 基础上柱底标高 | ±2.0 | |
| 地脚螺栓（锚栓）位移 | 2.0 | |

（2）柱子安装的允许偏差应符合表5-4规定。

表 5-4                                    柱子安装的允许偏差

| 项　目 | 允许偏差/mm | 图　例 |
|---|---|---|
| 底层柱柱底轴线对定位轴线偏移 | 3.0 | |
| 柱的定位轴线 | 1.0 | |
| 单节柱的垂直度 | $h/1\,000$，且不应大于 10.0 | |

（3）多层及高层钢结构主体结构的整体垂直度和整体平面弯曲的允许偏差，应符合表 5-5 规定。

表 5-5                             整体垂直度和整体平面弯曲的允许偏差

| 项　目 | 允许偏差/mm | 图　例 |
|---|---|---|
| 主体结构的整体垂直度 | $(H/2\,500+10.0)$，且不应大于 50.0 | |
| 主体结构的整体平面弯曲 | $L/1\,500$，且不应大于 25.0 | |

（4）钢构件安装的允许偏差，应符合表 5-6 的规定。

（5）主体结构总高度的允许偏差，应符合表 5-7 的规定。

（6）钢主梁、次梁及受压杆件的垂直度和侧向弯曲矢高的允许偏差应符合单层钢结构安装工程中有关钢屋（托）架的允许偏差。

（7）多层及高层钢结构中钢吊车梁或直接承受动力荷载的类似构件安装允许偏差；多层及高层钢结构中檩条、墙架等次要构件安装的允许偏差；钢平台、钢梯和防护栏杆安装的允许偏差；多层及高层钢结构中现场焊缝组对间隙的允许偏差，均采用与单层钢结构工程中相应构件安装的允许偏差要求。

（8）多层及高层钢结构安装分项工程检验批质量验收记录如表 5-8 所示。

表 5-6 多层及高层钢结构中构件安装的允许偏差

| 项 目 | 允许偏差/mm | 图 例 | 检验方法 |
|---|---|---|---|
| 上、下柱连接处的错口 Δ | 3.0 | | 用钢尺检查 |
| 同一层柱的各柱顶高度差 Δ | 5.0 | | 用水准仪检查 |
| 同一根梁两端顶面的高差 Δ | 1/1 000，且不应大于 10.0 | | 用水准仪检查 |
| 主梁与次梁表面的高差 Δ | ±2.0 | | 用直尺和钢尺检查 |
| 压型金属板在钢梁上相邻列的错位 Δ | 15.00 | | 用直尺和钢尺检查 |

表 5-7 多层及高层钢结构主体结构总高度的允许偏差

| 项 目 | 允许偏差/mm | 图 例 |
|---|---|---|
| 用相对标高控制安装 | $\pm \sum (\Delta h + \Delta z + \Delta w)$ | |
| 用设计标高控制安装 | $H/1 000$，且不应大于 30.0；$-H/1 000$，且不应小于 $-30.0$ | |

注：$\Delta h$ 为每节柱子长度的制造允许偏差；$\Delta z$ 为每节柱子长度受荷载后的压缩值；$\Delta w$ 为每节柱子接头焊缝的收缩值。

表5-8　　　　　　　　　　多层及高层钢结构安装分项工程检验批质量验收记录

| 工程名称 | | 检验批部位 | | 施工执行标准名称及编号 | |
|---|---|---|---|---|---|
| 施工单位 | | 项目经理 | | 专业工长 | |
| 分包单位 | | 分包项目经理 | | 施工班组长 | |
| 序号 | | GB 50205—2001 | | 施工单位检查评定记录 | 监理（建设）单位验收记录 |
| 主控项目 | 1 | 基础验收 | | | |
| | 2 | 构件进场验收 | | | |
| | 3 | 设计要求顶紧的节点，接触面不少于70%紧贴，且边缘最大间隙不应大于0.8 mm | | | |
| | 4 | 构件垂直度和侧向弯曲矢高偏差 | | | |
| | 5 | 主体结构的整体垂直度和平面弯曲的偏差 | | | |
| 一般项目 | 1 | 地脚螺栓精度 | | | |
| | 2 | 钢柱等主要的构件的中心线及标高基准点等标记齐全 | | | |
| | 3 | 当钢桁架（梁）安装在混凝土柱上时，其支座中心对定位轴线的偏差不应大于10 mm；当采用大型混凝土屋面板时，钢梁（或桁架）间距的偏差不应大于10 mm | | | |
| | 4 | 主体结构高度偏差 | | | |
| | 5 | 吊车梁安装精度 | | | |
| | 6 | 墙架、檩条等次要构件安装精度 | | | |
| | 7 | 钢平台、钢梯、防护钢栏杆安装精度 | | | |
| | 8 | 现场安装焊缝组装精度 | | | |
| | 9 | 钢结构表面应干净，结构主要表面不应有焊疤、泥沙等污垢 | | | |
| 施工单位检查评定结果 | 项目专业质检员： | | | | 年　月　日 |
| 监理（建设）单位验收结论 | 监理工程师（建设单位项目技术负责人）： | | | | 年　月　日 |

## 第二部分　项目训练

### 1. 训练目的

熟悉钢结构质量验收规范，掌握质量验收内容，掌握质量验收程序及方法。

2. 能力标准及要求

能够熟练使用验收工具，能够正确处理验收成果。

3. 活动条件

提供验收规范，提供质量验收工具。

4. 训练步骤提示

（1）建筑物的定位轴线、基础上柱的定位轴线和标高、地脚螺栓（锚栓）的规格和位置、地脚螺栓（锚栓）紧固质量验收。

（2）柱安装的质量验收。

（3）钢主梁、次梁及受压杆件的质量验收。

（4）多层及高层钢结构主体结构的整体质量验收。

（5）多层及高层钢结构中钢吊车梁或直接承受动力荷载的类似构件的质量验收。

（6）多层及高层钢结构中檩条、墙架等次要构件安装的质量验收。

（7）钢平台、钢梯和防护栏杆安装的质量验收。

（8）多层及高层钢结构中现场焊缝质量验收。

## 【项目训练】

[5-1]　根据附录 D 框架钢结构工程图，选择吊装机械，确定构件吊装工艺。

[5-2]　编制结构安装方案，绘构件安装顺序图。

[5-3]　制订结构安装精度控制方案。

[5-4]　编制结构安装验收计划。

[5-5]　编制多层及高层钢结构安装分项工程质量验收中有关允许偏差检查记录表。

## 【复习思考题】

[5-1]　多、高层钢结构安装前，需要做哪些准备工作？

[5-2]　地脚螺栓产生偏差的主要原因是什么？通常采用什么办法解决？

[5-3]　造成锚栓埋设位置偏移、标高不符、尺寸超差等的原因有哪些，如何处理？

[5-4]　可采取哪些措施来控制基础混凝土浇捣时造成的锚栓偏移现象？

[5-5]　柱底灌浆前，应采取哪些措施来保证灌浆质量？

[5-6]　H 形截面或箱形截面的梁柱连接节点，可采用哪些连接方法进行组合？

[5-7]　梁柱连接根据约束刚度不同，可分为哪几种形式？各有什么特点？

[5-8]　按柱脚节点受力情况不同，可分为哪几种主要形式？施工时应如何区别对待？

[5-9]　多、高层钢结构吊装过程中，有哪些需要注意的地方？

[5-10]　第 1 节钢柱安装时，如何预检定位轴线位置、基顶标高以及锚栓预埋位置？

[5-11]　上下两节钢柱对接前后应采取哪些有效措施来确保垂直度？

[5-12]　吊装就位后，如何调整钢柱的标高、轴线和垂直度？

[5-13]　上一节钢柱的定位轴线从下一节钢柱直接引上，容易造成哪些误差？

[5-14]　高层钢结构立体施工组织设计应注意哪些问题？

[5-15]　进行高层钢结构施工方案设计时，如何根据现场情况选择塔吊类型及附着方式？

[5-16]　建筑钢结构施工控制的目的和控制内容有哪些？

[5-17]　建筑钢结构施工状态检测的目的和内容是什么？

[5-18]　压型钢板与钢筋混凝土组合楼板有哪些特点？其安装要点该如何掌握？

# 单元6
# 大跨度桁架钢结构安装

**单元概述**：本单元主要进行大跨度屋盖结构的现场拼装和整体安装工艺的学习训练；帮助学生了解大跨度屋盖结构安装方法、熟悉拼接以及安装施工工程中的质量验收方法与标准，培养学生对大跨结构的安装操作能力。

**学习目标：**

1. 能审查大跨度钢结构施工图，提出审查意见。
2. 能对大跨度桁架结构的制作质量进行验收。
3. 能进行大跨度桁架结构（立体桁架）的施工现场拼装，能进行质量控制与验收。
4. 能选择合适的结构安装方法和工艺流程，并能进行安装过程质量控制。

**学习重点**：钢桁架的拼装工艺与质量标准；大跨度桁架的安装方法、安装工艺与质量标准。

**教学建议**：本单元属提升内容，宜采用以教师讲解、演示为主，教学练相结合的方式。配合多媒体、实物观摩进行钢结构安装技术的学习，可用案例分析的形式控制项目训练质量。

# 项目6.1　大跨度桁架结构的拼装

## 第一部分　项目应知

大型钢结构限于构件运输条件和现场起重设备的载重能力，在制造厂必须将大构件按需要长度及重量变短，运到施工现场进行拼装。为保证施工现场顺利拼装，应在出厂前对各分段（或分块）进行预拼装。另外，还应根据构件或结构的复杂程度、设计要求或合同协议，需要结构在工厂内进行整体或部分预拼装。

钢结构工程拼装工艺按结构类型不同可分为分段桁架对接预拼装和散件预拼装两种方式。当分段桁架组装完成后能够满足运输要求时，分段桁架在工厂焊接成形后进行对接预拼装，称为分段桁架对接预拼装；当分段桁架焊接成形后的尺寸超过运输条件时，一般采用散件（即杆件和节点）在工厂加工完后进行预拼装，然后把散件直接运到施工现场拼装，称为散件预拼装。

预拼装允许偏差及质量应符合《钢结构工程施工质量验收规范》中预拼装分项的要求。

大跨度桁架需现场拼装、焊接的主要有主桁架、次桁架、支撑系杆等构件。大型桁架结构一般尽可能在地面胎架上进行单榀桁架的组焊，然后吊至柱顶就位后再焊接各榀桁架的横向杆件。如桁架跨度和体重超出吊装机械能力时，一般在地面按起重量分段组焊，各段之间设置临时螺栓固定连接接头，分段组焊完成后经焊缝及各部分尺寸检验合格，再拆开分段处的临时固定螺栓，逐段吊运至安装位置的胎架上，进行合龙焊缝的焊接。无论在地面胎架或高空安装，均按先焊中间节点，再向桁架两端节点扩展的焊接顺序，避免由于焊缝收缩向一端累积而引起桁架各节点间尺寸误差。

### 6.1.1　拼装准备工作

#### 1. 拼装条件准备

（1）拼装焊工必须有焊接考试合格证，并有相应焊接材料与焊接工岗位的资格证明。

（2）拼装前应对拼装场地做好安全设施、防火设施。拼装前应对拼装胎位进行检测，防止胎位移动和变形。拼装胎位应留出恰当的焊接变形余量，防止拼装杆件收缩和角度变形。

（3）拼装前杆件尺寸、坡口角度以及焊缝间隙应符合规定。

（4）熟悉图纸，编制好拼装工艺，做好技术交底。

（5）对拼装用的管材、焊材、拼装单元或高强螺栓进行检查，达到标准才能进行拼装。

**2. 操作工艺准备**

桁架结构现场拼装工艺为：

场地准备→构件准备→拼装胎架准备→小拼→几何尺寸检查→中拼→焊接与质量检查→几何尺寸检查→总拼→几何尺寸检查→安装

**3. 拼装构件准备**

钢管杆件下料前的质量检验：外观尺寸、品种、规格应符合设计要求。杆件下料应考虑到拼装后的变形，尤其是整体构件因起拱引起的各部分尺寸的变化。杆件下料应慎重调整尺寸，防止下料以后带来批量性误差，管件加工允许偏差如表6-1所示。

表 6-1　　　　　　　　　钢网架（桁架）用钢管杆件加工的允许偏差

| 项　　目 | 允许偏差/mm | 检 验 方 法 |
| --- | --- | --- |
| 长度 | ±1.0 | 用钢尺和百分表检查 |
| 端面对管轴的垂直度 | 0.005 r | 用百分表V形块检查 |
| 管口曲线 | 1.0 | 用套模和游标卡尺检查 |

## 6.1.2　平面屋架（桁架）的拼装

**1. 拼装前的准备工作**

（1）机械选择：根据钢结构拼装位置、起重高度，构件重量、回转半径选择拼装设备。

（2）技术措施：钢构件变形矫正，钢桁架在工厂试拼，现场复试，计量仪器校验，拼装位置及坡口检查，固定好拼装铁凳，根据起重能力计算好抬吊吊点位置。

**2. 拼装原则**

（1）拼装单元必须形成稳定体系结构。如两榀主桁架、若干次桁架连接次次梁构成一个节间。

（2）主次桁架根据具体情况选用立拼或卧拼方法。

（3）可按主桁架→次桁架→主桁架→次次梁的拼接顺序。

**3. 拼装方法**

（1）绑扎：按计算吊点、塔吊与汽吊位置正确绑扎。钢丝绳与钢构件接触的四角用保护角，以防钢构件对钢丝绳有刻痕，防止出安全事故。

（2）就位：按设计位置放于拼装铁凳上。

（3）抄平：为防止架子加固支承点因钢桁架自重而下沉，铁凳顶部按设计要求适当起拱。

（4）校正：用线锤对中、在钢桁架两侧设置经纬仪进行测量，用钢丝绳加紧绳器、千斤顶等工具通过钢桁架上的校正耳板对拼装桁架进行校正。

（5）加固：可采用刚柔结合等方法对桁架进行整体加固，以保证桁架整体稳定。

（6）检查单元几何尺寸、中点及两端位移、桁架垂偏、中点挠度，有问题及时处理，达到合格。

（7）打高强度螺栓和焊接，从中间向两端，从上到下发展，采取先栓后焊的办法。

（8）质量保证：分工序进行质量跟踪验收。

**4. 拼装注意事项**

（1）钢构件出厂前，先验收钢构件，尽量做到把问题消灭在加工厂内。

（2）现场拼装场地坚硬，做相应的拼装台，必要时加约束处理，并找平。

（3）首先检查拼装节点处的角钢或钢管变形，如有变形用机械矫正或火焰矫正，达到标准再拼装。

（4）将拼装屋架放在拼装台上，每榀至少有 4 个或 6 个点进行找平，拉线尺寸无误，进行点焊，按焊接顺序焊好。

（5）对侧向刚性较小的屋架，焊完一面要进行加固，构件翻身后继续找平，复核尺寸后焊接。

（6）对屋架拼装后因焊接或运输堆放引起的扭曲或折线弯曲进行调整。

（7）矫正后的杆件表面上不应有凹痕及其他损伤。

（8）屋架起拱与跨度。起拱与跨度有矛盾时，要以起拱数值为准。这是从力学观点出发，很多工程不重视设计起拱数值，只重跨距，忽略起拱数值，造成质量事故，屋架加荷后下挠，超过允许值，严重者造成坍塌事故。若拼装支架搭设不牢固，屋架自重引起支架下沉，起拱数值不易保证。

（9）屋架拼装节点处，构件制作角度及总尺寸不符合要求时应及时修理。

## 6.1.3 立体桁架的拼装

立体钢管桁架属超长轻型构件，根据运输及吊装要求，采取钢结构制造厂内下料，切好对接相贯口，弯好弧度，编号打包，成捆运输，现场拼装。

（1）拼装工艺流程：桁架整体胎架制作→桁架整体拼装定位→校正、检验→对接焊缝焊接→TU 检验→焊后校正→涂装—检验合格。

（2）搭设好拼装平台，保证平台强度和水平度。

（3）在拼装平台上立胎架，胎架尺寸须经监理验收合格，方可拼装桁架。

（4）拼装时应考虑焊后变形，需对节点通过胎具加固约束。

（5）钢管对接采取内加衬管坡口对接，坡口对接间隙采用顶紧器，调整其尺寸。

（6）梯形钢管结构的上下弦杆定位，根据节点标高，若个别位置弯管标高不符合设计要求，用千斤顶调整到位，若是因变形产生的对位困难，重新用火烤，冷却残余变形达到设计要求，上下弦杆中心位置用线锤与拼装平台板线重合，安好斜杆、校正、检查尺寸，最后交监理验收。

（7）对接坡口焊接，按焊接工艺评定有关参数，由持有相应合格证的焊工施焊。

（8）为调整构件拼装尺寸，防止产生焊接变形，不在同一支管的两端同时施焊。

（9）焊后→校正外形尺寸→对接焊缝磨平→UT 检验合格→监理验收→涂装。

## 6.1.4 钢桁架拼装的质量控制

**1. 现场拼装精度要求**

小拼单元的允许偏差应符合表 6-2 所示的规定；中拼单元的允许偏差应符合表 6-3 的规定。

表 6-2　　　　　　　　　　　　　　　　小拼单元的允许偏差

| 项　目 | | | 允许偏差/mm |
|---|---|---|---|
| 节点中心偏移 | | | 2.0 |
| 焊接球节点与钢管中心的偏移 | | | 1.0 |
| 杆件轴线的弯曲 | | | $L_1/1\,000$，且不应大于 5.0 |
| 锥体形小拼单元 | 弦杆长度 | | ±2.0 |
| | 锥体高度 | | ±2.0 |
| | 上弦杆对角线长度 | | ±3.0 |
| 平面桁架型小拼单元 | 跨长 | ≤24 mm | +3.0，−7.0 |
| | | >24 mm | +5.0，−10.0 |
| | 跨中高度 | | ±3.0 |
| | 跨中拱度 | 设计要求起拱 | ±L/5 000 |
| | | 设计未要求起拱 | +10.0 |

注：$L_1$ 为杆件长度；$L$ 为跨长。

表 6-3　　　　　　　　　　　　　　　　中拼单元的允许偏差

| 项　目 | | 允许偏差/mm |
|---|---|---|
| 单元长度 ≤20 m，拼接长度 | 单跨 | ±10.0 |
| | 多跨连续 | ±5.0 |
| 单元长度 >20 m，拼接长度 | 单跨 | ±20.0 |
| | 多跨连续 | ±10.0 |

高空总拼可采用预拼装或其他等保证安装精度的措施。总拼装前应精确放线。总拼装所用的支撑点应防止不均匀下沉。总拼装时应选择合理的焊接工艺顺序，以减少焊接变形和焊接应力。拼装与焊接顺序应从中间向两端或四周发展。

焊接节点所有焊缝均需进行外观检查，并做记录。对大、中跨度钢管的对接焊缝，应作无损探伤检验，其抽样数不少于焊口总数的 20%，取样部位由设计单位与施工单位协商确定，质量标准应符合设计要求，或参考现行国家标准《钢结构工程施工质量验收规范》所规定的焊缝的要求。

**2. 现场拼装精度保证措施**

1）严格执行预拼装工艺、确保拼装构件尺寸的正确性

所有需在现场拼装的构件，采取在工厂内先进行预拼装的工艺，以便将现场拼装时可能发生的问题暴露出来，在工厂内解决，从而确保现场拼装杆件的外形尺寸、截面、坡口的正确性，并且标明各个接口处的对合标志，可极大地提高现场拼装质量和拼装进度，所以采取预拼装工艺是保证现场拼装质量的关键措施。

2）保证现场拼装胎架精度，确保拼装质量

拼装胎架精度的好坏，将直接关系到构件的拼装质量，所以现场拼装胎架必须严格按工艺要求进行设置。胎架必须有一定的强度，且胎架不得有明显的晃动状，胎架应用斜撑，同时必须确保胎架模板上口标高尺寸的正确。在构件上胎架拼装前，胎架应由专职检查员进行验收，并提交监理复验，以确保拼装胎架的制作精度，从而保证构件的拼装质量。

3）采取合理的焊接工艺、焊接顺序、减少焊接变形

针对工程结构特点，应制订详细的焊接工艺及焊接顺序，以控制焊接变形，进行节点的焊接试验，并进行试件超声波检测、解剖，根据检测解剖结果来制订相应的焊接工艺规程。

采用冶金部建筑研究总院通过工程实践编制的《T，K，Y 管接头焊缝超声波探伤检测方法及质量分级》，制定施工现场构件安装焊接节点焊缝的质量要求和检验评定标准。

严格按制订的焊接工艺顺序焊接，焊接尽量采用 $CO_2$ 气保焊进行焊接，以减少焊接变形。桁架焊接时，均按照先焊中间节点，再向桁架两端节点扩散的焊接顺序，以避免由于焊接收缩向一端累积而引起的桁架各节点间的尺寸误差。

4）加强质量管理

在拼装过程中，严格按质量管理条例进行质量跟踪测量检查，对于不合格的工序不得进入下道工序进行施工，坚持预防为主，加强关键部位、薄弱环节的施工质量，防止质量事故的发生。

明确检验项目：检验标准、检验方案和检验方法，对保证项目、基本项目和允许偏差项目做好原始记录，对不合格品做好标记，分别堆放，按规定处理。

5）确保测量工具合格、先进

现场拼装测量检测过程中必须确保测量工具经二级以上检测单位检测合格，并附有检测公差表，在实际测量过程中，应与该公差表一起进行测量换算，以保证测量的正确性，保证测量工具使用方便、技术先进。

## 第二部分　项目训练

### 训练 6-1　钢结构立体桁架现场拼装方案

#### 1. 现场拼装的原则

所有主次构件原则上应放在工厂内进行加工制作，除以下原因外，不宜在现场拼装。

（1）构件超重、超长，需分段运输、在现场拼装的。

（2）需要整体吊装的构件，为保证焊接质量，减少高空焊接工作量，按吊装分段划分要求在现场对接接长的。

#### 2. 现场拼装方法

（1）拼装胎架的设置方法：现场拼装场地应进行压平压实，能满足构件拼装的自重需要，胎架承重平台需进行受力验算，保证安全，再在平台上设置定位用的胎架模板，构件拼装采用立式拼装或采用卧式拼装再翻转起吊的方法进行拼装。

（2）拼装场地的合理布置和拼装机械的配备：根据吊装的设计位置和主体钢结构拼装的最大外形尺寸，进行现场拼装场地的合理布置，主要反映以下内容：

现场主要拼装平台的分布；现场拼装胎架及拼装用吊车通道的布置；材料堆场的布置及拼装设备的合理分布；根据杆件的重量和分段重量，选择合适的拼装机具进行分段起吊拼装。

**【案例6-1】**　某门式钢管桁架的现场拼装

门式钢管桁架的整体示意图如图6-1所示。

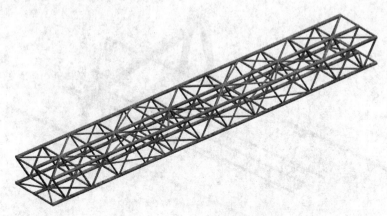

图 6-1　门式钢管桁架整体示意图

### 1. 拼装方法和拼装胎架的设置

门架钢管桁架由于外形尺寸较大，根据安装方案拟采用整体滑移，因此，门架钢管采用地面整体组装，高空分段总装，整体滑移的方式。

门架立体桁架的拼装采用立式正拼，拼装前将拼装区域的场地压平压实，采用钢路基箱作为承重平台，然后在路基箱平台上划出桁架拼装所需的各种定位基准线和胎架位置线，胎架高度根据桁架外形进行适当的坐标转换，尽可能地降低胎架高度，由于胎架较高，胎架必须用斜撑，以保证胎架的稳定性，胎架设置后必须提交专职检查员进行验收，验收合格后方可使用，桁架拼装采用20 t行车进行拼装，胎架设置如图6-2所示。

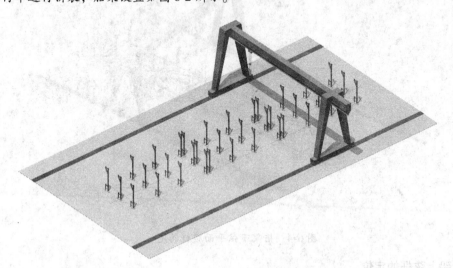

图 6-2　立体桁架拼装胎架的设置

### 2. 桁架下弦杆的定位

胎架设置后，用20 t行车吊装桁架水平方向的下弦杆与胎架进行定位，须加放弦杆对接所需的焊接收缩余量，注意板边差和坡口间隙，接口处用加强板进行固定牢固，分段不焊处用色笔划出不焊标记，如图6-3所示。

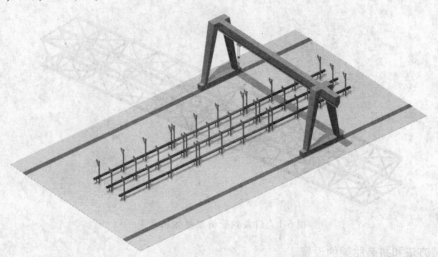

图6-3　桁架下弦杆的定位

### 3. 桁架下弦平面腹杆的定位

下弦平面的下弦杆定位焊接后，进行组装桁架腹杆，腹杆定位安装必须定对平台上的腹杆投影中心线，并注意与弦杆的组装间隙，组装结束后提交专职检查员进行检查，如图6-4所示。

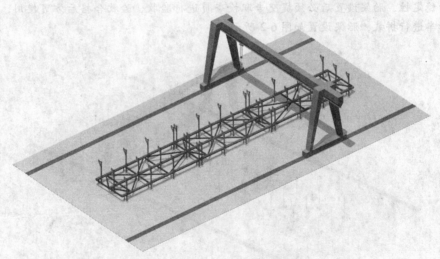

图6-4　桁架下弦平面腹杆的定位

### 4. 桁架上弦杆的定位

胎架设置后，用20 t行车吊装桁架水平方向的上弦杆与胎架进行定位，弦杆定位时，须加放弦杆对接所需的焊接收缩余量，注意板边差和坡口间隙，接口处用加强板进行固定牢固，分段不焊处用色笔划出不焊标记，如图6-5所示。

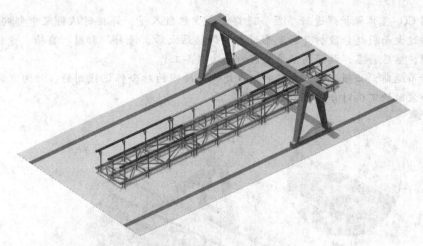

图 6-5 桁架上弦杆的定位

### 5. 桁架立面腹杆的定位

上弦杆定位焊接后，进行组装立面桁架腹杆，腹杆定位安装必须定对平台上的腹杆投影中心线，并注意与弦杆的组装间隙，组装结束后提交专职检查员进行检查。

### 6. 桁架上弦平面腹杆的定位

上弦杆定位焊接后，进行组装上弦平面桁架腹杆，腹杆定位安装必须定对平台上的腹杆投影中心线，并注意与弦杆的组装间隙，组装结束后提交专职检查员进行检查，如图 6-6 所示。

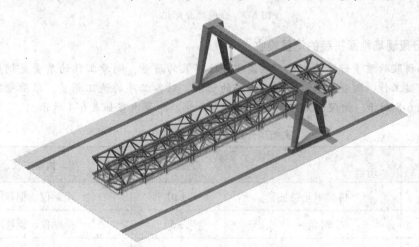

图 6-6 桁架腹杆的定位

### 7. 桁架分段的焊接和标记

桁架焊接采用 $CO_2$ 气保焊，焊接采用双数焊工进行对称焊接，焊接从中部向两端进行，焊接时先焊下弦杆的对接焊缝，以便能保证桁架的拱度为正值，后焊上弦杆的对接焊缝，然后焊接上下弦腹杆，最后焊接上下弦杆间的腹杆，主桁架在焊接过程中必须随时注意桁架的挠度和侧向变形，应随时进行测量，否则须调整焊接顺序。

焊接采用 $CO_2$ 气体保护焊进行多层多道焊，减少热敷入量，焊接时从桁架中部向两端施焊，防止焊接应力过大而引起分段拆开时变形过大。焊接结束后，修补、打磨、自检、专检，切割余量后提交监理，然后补漆，做好高空吊装前的一切准备工作。

分段拆开吊运前，必须在吊装分段的接口处将分段间的对合标记线划好，作为立体吊装单元及高空分段吊装时的定位对合依据，如图6-7所示。

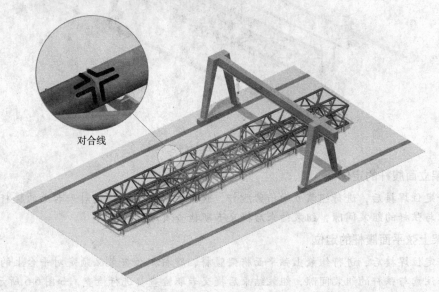

图 6-7 分段对合标记

### 8. 桁架分段现场地面拼装的测量验收

工地现场拼装的质量好坏将直接影响高空分段拼装的质量，测量工作的质量是钢屋盖高精度拼装的首要关键工作，测量验收应贯穿各工序的始末，对各工序的施工测量、跟踪检测全方位进行监测，如图6-8所示。桁架工地现场拼装的测量方法、测量内容如表6-4所示。

表 6-4　　　　　　　　　　　主桁架分段地面拼装控制尺寸

| 序号 | 内容<br>项目 | 控制尺寸 | 检验方法 |
|---|---|---|---|
| 1 | 拼装单元总长 | ±10 | 全站仪、钢卷尺 |
| 2 | 对角线 | ±5 | 全站仪、钢卷尺 |
| 3 | 各节点标高 | ±5 | 激光经纬仪、钢卷尺 |
| 4 | 桁架弯曲 | ±5 | 激光经纬仪、钢卷尺 |
| 5 | 节点处杆件轴线错位 | 3 | 线锤、钢尺 |
| 6 | 坡口间隙 | ±2 | 焊缝量规 |
| 7 | 单根杆件直线度 | ±3 | 粉线、钢尺 |

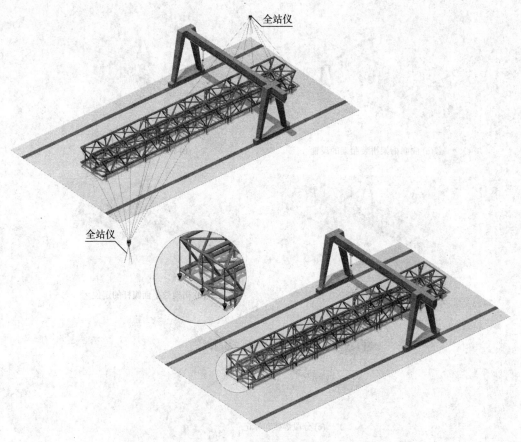

图 6-8　测量跟踪示意图

【案例 6-2】　屋盖曲桁架的现场拼装

屋盖桁架整体如图 6-9 所示。

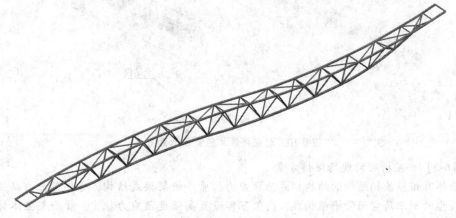

图 6-9　屋盖桁架整体图

桁架拼装工艺流程如图 6-10 所示。

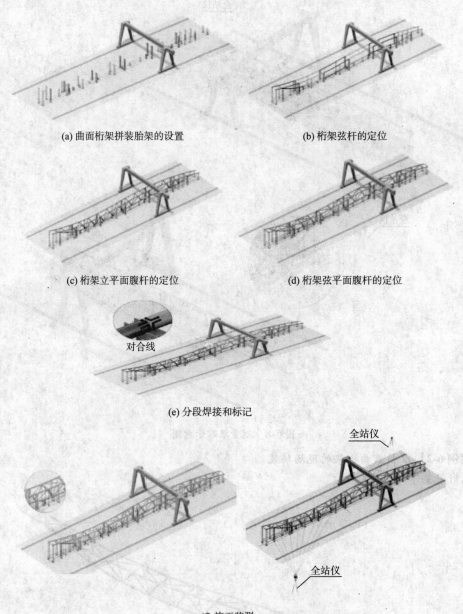

(a) 曲面桁架拼装胎架的设置　　　　　　　(b) 桁架弦杆的定位

(c) 桁架立平面腹杆的定位　　　　　　　(d) 桁架弦平面腹杆的定位

对合线

(e) 分段焊接和标记

全站仪

全站仪

(f) 施工监测

图 6-10　桁架拼装工艺流程示意图

【案例 6-3】　屋桁架的现场焊接方案

某综合体育馆屋盖钢结构的结构形式为预应力拉索—桁架拱式结构，每榀预应力拱架拱身由符合建筑造型的倒三角空间管桁架构成，桁架下部设置高强度预应力拉索。管桁架主体材质皆为 Q345B，上弦杆：$\phi 299 \times 12$，下弦杆：$\phi 325 \times 12$，腹杆 1：$\phi 168 \times 10$，腹杆 2：$\phi 152 \times 6$，上弦腹杆：$\phi 133 \times 6$，撑杆：$\phi 299 \times 16$，主要结构形式为倒三角形，HJ1：截面尺寸 $\bigtriangledown 2\,500 \times 3\,000$，支承跨度

64.2 m；HJ2，HJ3，HJ4：截面尺寸▽2 500×3 000，支承跨度66.4 m。

焊接方案：工厂焊接以 $CO_2$ 气体保护焊为主，户外体育馆的焊接：主管间的焊接用 $CO_2$ 气体保护焊，腹杆用手工电焊条焊接。所有构件的拼接节点均为等强连接，采用坡口全熔透焊，焊缝质量等级为一级，支座连接节点处，杆件、板件的焊缝采用坡口全熔透焊，焊缝质量等级为一级。其余的坡口全熔透焊缝为二级焊透，角焊缝为三级。

1）焊前准备

（1）焊接材料在使用前应按工艺文件规定的温度和时间要求进行烘焙和储存。

（2）焊前将坡口内、外壁15～20 mm范围内仔细去除油、锈、污物，不得在接近坡口处的管壁上点焊夹具或硬性敲打，防止圆率受到破坏，同径管的错口量必须控制在相关规范要求的范围内。

（3）检查坡口角度、钝边、间隙是否符合相关规范要求，并用经过计量检定的专用器具对同心度、圆率等进行认真核对。

2）体育馆桁架焊接操作要领

（1）该桁架结构采用腹杆与弦杆直接焊接的相贯节点，弦杆截面贯通，腹杆焊接于弦杆之上，焊接时，当支管与主管的夹角小于90°时，支管端部的相贯焊缝分为A区、B区、C区、D区4个区域，其中A区、B区采用等强坡口对接熔透焊缝，D区采用角焊缝，焊缝高度为1.5倍管壁厚，焊缝在C区应平滑过渡，当支管和主管相垂直时，支管端部的相贯焊缝分为A区、B区，当支管壁厚不大于5 mm时可不开坡口，由于在趾部为熔透焊缝，在根部为角焊缝，侧边由熔透焊缝逐渐过渡到角焊缝，同时考虑焊接变形，因此必须先焊趾部，再焊根部，最后焊侧边。

（2）采用手工电弧焊方法，焊接时摆动幅度不能太大，应进行多道、多层焊接，焊接过程中应严格清除焊道或焊层间的焊渣、夹渣、氧化物等，可采用砂轮、钢丝刷等工具。

（3）同一条焊缝应连续施焊，一次完成，不能一次完成的焊缝应注意焊后的缓冷和重新焊接前的预热。

（4）面层的焊接：管与管对接面层焊接，相贯处面层焊接，直接影响到焊缝的外观质量，因此在面层焊接时，应注意选用较小电流值并注意在坡口边熔合时间稍长，在熔敷金属未完全凝固的接头处快速重新燃弧，使焊接接头圆滑平整。

（5）每个焊接节点，应采用对称分布的方式施焊，严格控制层间温度，减小焊接变形。

（6）各种焊缝节点焊接完成后，应清理焊缝表面的熔渣和金属飞溅物，检查焊缝的外观质量，不得有低凹、焊瘤、咬边、气孔、未熔合、裂纹等缺陷存在。如不符合要求，应进行补焊或打磨，修补后的焊缝应光滑圆顺，满足焊缝的外观质量要求。

（7）焊接完成后，应待冷却至常温后进行超声波探伤检验，经探伤检验的焊缝接头质量必须符合图纸及规范的要求。

# 项目6.2　大跨度桁架结构的安装

## 第一部分　项目应知

大跨度桁架结构吊装方法有分块（段）吊装法、组合安装法、整体安装法（吊装、滑移、提升）等多种。大跨度重型钢桁架结构形式多样，本身自重超出一般安装范围，加上现场条件、起重设备能力、桁架本身刚性及支撑结构承载情况，对质量、安全、工期有保证的情况下，应优化最佳方案，权衡综合经济效益。

## 6.2.1　吊装准备

（1）根据土建提供的现场实测位置尺寸，对施工现场与钢桁架吊装有关的构件进行分中、弹线、抄平，清理预埋件上的杂物，并将钢桁架吊装所使用的各种工机具事先准备齐全。

（2）保证钢桁架结构的几何尺寸，对钢桁架及零部件的型号尺寸进行复核。保证钢桁架安装的垂直度，位移；桁架安装时焊接及紧固的质量。

（3）钢桁架吊装前，质检人员应对钢桁架构件进行检查，复核，检查合格后及时通知监理检查，经监理检查合格后方可进行吊装。

（4）应分析工程特点、施工作业环境、施工单位技术力量和设备配置等具体情况，编制合适和可行的施工方案，编制施工组织设计并协调好各分项施工管理工作。

## 6.2.2　钢桁架绑扎

根据钢桁架吊装方式的不同，钢桁架的绑扎可以分为单机吊装绑扎和双机抬吊绑扎两种。

### 1. 单机吊装绑扎

对于大跨度钢立体桁架（钢网架片）多采用单机吊装。吊装时，一般采用六点绑扎，并加设横吊梁，以降低起吊高度和对桁架网片产生较大的轴向压力，避免桁架、网片出现较大的侧向弯曲，如图6-11（a），（b）所示。

### 2. 双机抬吊绑扎

采用双机抬吊时，可采取在支座处两点起吊或四点起吊，另加两副辅助吊索，如图6-11（c），（d）所示。

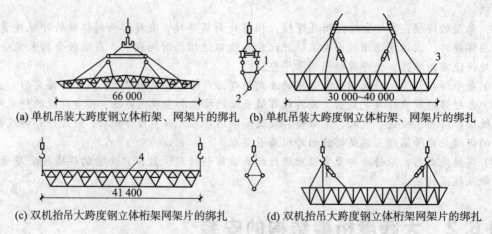

(a) 单机吊装大跨度钢立体桁架、网架片的绑扎　(b) 单机吊装大跨度钢立体桁架、网架片的绑扎

(c) 双机抬吊大跨度钢立体桁架网架片的绑扎　(d) 双机抬吊大跨度钢立体桁架网架片的绑扎

图6-11　大跨度钢立体桁架、网架片的绑扎

## 6.2.3　钢桁架吊装

钢桁架片的吊装方式有两种，一种是单机吊装，另一种是双机抬吊，如图6-12所示。

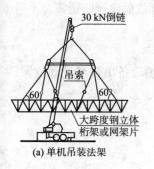
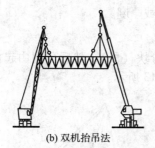
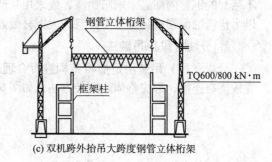

图 6-12　钢网架吊装示意图

### 1. 单机吊装

单机吊装较为简单，当桁架在跨内斜向布置时，可采用 150 kN 履带起重机或 400 kN 轮胎式起重机垂直起吊，吊至比柱顶高 50 cm 时，可将机身就地在空中旋转，然后落于柱头上就位，图 6-12（a）所示。其施工方法同一般钢屋架吊装相同，可参照执行。

### 2. 双机抬吊

当采用双机抬吊时，桁架有跨内和跨外两种布置和吊装方式。

① 当桁架略斜向布置在房屋内时，可用两台履带式起重机或塔式起重机抬吊，吊起到一定高度后即可旋转就位，如图 6-12（b）所示。其施工方法同一般屋架双机抬吊法相同。

② 当桁架在跨外时，可在房屋一端设拼装台进行组装，一般拼一榀吊一榀。施工时，可在房屋两侧铺上轨道，安装两台塔式起重机，吊点可直接绑扎在屋架上弦支座处，每端用两根吊索。吊装时，由两台起重机抬吊，伸臂与水平保持大于 60°。起吊时统一指挥两台起重机同步上升，将屋架缓慢吊起至高于柱顶 500 mm 后，同时行走到屋架安装地点落下就位，如图 6-12（c）所示。并立即找正固定，待第 2 榀吊上后，接着吊装支撑系统及檩条，及时校正形成几何稳定单元。此后每吊一榀，可用上一节间檩条临时固定，整个屋盖吊完后，再将檩条统一找平加以固定，以保证屋面平整。

## 6.2.4　大跨度结构工地安装方法

大跨度结构的安装方法，应根据结构受力和构造特点，在满足质量、安全、进度和经济效果的要求下，结合当地的施工技术条件综合确定。

采用吊装、提升或顶升的安装方法时，其吊点的位置和数量的选择，应考虑下列因素：

（1）宜与结构使用时的受力状况相接近。

（2）吊点的最大反力不应大于起重设备的负荷能力。

（3）各起重设备的负荷宜接近。

安装方法选定后，应分别对构架施工阶段的吊点反力、挠度、杆间内力、提升或顶升时支承柱的稳定性和风载下构架的水平推力等项进行验算，必要时应采取加固措施。施工荷载应包括施工阶段的结构自重及各种施工活荷载。安装阶段的动力系数：当采用提升法或顶升法施工时，可取 1.1；当采用拔杆吊装时，可取 1.2；当采用履带式或汽车式起重机吊装时，可取 1.3。无论采用何种施工方法，在正式施工前均应进行试拼装及试安装，当确有把握时方可进行正式施工。在管桁架结构施工时，必须认真清除钢材表面的氧化皮和锈蚀等污染物，并及时采取防腐蚀措施。

不密封的钢管内部必须刷防锈漆，或采用其他防锈措施。焊缝应在清除焊渣后涂刷防锈漆。不得以考虑锈蚀而在实际施工中任意加大钢材截面或厚度。

### 1. 分块（段）吊装法

分块（段）吊装法是指将结构进行合理分块（段），然后分别由起重设备吊装至设计位置，完成高空连接，形成整体的安装方法，如图6-13所示。

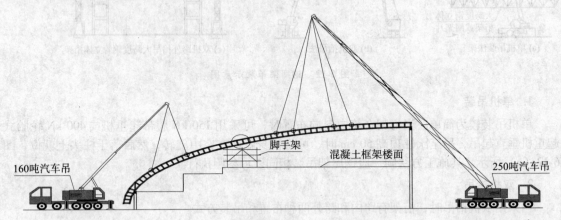

160吨汽车吊　　脚手架　　混凝土框架楼面　　250吨汽车吊

图6-13　屋面桁架梁分段吊装示意图

分段、分块吊装法有单机跨内吊装和双机跨外抬吊两种方法，梁段吊至设计位置后在空中对接。分块（段）吊装法主要包括支撑架搭设、构件的安装和支撑架的拆除三个施工工序。

（1）拼装支架搭设。拼装支架是保证拼装精度、减少累积误差、防止结构下沉，实现安全生产的重要技术措施。因此，拼装支架的设计、选材、搭设、使用和维护等技术环节要严格把关。

拼装支架应由计算确定，可采用扣件式脚手架搭设或组合型钢焊接。支架既是拼装成型的承力架，又是操作平台支架，所以支架搭设位置必须对准下弦节点处或支座处。设计时应对支架单肢稳定、整体稳定进行验算，并估算其沉降量。支架的整体沉降量包括钢管接头的空隙压缩、钢管的弹性压缩、地基的沉陷，总沉降值控制在5 mm以下。如果地基情况不良，为了调整沉降值以及卸荷方便，可在下弦节点与支架之间设置调整标高用的千斤顶，并且要用木板铺地，以此来分散支柱传来的集中荷载。

（2）基准轴线、标高及垂直偏差控制。安装过程中应对屋架的支座轴线、支承面标高（或桁架的下弦标高）、屋脊线、檐口线位置和标高进行跟踪控制，发现误差累积应及时纠偏并作好检查记录。纠偏方法可用千斤顶、倒链、钢丝绳、经纬仪、水准仪、钢尺等工具进行。安装前应对安装基准轴线（即建筑物的定位轴线）、支座轴线和支承面标高，预埋螺栓（锚栓）位置等进行检查。

安装的基准轴线，要求用精确的角度交汇法放线定位，并用长度交汇法进行复测，其允许偏差不超过规范要求。安装轴线标志（包括安装辅助轴线标志）和标高基准点标志应准确、齐全、醒目、牢固。

（3）拼装操作的安装顺序如下：

① 分块（段）安装顺序应由中间向两端安装，或从中间向四周发展，可以调整累积误差。同时，吊装单元时，也不需要超过已安装的条或块，这样可以减小吊装高度，有利于吊装设备的选

取。如施工场地限制，也可以采用一端向另一端安装，施焊顺序仍由中间向四周进行。

② 拼装顺序：支架抄平、放线→放置下弦节点垫板→依次组装下弦、腹杆、上弦支座（由中间向两端，或一端向另一端扩展）→连接水平系杆→撤出下弦节点垫板→总拼装精度校验→油漆。

③ 高空总拼时应采取合理的施焊顺序，减少焊接应力和焊接变形。总拼时的施焊顺序应从中间向两端或中间向四周发展。焊接完后要按规定进行焊接质量检查，焊接质量合格后才能进行支座固定。

④ 每榀桁架组装完，经校验无误后，按总拼装顺序进行下一桁架的组装，直至全部完成。分块安装法经常与其他方法配合使用，如高空散装法、高空滑移法等。

（4）桁架拼装成整体并检查合格后进行支架拆除。拆除时应从中央逐圈向外分批进行，每圈下降速度必须一致，应避免个别支点集中受力，造成拆除困难。对于大型屋盖结构，每次拆除的高度可根据自重挠度值分成若干批进行。

**2. 整体吊装法**

整榀吊装与单层工业厂房结构屋架吊装方法类似，先在胎架上进行逐榀桁架的拼装，然后分别吊装就位，连接次桁架或侧向支撑系统拼成整体的安装方法，因桁架结构跨度大，侧向刚度小，可采用两榀或以上桁架组合为一个节间单元，再吊装一个节间单元进行组拼的方法，以增加吊装单元的整体刚度。

图 6-14 为某粮库工程输送栈桥的钢桁架局部平面图。栈桥安装高度从 1.56~46 m 不等，层高约 6 m。塔架与计量塔等建筑结构、塔架与塔架梁间及塔架与塔架顶部设置钢桁架，钢桁架分为上承桁架和下承桁架，上承桁架在下弦上敷设工字钢和槽钢，上部敷设钢隔栅；下承桁架在上弦上敷设通长工字钢和槽钢，下部敷设钢隔栅。钢桁架使用大型吊装机具进行吊装。

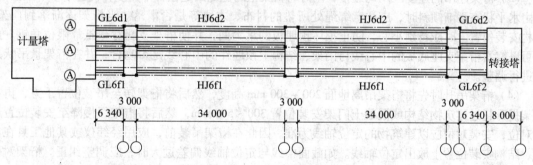

图 6-14 桁架结构平面布置图

1）桁架吊装要求

（1）当桁架长度小于 20 m 时，采用 4 点绑扎，单机吊装；当桁架长度大于 20 m 时，采用 8 点绑扎、双机抬吊。

（2）在地面上将钢桁架、上下弦水平支撑、竖向支撑等拼装成整体，一次进行吊装，有利于保证其吊装稳定性。由于桁架的跨度、重量和安装高度不同，钢桁架可用汽车吊进行吊装。吊装时桁架上应绑扎圆木杉杆或木方，作为临时加固措施，绑扎时垫上衬布，防止损伤桁架表面漆膜。为使桁架吊起后不发生大的摇摆，起吊前应在桁架两端绑扎溜绳或稳绳，随吊随放松，以保持其正确位置。

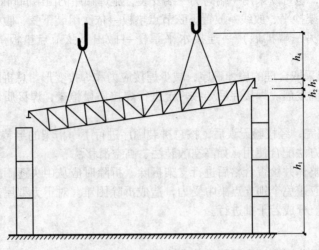

图 6-15　双机抬吊桁架就位示意图

2）吊升、对位与临时固定

（1）在桁架吊装就位前，必须将门架上安装部位的预埋件处清理干净。再次测量各塔架、结构的标高、轴线，当门架、结构支座标高或水平度不符合要求时，可采用垫铁或刨削预埋件支座底面的方法来调节。

（2）桁架在起吊前应进行试吊。即将桁架平行起吊到距地面 200 ~ 300 mm 高度，检查各钢丝绳受力是否均匀，持续 5 min 后，再看有无下沉现象，如情况良好，可正式起吊。

（3）桁架起吊的速度应均匀缓慢，同时将桁架上的稳绳固定在各个角度，使起吊中不致摆动。当由水平状态逐渐倾斜时，应注意绑绳处所垫的衬布、木块等是否滑落。当桁架逐渐落到门架、结构安装位置上时应特别小心，防止损坏预埋板的承力面，并使桁架支腿尽量抵靠限位角钢。此时可以察看桁架支座底板的中心线与门架、结构上预埋件的中心线是否吻合，并在桁架悬吊状态下进行调整。

（4）桁架吊升时先将桁架吊离地面 200 ~ 300 mm 高度，然后将桁架转至吊装位置下方，再将桁架提升超过建筑物结构或混凝土门架安装位置 300 ~ 500 mm，然后将桁架缓慢降至安装位置进行对位，安装对位应以建筑物的定位轴线为准。因此在桁架吊装前，应用经纬仪或其他工具在门架、结构安装位置上放出定位轴线。如截面中线与定位轴线偏差过大时，应调整纠正。桁架对位后，立即进行临时固定。临时固定稳妥后，吊车方可摘去吊钩。

3）校正和最后固定

钢桁架就位采取低端先做临时固定，而后继续起吊高端就位，桁架经对位、临时固定后，主要校正桁架垂直度偏差。规范规定：垂直度偏差不大于 $h/250$，且不应大于 15 mm；相邻两结构门架间、门架与建筑结构物上，安装预埋钢板的设计标高的高差，不应大于 $L/1\ 500$，且不应大于 10 mm。检查时可用垂球或经纬仪，校正无误后，立即用电焊焊牢作为最后固定，焊接时应采用对角施焊，以防焊缝收缩导致桁架倾斜。

3. 高空滑移法

高空滑移法是指分条的桁架或网架单元在事先设置的滑轨上单榀（条）滑移到设计位置拼接

成整体的安装方法，如图 6-16 所示。按滑移方式分逐条滑移法和逐条积累滑移法两种；按摩擦方式，又分为滚动式滑移和滑动式滑移两类。

（1）单条滑移法：分条的桁架单元在事先设置的滑轨上单条滑移到实际位置后拼接。

（2）逐条积累滑移法：分条的桁架单元在滑轨上逐条积累拼装后滑移到设计位置。

通常，在地面或支架上扩大条状单元拼装，将条状单元提升到预定高度后，利用安装在支架或圈梁上的专用滑行轨道，水平滑移对位拼装成整体。主要适用于支承结构为周边承重墙或柱上有现浇钢筋混凝土圈梁等情况。高空滑移是在土建完成框架、圈梁以后进行，而且钢构是架空作业，可以与下部土建施工平行立体作业，大大加快了工期。此外，高空滑移法对起重设备、牵引设备要求不高，可用小型起重机或卷扬机，甚至不用。所以，我国许多大跨度桁架结构都采用此法施工。但高空滑移法必须具备拼装平台、滑移轨道和牵引设备，也存在结构落位的问题，图 6-17 为北京五棵松篮球馆空间桁架钢屋盖的滑移安装。

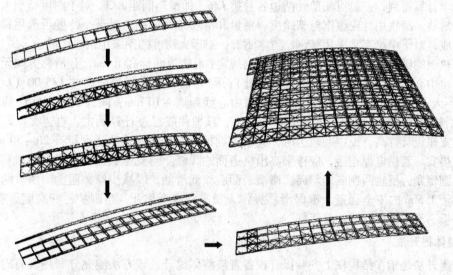

图 6-16　逐条积累滑移法施工过程示意图

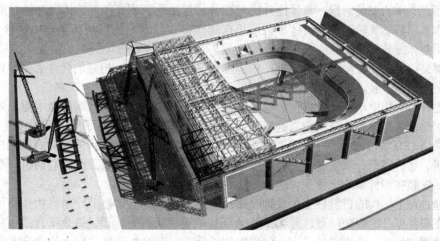

图 6-17　高空滑移法安装桁架

1）高空拼装平台

高空拼装平台位置选择是决定滑移方向和滑移重量的关键，应视场地条件、支承结构特征、起重机械性能等因素而定。高空平台一般搭设在桁架屋盖端部（滑移方向由一端向另一端），也可搭设在中部（由中间向两端滑移，在胎架两侧有起重设备时采用），或者搭设在侧部（由外侧向内侧滑移，三边支撑的桁架可在无支撑的外侧搭设）。拼装平台用钢管脚手架搭设，应满足相关规范的要求。高空拼装平台标高由滑轨顶面标高确定。滑道架子与拼装平台架子要固定连接，确保整体稳定性。

2）滑移轨道设置

滑移轨道一般在主结构两边支柱上或框架上，设在支承柱上的轨道，应尽量利用柱顶钢筋混凝土连系梁作为滑道，当连系梁强度不足时可加强其断面或设置中间支撑。对于跨度较大（一般大于 60 m）或在施工过程中不能利用两侧连系梁作为滑道时，滑轨可在跨度内设置，设置位置根据结构力学计算得到，一般可使单元两边各悬挑 $L/6$，即滑轨间距 $L/3$。对于跨度特别大的，跨中还需增加滑轨。滑轨用材应根据桁架跨度、重量和滑移方式选用。对于小跨度可选用扁钢、圆钢和角钢构成，对于中跨度常采用槽钢、工字钢等，对于大跨度的须采用钢轨构成。

滑移轨道的铺设其允许误差必须符合下列规定：滑轨顶面标高 1 mm，且滑移方向无阻挡的正偏差；滑轨中心线错位 3 mm（指滑轨接头处）；同列相邻滑轨间顶面高差 $L/500$（$L$ 为滑轨长度），且不大于 10 mm，同跨任一截面的滑轨中心线距离 + 10 mm；同列轨道直线性偏差不大于 10 mm。滑轨应焊于钢筋混凝土梁面的预埋件上，预埋件应经过计算确定，轨道面标高应高于或等于桁架支座设计标高。设中间轨道时，其轨道面标高应低于两边轨道面标高 20～30 mm，滑轨接头处应垫实，若用电焊连接，应锉平高出轨道面的焊缝。当支座板直接在滑轨上滑移时，其两端应做成圆倒角，滑轨两侧应无障碍。摩擦表面应涂润滑油，以减少摩擦阻力。滑轨两侧应设置宽度不小于 1.5 m 的安全通道，确保滑移操作人员高空安全作业。当围护栏杆高度影响滑移时，可随滑随拆，滑移过后立即补装栏杆。

4. 整体提升法

整体提升法是指在结构柱上安装提升设备直接整体提升。该方法能充分利用现有的结构和小型机具（如液压千斤、升板机等）进行施工，如图 6-18 所示，可节省安装设施的费用，适用于周边支承及多点支承的安装情况。整体提升法与整体吊装法的区别在于：整体提升法只能作垂直起升，不能作水平移动或转动；而整体吊装法不仅能作垂直起升，还可在高空作水平移动或转动。因此，采用整体提升法安装时应注意：架体必须按高空安装位置在地面就位拼装，即高空安装位置和地面拼装位置必须在同一投影面上；周边与柱子（或连系梁）相碰的杆件必须预留，待架体提升到位后再进行补装。

整体提升可采用电动螺杆升板机、卷扬机或人工绞盘提供提升力，钢丝绳承重。对于同步性要求较高的结构，宜采用计算机控制的液压千斤顶提供提升力，通常可用下面方法实施：

（1）采用 LSD 型液压提升千斤顶整体提升的方法，在提升牛腿上另外焊接一段钢柱，再在上面做假牛腿，然后将千斤顶支在上面，钢绞线通过钢梁的中心所开的圆孔穿心而过，下锚点也是穿心的方法安装在钢桁架的上弦上。这种方法成本较高，工艺复杂。

（2）通过在主结构的钢骨柱上加设临时提升支架，利用液压穿心千斤顶将构件整体提升至安装位置。在即将提升的桁架吊点放置 ZLD 型液压自动连续顶推千斤顶，每个千斤顶可穿多束钢绞线。吊点处用钢板做一个牛腿然后在上面直接放千斤顶，钢绞线通过牛腿上的个圆孔穿过。圆孔

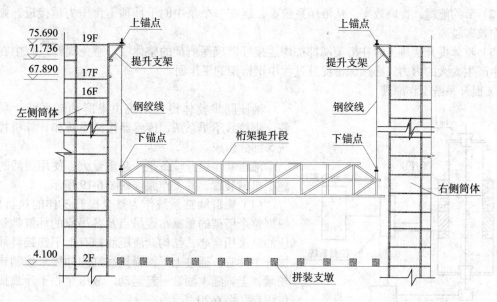

桁架提升过程示意图

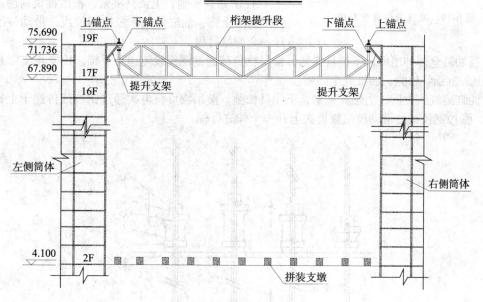

高空就位示意图

图 6-18　整体提升法示意图

周边均用橡胶垫保护以免损伤钢绞线，下锚点的安装也采用这种方法。钢绞线上端连接在各个吊点的穿心千斤顶上，下端固定在桁架上弦杆上的下锚点上，通过穿心千斤顶群的同步作业完成提升。该方法技术成熟，过程平稳可靠，经济高效，已成功应用于多项工程。

1）布置设备时需考虑的内容：

（1）钢绞线应有足够的安全储备，锚具工作安全可靠。

（2）节约能耗，提高效率。从液压系统看，连在一个泵中的千斤顶工作压力越接近，则系统的工作效率越高。

（3）整体提升法施工时在桁架端部加焊连接杆以确保桁架的整体性，避免提升过程中在桁架杆件中产生太大的内力。必须保证提升过程中钢桁架的工作面。

2）提升系统工作原理

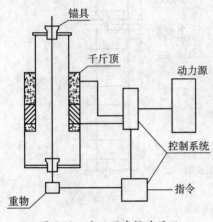

图6-19 液压同步提升原理

液压同步整体提升系统由集群油缸系统、泵站系统、钢绞线承重系统、传感器检测系统和计算机控制系统5部分组成。

液压同步提升设备是一起重量大、使用灵活的新型施工机械装置，其工作原理如图6-19所示。

（1）集群油缸系统作为整个提升工作的执行机构，根据整个桁架的重量布置吊点及各吊点的油缸数量。液压油缸采用穿心式结构。液压油缸有上下锚锚具油缸及提升主油缸。通过上下锚锚具油缸的伸缩来控制锚具的松紧，上锚随主油缸一起运动。液压穿心千斤顶提升工作程序如图6-20所示。

① 下锚具松弛，上锚具夹紧，被吊物负荷通过钢绞线传递于上锚，油缸伸缸，张拉钢绞线，带动被吊物上升一个伸缸行程。

② 当油缸全部伸出后，下锚具夹紧，被吊物负荷通过钢绞线传递于下锚，由支承支座悬吊被吊物静止，上锚具松弛，油缸完全回缩。

③ 油缸缩缸到位后，上锚具夹紧，下锚具松弛，被吊物负荷再次通过钢绞线传递于上锚，油缸伸缸，张拉钢绞线，带动被吊物再次上升一个伸缸行程。

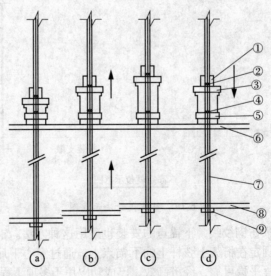

1—穿心式液压千斤顶；2—上部夹具；3—上部锚具；4—下部夹具；5—下部锚具；
6—千斤顶支撑点钢柱悬臂；7—提升钢绞线；8—被提升钢结构；9—下部固定锚
图6-20 穿心式千斤顶提升过程

④ 通过上下锚具负荷的转换，油缸的伸缩，将重物通过油缸的伸缩动作逐步提升至规定高度。集群油缸系统通过计算机控制系统对所有油缸的动作统一控制、统一指挥，动作一致（同时进行锚具的松紧，同时进行油缸的伸缩动作等），完成结构件的提升作业。

（2）泵站系统作为整个液压同步整体提升系统的动力源，向油缸提供工作动力。通过泵站上各种控制阀的动作切换，控制油缸的伸缩及锚具的松紧动作。每台液压站由主泵和辅泵组成，通过液压站的阀体切换来实现油缸的伸缩。

（3）钢绞线承重系统。提升油缸通过钢绞线、油缸的上下锚具同提升结构件相连接。每个油缸可使用多束钢绞线。

（4）传感器检测系统检测油缸的位置、油压及各吊点高差等信号，将这些信号传送至计算机控制系统，作为计算机控制系统决策的依据。

（5）计算机控制系统主要由液压控制系统、计算机系统和信息反馈系统3部分组成。反馈信号（提升高度）与输入指令比较，控制液压系统工作，使提升对象按照输入的指令要求提升。动力系统为液压泵站、液压传动和控制系统提供能源。

作为液压同步整体提升系统核心的计算机控制系统，通过计算机网络，收集各种传感器信号，进行分析处理，发出相关指令，对泵站及油缸动作进行控制，确保提升工作的同步进行。

计算机控制系统设置有手动、顺控及自动三种工作模式，以适应不同工况的需求。在手动状态下，系统能够实现对某个或部分油缸的单独操作，以便对结构进行姿态调整等动作。

整个提升系统由一台计算机统一控制，在桁架的各分点设一个液压站负责向每区各吊点位置上的顶升油缸供油，通过顶升油缸的同步顶升、收缩来牵引钢绞线，带动钢桁架的提升。传感器通过检测各工作油缸的油压、油缸的行程及吊点高差将信号汇集于计算机控制系统进行处理后，发出指令对泵站及油缸动作进行控制，以保证提升工作的同步。

## 6.2.5 大跨度钢结构安装注意事项

### 1. 分块（段）安装法

（1）当采用小拼单元或杆件直接在高空拼装时，其顺序应能保证拼装的精度，减少积累误差。应先拼成可承受自重的结构体系，然后逐步扩展。拼装过程中应随时检查基准轴线位置、标高及偏差，并应及时纠正。

（2）搭设拼装支架时，支架上支撑点的位置应设在下弦节点处。支架应验算其承载力和稳定性，必要时可进行试压，以确保安全可靠。支架支柱应采取措施，防止支座下沉。

（3）在拆除支架过程中应防止个别支撑点集中受力，应根据各支撑点的结构自重挠度值，采用分区分阶段按比例下降或用每步不大于 10 mm 的等步下降法拆除支撑点。

（4）分块（段）单元在高空连成整体时，安装单元应具有足够刚度并保证自身的几何不变性，否则应采取临时加固措施。

（5）为保证顺利拼装，在分段合龙处，可采用安装螺栓等措施。设置独立的支撑点或拼装支架时，合龙时可用千斤顶将桁架单元顶到实际标高，然后连接。

（6）安装单元宜减少中间运输。如需运输时，应采取措施防止构件变形。

### 2. 整体吊装法

（1）桁架整体吊装可采用单根或多根拔杆起吊，也可采用一台或多台起重机起吊就位。当采用多根拔杆方案时，可利用每根拔杆两侧起重机滑轮组中产生水平分力不等原理推动桁架移动或转动进行就位。桁架吊装设备可根据起重滑轮组的拉力进行受力分析，当提升阶段或就位阶段时，可分别按下列公式计算起重滑轮组的拉力。

提升阶段：

$$F_{t1} = F_{t2} = G_1 / 2\sin\alpha_1 \qquad (6\text{-}1)$$

就位阶段：

$$F_{t1}\sin\alpha_1 + F_{t2}\sin\alpha_2 = G_1 \qquad (6\text{-}2)$$

式中    $G_1$——每根拔杆所担负的桁架、索具等荷载；

$F_{t1}$，$F_{t2}$——起重滑轮组的拉力；

$\alpha_1$，$\alpha_2$——起重滑轮组钢丝绳与水平面的夹角。

当采用单根拔杆方案时，可通过调整缆风绳使拔杆吊着桁架进行平移就位；或通过旋转拔杆使桁架转动就位。

（2）在桁架整体吊装时，应保证各吊点起升及下降的同步性。提升高差允许值（是指相邻两拔杆间或相邻两吊点组的合力点间的相对高差）可取吊点间距离的 1/400，且不宜大于 100 mm，或通过验算确定。

（3）当采用多根拔杆或多台起重机吊装时，宜将额定负荷能力乘以折减系数 0.75，当采用四台起重机将吊点连通成两组或用三根拔杆吊装时，折减系数可适当放宽。

（4）在制定安装就位总拼方案时，应符合下列要求：

① 桁架的任何部位与支承柱或拔杆的净距不应小于 100 mm。

② 如支承柱上设有凸出构造（如牛腿），应防止桁架在起升过程中被凸出物卡住。

③ 由于桁架错位需要，对个别杆件暂不组装时，应取得设计单位同意。

（5）拔杆、缆风绳、索具、地锚、基础及起重滑轮组的穿法等，均应进行验算，必要时可进行试验检验。

（6）当采用多根拔杆吊装时，拔杆安装必须垂直，缆风绳的初始拉力值宜取吊装时缆风绳中拉力的 60%。

（7）当采用单根拔杆吊装时，其底座应采用球形万向接头；当采用多根拔杆吊装时，在拔杆的起重平面内可采用单向铰接头。拔杆在最不利荷载组合作用下，其支承基础对地面的压力不应大于地基允许承载能力。

（8）当结构本身承载能力许可时，可采用在桁架上设置滑轮组将拔杆逐段拆除的方法。

3. **高空滑移法**

（1）高空滑移可采用下列两种方法：高空滑移法可利用已建结构物作为高空拼装平台。如无建筑物可供利用时，可在滑移开始端设置宽度约大于两个节间的拼装平台。有条件时，可以在地面拼成条或块状单元吊至拼装平台上进行拼装。

（2）桁架滑移可用卷扬机或手扳葫芦牵引。根据牵引力大小及桁架支座之间的系杆承载力，可采用一点或多点牵引。牵引速度不宜大于 1.0 mm/min，牵引力、滑动摩擦或滚动摩擦分别按下式进行验算：

① 滑动摩擦

$$F_t \geqslant \mu_1 \xi G_{ok} \qquad (6\text{-}3)$$

式中　$F_t$——总启动牵引力;

　　　$G_{ok}$——桁架总自重标准值;

　　　$\mu_1$——滑动摩擦系数,在自然轧制表面,经粗除锈充分润滑的钢与钢之间可取 0.12 ~ 0.15;

　　　$\xi$——阻力系数,当有其他因素影响牵引力时,可取 1.3 ~ 1.5。

② 滚动摩擦

$$F_t \geqslant (k/r_1 + \mu_1 r/r_1) \, G_{ok} \tag{6-4}$$

式中　$F_t$——总起重牵引力;

　　　$G_{ok}$——桁架总自重标准值;

　　　$k$——钢制轮与钢之间滚动摩擦系数,可取 0.5 mm;

　　　$\mu_2$——摩擦系数在滚轮与滚轮轴之间,或经机械加工后充分润滑的钢与钢之间可取 0.1;

　　　$r_1$——滚轮的外圆半径,mm;

　　　$r$——轴的半径,mm。

(3) 当桁架滑移时,两端不同步值不应大于 50 mm。

(4) 在滑移和拼装过程中,对桁架应进行下列验算:当跨度中间无支点时,杆件内力和跨中挠度值;当跨度中间有支点时,杆件内力、支点反力及挠度值。

(5) 当桁架滑移单元由于增设中间滑轨引起杆件内力变号时,应采取临时加固措施,以防失稳。

**4. 整体提升法**

(1) 提升设备的使用负荷能力,应将额定负荷能力乘以折减系数,穿心式液压千斤顶可取 0.5 ~ 0.6;电动螺杆升板机可取 0.7 ~ 0.8;其他设备通过试验确定。

(2) 架体提升时应保证做到同步。相邻两提升点和最高与最低两个点的提升允许升差应通过验算确定。相邻两个提升点允许升差值:当用升扳机时,应为相邻点距离的 1/400,且不应大于 15 mm;当采用穿心式液压千斤顶时,应为相邻距离的 1/250,且不应大于 25 mm。最高点与最低点允许升差值:当采用升板机时应为 35 mm,当采用穿心式液压千斤顶时应为 50 mm。

(3) 提升设备的合力点应对准吊点,允许偏移值应为 10 mm。

(4) 整体提升法的下部支承柱应进行稳定性验算。

## 第二部分　项目训练

### 训练 6-2　编制大跨度钢结构安装方案

【案例 6-4】　编制案例 6-3 中桁架的吊装方案

**1. 钢结构安装**

根据现场条件,吊装工作将分在 2 个吊装区域先后进行,Y2 轴—Y6 轴的主桁架在南侧拼装平台上进行吊装;Y7 轴—Y11 轴的主桁架在北侧的拼装平台上进行吊装作业,每次吊装 2 榀,分 5 次完成全部主桁架的吊装。

**2. 吊装构件参数**

单榀主桁架的重量为 34.6 t,吊装高度为 20.6 m,吊装用钢丝绳选用 φ32,6×37 钢丝绳。

表 6-5 吊装构件

| 构件代号 | 长度/m | 重量/t | 吊装高度/m | 吊点选择 | 吊车选用 | 钢丝绳选择 |
|---|---|---|---|---|---|---|
| 主桁架 HJ1 | 85 | 34.6 | 20.6 | 桁架两头 | 100 t, 2 台<br>160 t, 1 台 | 6×37 |

注: 其他主桁架同主桁架 HJ1。

### 3. 吊装步骤

本工程采用 3 部汽车吊协同吊装,吊装时先垂直起吊 28 m 高度,然后卧臂将桁架送至滑移工装上,过程主要包括绑扎→垂直起吊→卧臂就位→细部调整→松钩。因桁架自身固定了 4 个滑移工装,可在无任何辅助工具下独立支撑,只要将桁架放至滑移轨道上,吊装工作即完成。因次本吊装操作步骤较为简单,但由于存在卧臂过程,此操作为吊装薄弱环节,所以要保证足够的安全系数,以防止意外。

### 4. 吊装验算

每边吊车的吊装荷载为 34.6/2 = 17.3 t,查得吊车性能表 100 t 汽车吊在出杆 45 m,回转半径 15 m 的情况下吊装能力为 13.8 t,2 台协同吊装能力为 13.8×2 = 27.6 t > 17.3 t,满足承载要求。

160 t 汽车吊在出杆 45 m,回转半径 15 m 的情况下吊装能力为 25 t > 17.3 t,满足承载要求。吊车出杆 45 m 后,满足吊装高度要求,采用双根钢丝绳缠绕绑扎。

选用方案: 主桁架的吊装拟采用两台 100 t 汽车吊和 1 台 160 t 汽车吊协同完成。

### 5. 钢丝绳强度验算

(1) 为安全计,钢丝绳按下式计算其所受拉力:

$$T = G/2 \times 2 \times \sin\alpha$$

式中,$T$ 为钢丝绳所受拉力(N);$G$ 为主桁架重;$\alpha$ 为钢丝绳与主桁架的夹角;取 $\alpha = 60°$ 则: $T = 34.6 \times 9.8/ (2 \times 2 \times 0.866) = 97.9$ kN。

(2) 钢丝绳安全系数计算

以钢丝绳拉力按下式验算钢丝绳的安全系数 $K$:

$$K = F/T = 1\,182/97.9 = 12.1 \geqslant [K] = 10$$

经验算钢丝绳强度满足吊装要求。

【案例 6-5】 大跨结构安装实例——某会展中心钢屋盖安装方案与实施

本工程为某会展中心建筑群项目——展览中心,地上 2 层(局部设置夹层),地下 1 层。1 层、2 层均为展览空间,2 层展厅在非布置期作为体育活动场地使用,夹层布置设备间。本工程长 237 m、宽 84 m,高 29.5 m,屋架为钢结构,由 24 榀主桁架及其连接系杆以及 3 榀门架组成,最大跨度 54 m。整体结构如图 6-21 所示。

### 1. 钢结构屋盖安装特点

(1) 钢结构工程占地面积大,构件数量较多,施工吊装作业面大。

(2) 整个安装工期仅有 6 个月,对于如此大体量的工程,钢结构吊装工期非常紧迫。

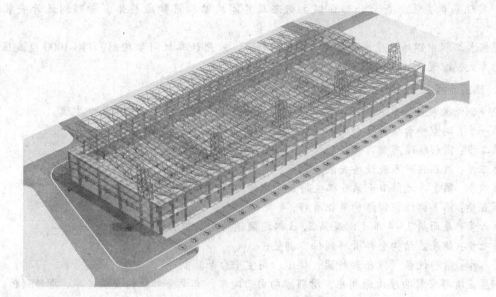

图 6-21 某会展中心钢屋盖

（3）会展中心屋面构件悬挑长度长，且节点、构件重量重，最大吊装单元达到 100 t，所需吊装设备作业半径较大，构件安装高度最高达到 30 米多，安装难度大。

（4）所有屋面构件下方都有一至三层混凝土结构，分布面积较大，对吊机的选择提出了要求，另外，钢结构安装时必须采用临时支撑，且支撑必须设置在混凝土上，对混凝土板的安装施工形成交叉作业，故施工协调要求高。

（5）本工程会展中心为典型的单层空间桁架结构，由于构件长度较长，最长的构件吊装长度达到 100 多米，构件在自重情况下就可能产生较大的挠度，故对吊装方法提出了相应的要求。

根据对本工程以上分析的结构特点和受力性能，需选择经济可靠、快速并有可操作性的吊装方案，选择合适的吊装机械，确定合理的吊装顺序，经反复比较与论证，钢结构安装施工采用高空整体拼装后累积滑移法：采用格构式柱作为临时支撑体系，利用混凝土柱以及混凝土梁在楼板上设置滑移轨道采取高空累积滑移。钢结构屋盖滑移重量总计约 1 700 t。

2. 方案思路

根据钢结构屋盖的平面几何外形特点以及土建施工平面布置，主桁架、连接系杆以及 3 榀门架组合钢结构的形式，决定采用液压同步累积滑移的安装新工艺。

由于钢结构屋盖主桁架总长度较大（约 95 m），且每榀均预埋件支座固定于混凝土柱上。为保证安装精度、减小安装过程中调整工作量、提高整个安装工艺的机动性，将整个钢结构屋盖分成 4 个安装区域，门架分成 3 个安装区域。

在会展中心混凝土平台东侧搭设高空组装胎架，沿主桁架平面布置方向，将主桁架按安装区域组装成整体。在离地面约 19 m 高度，分别沿 D 轴和 K 轴方向设置水平滑移轨道，滑移轨道间距达 54 m。每榀主桁架在两组轨道上向西滑移一定距离（相邻两榀主桁架之间的挡距）。在原胎位组装下一榀主桁架，并安装与已滑移主桁架之间的次结构之后，重复前面的步骤水平滑移，实现累积安装，直至全部6榀主桁架及其间次结构累积成整体，滑移到设计安装平面位置。

根据本工程中钢结构屋盖滑移施工工艺的特点，采用计算机同步控制，TJG-1000型液压爬行器驱动方式，配置常规或变频液压泵源系统实施滑移作业。

3. 施工流程

整个钢结构屋盖安装涉及同步累积滑移作业的施工流程主要分为如下8个步骤。

第一步：高空平台塔设及加固等设置；

第二步：滑移轨道布置、铺设；

第三步：液压爬行系统设备安装、调试；

第四步：第1单元第1至第6榀主桁架等钢结构累积滑移；

第五步：第1榀门架钢结构累积滑移；

第六步：屋面第2~4单元以及第2、3榀门架钢结构累积滑移；

第七步：钢屋盖结构全部滑移到位、调整；

第八步：滑移设施（液压爬行器、轨道、高空平台等）拆除。

钢屋盖滑移安装顺序由西向东，滑移方向由西向东，直至全部结构安装完毕、滑移到位。

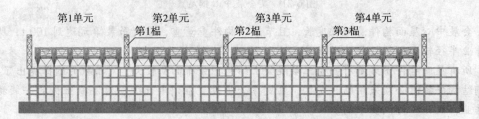

图6-22　屋盖安装同步累积滑移图例

4. 工作内容

在整个会展钢结构屋盖同步累积滑移作业施工中，滑移专业作业主要完成如下内容：

(1) 提供液压爬行器外形及安装尺寸，配合滑靴及滑移顶推点设计。

(2) 提供滑移轨道的型号和形式，提出安装要求。

(3) 安装及拆除液压同步滑移系统设备。

(4) 液压同步滑移系统现场调试。

(5) 实施液压同步滑移系统设备操作。

【案例6-6】　大跨度桁架整体提升安装实例

图6-23为某双塔连体结构，东西两塔间距25.2 m，两塔楼之间在20层以上为钢结构桁架连体，连体部分钢结构桁架长25.2 m，宽24.6 m，实际高度18.5 m，重量410 t。在裙楼屋顶组装，安装就位高度94.9 m，实际提升距离62 m。

该连体钢结构是在五层裙房顶制作成型后采用穿心式液压千斤顶整体提升吊装就位。这类吊装方法适用于大体量、大重量的构件的空中安装，高层建筑间的连体结构安装，超大空间（体育场馆、会议厅、多功能厅）的整体屋架安装，大型起重机和其他吊装方法完成不了的质量大、起升高度高的大型结构吊装，及吊车无法靠近的其他部位的结构安装。

图 6-23　双塔连体桁架结构

1. 方案选择主要目的

（1）将高空中连体钢结构制作移到平地进行，便于测量和质量控制。地面组装整体桁架，提升到空中安装就位。

（2）避免搭设高空脚手架的经济耗费和安全隐患。

（3）同步提升工艺避免钢结构的局部杆件受力不均而损坏的现象。

（4）就位控制准确，安全风险小。

（5）吊装过程受自然环境（风、雨、雪、雾）的影响较小。

2. 实施方法

如图 6-24 所示，预埋 8 个吊装牛腿，安放 16 个穿心式液压千斤顶，每个千斤顶通过中心布置一束钢绞线与被吊装的钢结构通过下吊点相连。结构吊装时，通过计算机控制，液压传动，机械作用使千斤顶内的钢绞线沿千斤顶中心上移，将钢结构整体吊起，直至吊装到对接位置。

图 6-24　穿心式液压千斤顶安装示意图

设备系统包含：泵站 2 台、启动柜 2 套、40 t 千斤顶 18 台（2 台备用）、控制箱 2 只、主控柜 1 台、压力传感器 4 台、锚具、电缆、油管、对讲机、钢绞线（直径 10 mm 的低松弛 1 860 钢绞线，长度大于起吊高度）、手拉葫芦8只、经纬仪、水准仪、钢尺、电焊机等。

3. 工艺流程

施工准备→安装支承牛腿→安装千斤顶→穿钢绞线→吊物锚固点安装→预紧钢绞线→控制系统安装→试提升→正式提升→就位→连接→拆除提升装置。

（1）安装施工准备主要上支撑点及下锚点验算及加固措施；

① 上支撑点及下锚点验算及加固措施

桁架在吊装过程中，全部荷载集中于吊点处的梁柱，除与吊点相交的梁柱外，其他结构构件几乎不参与工作，为改变这种状态，对塔楼结构采取临时加固措施，采用2∟125×10角钢做斜支撑将部分外力传至其他构件，使更多的构件参与工作，保证吊装过程中结构安全。

下吊点处采用2∟125×10角钢做临时加固，经计算，吊装过程中桁架各杆件应力均远小于钢材屈服强度，构件处于安全状态。

② 制作、组拼、焊接、验收连体钢结构

钢结构拼装在群房顶进行，作业台设在群房顶板，F-5，F-6轴线无柱的主次梁结构，以此为平台进行钢结构拼装，但必须对结构进行验算。

经验算知：5层桁架完全拼装完成时，F轴梁刚好达到极限强度，标准荷载下挠度为27 mm，（约为1/570，在允许范围内），但在极限荷载下已达极限承载力，因此施工过程中采取措施措施：①进行变形测量监控；②加设支撑、拉索增加结构整体刚度；③进行桁架有效杆件内力的计算保证整体吊装结构整体性。

（2）安装支承牛腿：搭设防护架，用塔吊吊装两端8个支承点牛腿，校正、焊接、验收，在牛腿上分别焊接好支撑千斤顶的支座。

（3）安装千斤顶：用塔吊吊装千斤顶到支承牛腿上安装就位，每个支承牛腿上安放两个千斤顶，如图6-25所示。

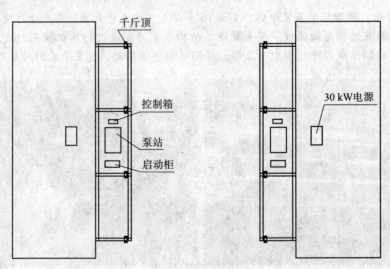

图6-25 安装千斤顶

（4）穿钢绞线：用塔吊配合将钢绞线穿入千斤顶的穿心孔，钢绞线的长度大于起吊高度。

（5）起吊物锚固点的安装。连体钢结构的起吊锚固点设置在支承千斤顶的正下方，用钢板制作起吊托板，穿入钢绞线以夹具锚固，吊点周围进行加固处理，如图6-26所示。

（6）预紧钢绞线：系统全部连接并经检查完善后启动系统使钢绞线处于收紧状态。

（7）控制系统安装：接通集群油缸系统、泵站系统、传感器系统、计算机控制系统，电控线、油路试调试，油缸进行空行程调试。

（8）试提升：通过集群千斤顶顶升动作试提升300 mm后，锁定千斤顶夹具，空中悬挂静置24小时，测量结构构件的变形情况，查看有无异常。起吊前和起吊后分别用经纬仪和水准仪检查联体构件的整体垂直度和整体平面弯曲偏差情况，偏差值不得超过《钢结构工程施工质量验收规范》（GB 50205—2001）规定的允许偏差限值。

图6-26 整体提升法

（9）正式提升：试提升稳定后，通过集群千斤顶协同循环往复动作正式开始提升。

集群油缸系统通过计算机控制系统对所有油缸的动作统一控制，统一指挥，动作一致（千斤顶的锚具松紧、油缸伸缩完全一致），完成结构件的提升作业。

提升过程中每桁架节点和牛腿支座部位均安排一名监测人员，随时监测千斤顶和桁架行走情况，发现异常，立即停止作业，由总指挥安排排除故障。

（10）就位：通过油缸的反复动作，将结构件吊至规定高度后，下锚具夹紧，四周用手拉葫芦固定后等待焊接连接。

（11）连接：将连体钢结构与两塔楼的边柱预留钢板进行焊接连接。在提升过程中连体钢结构与塔楼边柱的预留间隙30 mm，焊缝较宽，应采用堆焊与主体桁架牛腿焊接，采用UT探伤检验。

（12）质量验收合格后，拆除提升装置。质量标准依据《钢结构工程施工质量验收规范》（GB 50205—2001）。塔楼边柱混凝土垂直度控制在5 mm内；连体钢结构边跨与塔楼边柱的间隙控制在30 mm±5 mm；千斤顶伸缩同步误差≤1.5 mm。

**4. 质量保证体系**

成立以项目经理为组长，技术负责人、质检员、安全员、吊装组长参加的质量管理小组。施工中严格按ISO9001：2000体系标准进行施工管理，执行书面交接记录。项目经理全面负责吊装作业的指挥、协调和组员职责的落实质量；技术负责人进行方案的编制，专家组论证的修订、完善、审批，方案的交底；质检员负责实际操作过程的检查验收，执行方案的情况，意外情况回报；安全员负责操作人员安全措施的监督、检查、意外情况回报；吊装组长负责计算机系统、泵站系统、油路系统、千斤顶系统的工作情况巡查。

**5. 安全管理措施**

（1）所有施工人员均经专业培训合格。进入施工现场必须戴好安全帽，高空作业必须系好安全带、穿防滑鞋。操作过程中的小型工具、螺栓等小型配件严禁在空中抛掷，必须放入工具袋中。

（2）安装千斤顶的牛腿支承构件和连体桁架的提升吊点均进行受力验算，连体桁架内需进行临时支撑，满足承载力要求。

（3）指挥联络信号明确通畅。所有人员服从统一指挥，发现问题立即汇报。

（4）在各个提升点千斤顶周围用架子管搭成平台并配好护栏、防护网等，以保证人员的安全和方便管路的连接。

（5）选择天气状况较好的时间进行提升作业，如在提升过程中遇雷电、下雨、5级以上大风天气时，应停止作业并使用手拉葫芦等方法做临时锚固。

（6）异常情况紧急报警：在每个吊点设有紧急停机按钮，一旦出现异常情况可实现全系统停机。

（7）施工现场设置警戒标志，提升期间严禁非操作人员进入作业现场，现场内用电线路、设备、洞口全部设置防护并立牌警示。

（8）各专业工种（起重工、电焊工、电工、指挥、架子工、测量员、塔吊司机等）均必须严格执行本工种安全操作规程。

（9）所有设备在提升前均要进行保养、检查，千斤顶要经过保养清洗并经压力试验方可使用，提升前质量管理小组共同对整个提升系统进行全面检查，确认无误后方可进行提升操作。

（10）钢绞线使用前进行细致的检查鉴定，确保无断丝和损伤。

（11）大风应急预案：下吊点处，随桁架吊装内侧两榀桁架各跟随1个5t倒链共计4个，当吊装出现较大风时，巡视及监测人员接到吊装总指挥命令，迅速用倒链将桁架固定到塔楼上，确保安全。

6. 环保措施

（1）提升设备油管布置部位垫好塑料薄膜，防止油管损坏时污染场地。

（2）安装拆卸设备时做好防油泄露工作，避免油泵系统油外溢。

（3）焊接作业做好防护，防止焊渣乱溅，焊条头及时回收。

# 项目6.3 大跨度结构安装质量控制

## 第一部分 项目应知

### 6.3.1 大跨桁架构件制作标准

空间钢结构所用的钢材材质必须符合设计要求，如无出厂合格证或有怀疑时，必须按现行国家标准《钢结构工程施工质量验收规范》（GB 50205—2001）的规定进行机械性能试验和化学分析，经证明符合标准和设计要求后方可使用。节点和杆件的零部件加工制作均在工厂进行，桁架的拼装应在专门的胎具上进行。

（1）桁架结构杆件轴线交点错位的允许偏差不得大于3.0 mm。检查数量：按构件数抽查10%，且不应少于3个，每个抽查构件按节点数抽查10%，且不少于3个节点。

（2）钢桁架外形尺寸的允许偏差应符合表3-16的规定。

（3）支座锚栓的螺纹得到保护，其尺寸的允许偏差符合规范的规定。

### 6.3.2 大跨桁架结构安装标准

钢结构安装质量应符合《钢结构工程施工质量验收规范》"10 单层钢结构安装工程"分项工程中的要求，或参考本教材单元4中"厂房钢结构安装质量验收"中的要求。

（1）钢结构安装检验批应在进场验收和焊接连接、紧固件连接、制作等分项工程验收合格的基础上进行验收。

（2）安装的测量校正、高强度螺栓安装、负温度下施工及焊接工艺等，应在安装前进行工艺试验或评定，并应在此基础上制定相应的施工工艺或方案。

（3）安装偏差的检测，应在结构形成空间刚度单元并连接固定后进行。

（4）安装时，必须控制屋面、楼面、平台等的施工荷载，施工荷载和冰雪荷载等严禁超过梁、桁架、楼面板、屋面板、平台辅板等的承载能力。

（5）钢屋（托）架、桁架、梁及受压杆件的垂直度和侧向弯曲矢高的允许偏差应符合表 4-21 的规定。

（6）当钢桁架（或梁）安装在混凝土柱上时，其支座中心对定位轴线的偏差不应大于 10 mm；当采用大型混凝土屋面板时，钢桁架（或梁）间距的偏差不应该大于 10 mm。

（7）现场焊缝组对间隙的允许偏差应符合表 4-25 的规定。

## 6.3.3　大跨网架结构安装标准

（1）钢网架结构支座定位轴线的位置、支座锚栓的规格应符合设计要求。

（2）支承面顶板的位置、标高、水平度以及支座锚栓位置的允许偏差应符合表 6-6 的规定。

表 6-6　　　　　　　　　支承面顶板、支座锚栓位置的允许偏差

| 项　　目 | | 允许偏差/mm |
| --- | --- | --- |
| 支承面顶板 | 位置 | 15.0 |
| | 顶面标高 | 0，－0.3 |
| | 顶面水平度 | l/1 000 |
| 支座锚栓 | 中心偏移 | ±5.0 |

（3）在对网架结构进行分析时，其杆件内力和节点变形都是根据支座节点在一定约束条件下进行计算。而支承垫块的种类、规格、摆放位置和朝向的改变，都会对网架支座节点的约束条件产生直接的影响。支承垫块的种类、规格、摆放位置和朝向，必须符合设计要求和国家现行有关标准的规定。橡胶垫块与刚性垫块之间或不同类型刚性垫块之间不得互换使用。

（4）网架支座锚栓的紧固应符合设计要求。

（5）小拼单元的允许偏差应符合表 6-2 的规定。

（6）中拼单元的允许偏差应符合表 6-3 的规定。

（7）钢网架结构安装完成后，其安装的允许偏差应符合表 6-7 的规定。

表 6-7　　　　　　　　　　钢网架结构安装的允许偏差

| 项　　目 | 允许偏差/mm | 检验方法 |
| --- | --- | --- |
| 纵向、横向长度 | $L/2\,000$，且不应大于 30.0<br>$-L/2\,000$，且不应大于 $-30.0$ | 用钢尺实测 |
| 支座中心偏移 | $L/3\,000$，且不应大于 30.0 | 用钢尺和经纬仪实测 |
| 周边支承网架相邻支座高差 | $L/400$，且不应大于 15.0 | |
| 支座最大高差 | 30.0 | 用钢尺和水准仪实测 |
| 多点支承网架相邻支座高差 | $L_1/800$，且不应大于 30.0 | |

注：$L$ 为纵向、横向长度；$L_1$ 为相邻支座间距。

（8）钢网架结构总拼完成后及屋面工程完成应分别测量其挠度值，且所测的挠度值不应超过相应设计值的 1.15 倍。跨度 24 m 及以下钢网架结构测量下弦中央一点；跨度 24 m 以上钢网架结构测量下弦中央一点及各向下弦跨度的四等分点。检验方法：用钢尺和水准仪实测。

## 6.3.4 大跨结构安装技术措施

### 1. 成品质量保护

（1）大跨结构安装后，在拆卸架子时应注意同步，逐步的拆卸，防止应力集中，使结构产生局部变形，或使局部构件变形。

（2）结构安装完成后，其节点及杆件表面应干净，不应有明显的疤痕、泥沙和污垢。螺栓球节点应将所有接缝用油膜子填嵌严密，并应将多余螺孔封口。

（3）钢架安装完毕后，应对成品进行保护，勿在构架上方集中堆放物件。如有屋面板、檩条需要安装时，也应在不超载情况下分散码放。

（4）钢架安装后，如需用吊车吊装檩条或屋面板时，应该轻拿轻放，严禁撞击钢架产生局部变形。

### 2. 安装技术措施

（1）桁架的制作与安装应编制施工组织设计，在施工中必须认真执行。构件制作安装、验收及土建施工放线使用的所有钢尺必须统一标准、丈量的拉力要一致。当跨度较大时，应按气温情况考虑温度修正。

（2）钢架在安装时，对临时支点的设置应认真对待。应在安装前，安排好支点和支点标高，临时支点既要使钢架受力均匀，杆件受力一致，还应注意临时支点的基础（脚手架）的稳定性，一定要注意防止支点下沉。

（3）临时支点的支撑物最好用千斤顶，这样可以在安装过程中逐步调整。注意临时支点的调整不应该是某个点的调整，还要考虑到四周构件受力的均匀，有时这种局部调整会使个别杆件变形、弯曲。

（4）临时支点拆卸时应注意每组支点应同步下降，在下降过程中，下降的幅度不要过大，应该是逐步分区分阶段按比例的下降，或者用每步不大于 100 mm 的等步下降法拆除支撑点。

（5）安装焊接时，应考虑到焊接收缩的变形问题，尤其是整体吊装，在地面安装后，焊接前要掌握好焊接变形量和收缩值。避免焊接偏在构件的一侧，使结构由于单向受热而变形。如果均布置在上弦时，会将原有计划的起拱度抵消，产生很大的下挠值，影响验收的质量要求。因此在施工焊接时应考虑到单向受热的变形因素。

（6）结构安装后应注意支座的受力情况，有的支座允许焊死，有的支座应该是自由端，有的支座需要限位，等等，所以支座的施工应严格按照设计要求进行。支座垫板、限位板等应按规定顺序、方法安装。

## 【复习思考题】

[6-1] 简说大跨度桁架拼装工艺和质量控制要点。

[6-2] 大跨度桁架结构有哪些安装方法？分别说明其适用范围。

[6-3] 大跨度结构安装施工质量验收标准是什么？

[6-4] 整体提升和高空滑移施工过程中有哪些控制指标？

[6-5] 如何对大跨结构安装过程进行质量监控？

# 附录 A 强度指标

表 A1 钢材的强度设计值

| 钢材 | | 抗拉、抗压和抗弯 $f$/（N·mm$^{-2}$） | 抗剪 $f_v$/（N·mm$^{-2}$） | 端面承压（刨平顶紧）$f_{ce}$/（N·mm$^{-2}$） |
|---|---|---|---|---|
| 牌号 | 厚度或直径/mm | | | |
| Q235 钢 | ≤16 | 215 | 125 | 325 |
| | >16~40 | 205 | 120 | |
| | >40~60 | 200 | 115 | |
| | >60~100 | 190 | 110 | |
| Q345 钢 | ≤16 | 310 | 180 | 400 |
| | >16~35 | 295 | 170 | |
| | >35~50 | 265 | 155 | |
| | >50~100 | 250 | 145 | |
| Q390 钢 | ≤16 | 350 | 205 | 415 |
| | >16~35 | 335 | 190 | |
| | >35~50 | 315 | 180 | |
| | >50~100 | 295 | 170 | |
| Q420 钢 | ≤16 | 380 | 220 | 440 |
| | >16~35 | 360 | 210 | |
| | >35~50 | 340 | 195 | |
| | >50~100 | 325 | 185 | |

注：表中厚度系指计算点的钢材厚度，对轴心受拉和轴心受压构件系指截面中较厚板件的厚度。

表 A2 钢铸件的强度设计值

| 钢号 | 抗拉、抗压和抗弯 $f$/（N·mm$^{-2}$） | 抗剪 $f_v$/（N·mm$^{-2}$） | 端面承压（刨平顶紧）$f_{ce}$/（N·mm$^{-2}$） |
|---|---|---|---|
| ZG200—400 | 155 | 90 | 260 |
| ZG230-450 | 180 | 105 | 290 |
| ZG270—500 | 210 | 120 | 325 |
| ZG310—570 | 240 | 140 | 370 |

建筑钢结构制作与安装

表 A3　　　　　　　　　　　　钢材和铸钢件的物理性能指标

| 弹性模量 $E$/（N·mm$^{-2}$） | 剪切模量 $G$/（N·mm$^{-2}$） | 线膨胀系数 $\alpha$（以每℃$^{-1}$计） | 质量密度 $\rho$/（kg·m$^{-3}$） |
|---|---|---|---|
| $206 \times 10^3$ | $79 \times 10^3$ | $12 \times 10^{-6}$ | 7 850 |

表 A4　　　　　　　　　　　　焊缝的强度设计值

| 焊接方法和焊条型号 | 构件钢材 | | 对接焊缝 | | | | 角焊缝 |
|---|---|---|---|---|---|---|---|
| | 牌号 | 厚度或直径/mm | 抗压 $f_c^w$/（N·mm$^{-2}$） | 焊缝质量为下列等级时，抗拉 $f_t^w$/（N·mm$^{-2}$） | | 抗剪 $f_v^w$/（N·mm$^{-2}$） | 抗拉、抗压和抗剪 $f_f^w$/（N·mm$^{-2}$） |
| | | | | 一级、二级 | 三级 | | |
| 自动焊、半自动焊和 E43 型焊条的手工焊 | Q235 钢 | ≤16 | 215 | 215 | 185 | 125 | 160 |
| | | >16~40 | 205 | 205 | 175 | 120 | |
| | | >40~60 | 200 | 200 | 170 | 115 | |
| | | >60~100 | 190 | 190 | 160 | 110 | |
| 自动焊、半自动焊和 E50 型焊条的手工焊 | Q345 钢 | ≤16 | 310 | 310 | 265 | 180 | 200 |
| | | >16~35 | 295 | 295 | 250 | 170 | |
| | | >35~50 | 265 | 265 | 225 | 155 | |
| | | >50~100 | 250 | 250 | 210 | 145 | |
| 自动焊、半自动焊和 E55 型焊条的手工焊 | Q390 钢 | ≤16 | 350 | 350 | 300 | 205 | 220 |
| | | >16~35 | 335 | 335 | 285 | 190 | |
| | | >35~50 | 315 | 315 | 270 | 180 | |
| | | >50~100 | 295 | 295 | 250 | 170 | |
| | Q420 钢 | ≤16 | 380 | 380 | 320 | 220 | 220 |
| | | >16~35 | 360 | 360 | 305 | 210 | |
| | | >35~50 | 340 | 340 | 290 | 195 | |
| | | >50~100 | 325 | 325 | 275 | 185 | |

注：（1）自动焊和半自动焊所采用的焊丝和焊剂，应保证其熔敷金属的力学性能不低于现行国家标准《埋弧焊用碳钢焊丝和焊剂》（GB/T 5293）和《低合金钢埋弧焊用焊剂》（GB/T 12470）中相关的规定。
（2）焊缝质量等级应符合现行国家标准《钢结构工程施工质量验收规范》（GB 50205—2001）的规定。其中厚度小于 8 mm 钢材的对接焊缝，不应采用超声波探伤确定焊缝质量等级。
（3）对接焊缝在受压区的抗弯强度设计值取 $f_c^w$，在受拉区的抗弯强度设计值取 $f_t^w$。
（4）表中厚度系指计算点的钢材厚度，对轴心受拉和轴心受压构件系指截面中较厚板件的厚度。

表 A5　　　　　　　　　　　　　　　螺栓连接的强度设计值　　　　　　　　　　　　单位：N·mm⁻²

| 螺栓的性能等级、锚栓和构件钢材的牌号 | | 普通螺栓 | | | | | | 锚栓 | 承压型连接高强度螺栓 | | |
|---|---|---|---|---|---|---|---|---|---|---|---|
| | | C 级螺栓 | | | A 级、B 级螺栓 | | | | | | |
| | | 抗拉 $f_t^b$ | 抗剪 $f_v^b$ | 承压 $f_c^b$ | 抗拉 $f_t^b$ | 抗剪 $f_v^b$ | 承压 $f_c^b$ | 抗拉 $f_t^a$ | 抗拉 $f_t^b$ | 抗剪 $f_v^b$ | 承压 $f_c^b$ |
| 普通螺栓 | 4.6 级、4.8 级 | 170 | 140 | — | — | — | — | — | — | — | — |
| | 5.6 级 | — | — | — | 210 | 190 | — | — | | — | |
| | 8.8 级 | — | — | — | 400 | 320 | — | — | | — | |
| 锚栓 | Q235 钢 | — | — | — | — | — | — | 140 | — | — | — |
| | Q345 钢 | — | — | — | — | — | — | 180 | — | — | — |
| 承压型连接高强度螺栓 | 8.8 级 | | | | | | | | 400 | 250 | — |
| | 10.9 级 | | | 500 | 310 | | | | | — | |
| 构件 | Q235 钢 | — | 305 | — | — | 405 | — | — | — | 470 | |
| | Q345 钢 | — | 385 | — | — | 510 | — | — | — | 590 | |
| | Q390 钢 | — | 400 | — | — | 530 | — | — | — | 615 | |
| | Q420 钢 | — | 425 | — | — | 560 | — | — | — | 655 | |

注：(1) A 级螺栓用于 $d \leqslant 24$ mm 和 $l \leqslant 10d$ 或 $l \leqslant 150$ mm（按较小值）的螺栓；B 级螺栓用于 $d > 24$ mm 或 $l \leqslant 10d$ 或 $l > 150$ mm（按较小值）的螺栓。$d$ 为公称直径，$l$ 为螺杆公称长度。
　　　(2) A 级、B 级螺栓孔的精度和孔壁表面粗糙度，C 级螺栓孔的允许偏差和孔壁表面粗糙度，均应符合现行国家标准《钢结构工程施工质量验收规范》（GB 50205—2001）的要求。

表 A6　　　　　　　　　　　　　　　铆钉连接的强度设计值

| 铆钉钢号和构件钢材牌号 | | 抗拉（钉头拉脱）$f_t^r$/N·mm⁻² | 抗剪 $f_v^r$/N·mm⁻² | | 承压 $f_c^r$/N·mm⁻² | |
|---|---|---|---|---|---|---|
| | | | I 类孔 | II 类孔 | I 类孔 | II 类孔 |
| 铆钉 | BL2 或 BL3 | 120 | 185 | 155 | — | |
| 构件 | Q235 钢 | — | — | — | 450 | 365 |
| | Q345 钢 | — | — | — | 565 | 460 |
| | Q390 钢 | — | — | — | 590 | 480 |

注：(1) 属于下列情况者为 I 类孔：
　　　①在装配好的构件上按设计孔径钻成的孔；
　　　②在单个零件和构件上按设计孔径分别用钻模钻成的孔；
　　　③在单个零件上先钻成或冲成较小的孔径，然后在装配好的构件上再扩钻至设计孔径的孔。
　　　(2) 在单个零件上一次冲成或不用钻模钻成设计孔径的孔属于 II 类孔。

表 A7 高强度螺栓的附加长度

| 螺栓直径/mm | 12 | 16 | 20 | 22 | 24 | 27 | 30 |
|---|---|---|---|---|---|---|---|
| 大六角高强度螺栓/mm | 25 | 30 | 35 | 40 | 45 | 50 | 55 |
| 扭剪型高强度螺栓/mm | | 25 | 30 | 35 | 40 | | |

表 A8 螺栓或铆钉的最大、最小容许距离

| 名称 | 位置和方向 | | | 最大容许距离 (取两者的较小值) | 最小容许距离 |
|---|---|---|---|---|---|
| 中心间距 | 外排（垂直内力方向或顺内力方向） | | | $8\,d_0$ 或 $12\,t$ | $3\,d_0$ |
| | 中间排 | 垂直内力方向 | | $16\,d_0$ 或 $24\,t$ | |
| | | 顺内力方向 | 构件受压力 | $12\,d_0$ 或 $18\,t$ | |
| | | | 构件受拉力 | $16\,d_0$ 或 $24\,t$ | |
| | 沿对角线方向 | | | — | |
| 中心至构件边缘距离 | 垂直内力方向 | 顺内力方向 | | $4\,d_0$ 或 $8\,t$ | $2\,d_0$ |
| | | 剪切边或手工气割边 | | | $1.5\,d_0$ |
| | | 轧制边、自动气割或锯割边 | 高强度螺栓 | | $1.2\,d_0$ |
| | | | 其他螺栓或铆钉 | | |

注：（1）$d_0$ 为螺栓或铆钉的孔径，$t$ 为外层较薄板件的厚度。
（2）钢板边缘与刚性构件（如角钢、槽钢等）相连的螺栓或铆钉的最大间距，可按中间的排数值采用。

表 A9 螺栓的有效面积

| 螺栓直径 $d$/mm | 16 | 18 | 20 | 22 | 24 | 27 | 30 |
|---|---|---|---|---|---|---|---|
| 螺距 $p$/mm | 2 | 2.5 | 2.5 | 2.5 | 3 | 3 | 3.5 |
| 螺栓有效直径 $d_e$/mm | 14.1236 | 15.6545 | 17.6545 | 19.6545 | 21.1854 | 24.1854 | 26.7163 |
| 螺栓有效面积 $A_e$/mm² | 156.7 | 192.5 | 244.8 | 303.4 | 352.5 | 459.4 | 560.6 |

注：表中的螺栓有效面积 $A_e$ 值系按下式算得：$A_e = \dfrac{\pi}{A}\left(d - \dfrac{13}{24}\sqrt{3}\,p\right)^2$。

# 附录 B 焊接工艺参数

mm

## 表 B1　手工电弧焊焊接接头的基本形式与尺寸

注：①—⑩、⑪中，代号 F、H、V、O 系分别表示其焊接位置，可以用平焊、横焊、立焊和低焊。

图集号 01（04）SG519

249

mm

## 表 B2 埋弧焊焊接接头的基本形式与尺寸

| ㉑SC – BI – 2 ├ | | ㉒SC – BL – 2 ∟ | | ㉓SC – BL – B1 ⊢ | | ㉔MC – BV – 2 ∠ | | ㉕SC – BV – B1 ⊥ | |
|---|---|---|---|---|---|---|---|---|---|
| F | | F | | F | | F | | F | |
| t | 6 ~ 12 | t | ≥12 | t | ≥10 | t | ≥12 | t | ≥10 |
| b | 0 | b | 0 | b | 6 | b | 0 | b | 8 |
| 备注 | 清根 | 备注 | 清根 | β | 45° | 备注 | 清根 | p | 2 |
| | | | | | 30° | | | | |

| ㉖SC – BK – 2 ⟨ | | ㉗SC – BX – 2 ⟩ | | ㉘SC – TL – 2 ∠ | | ㉙SC – TL – B1 ⊥ | | ㉚SC – CV – 2 ⊥ | |
|---|---|---|---|---|---|---|---|---|---|
| F | | F | | F | | F | | F | |
| t | ≥20 | t | ≥20 | t | ≥8 | t | ≥10 | t | ≥10 |
| b | 0 | b | 0 | b | 清根 | b | 6 | b | 0 |
| p | 5 | p | 6 | 备注 | | β | 45° | 备注 | 清根 |
| $H_1 = \frac{2}{3}(t-p)$ $H_2 = \frac{1}{3}(t-p)$ | | $H_1 = \frac{2}{3}(t-p)$ $H_2 = \frac{1}{3}(t-p)$ | | | | | 30° | | |

| ㉛SC – CV – B1 ⊥ | | ㉜ ⊥ | | ㉝ ⟨ | | ㉞ ⊐ | |
|---|---|---|---|---|---|---|---|
| F | | F | | F | | F | |
| t | ≥10 | t | 16 ~ 40 | t | ≥19 | t | ≥25 |
| b | 8 | β | 60° | β | 50° | G | 25 |
| | | | | | | t | ≤22 |
| | | | | | | G | 22 |

注：图中 F 表示焊接位置
仅用于平焊

图集号 01（04）SG519

**表 B3 工作焊焊接接头的基本形式与尺寸**  （mm）

**④① 箱形柱的焊接**

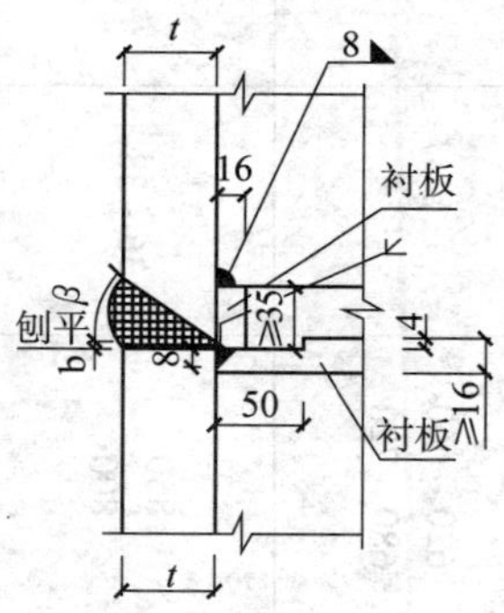

| t | β | b |
|---|---|---|
| ≤36 | 45° | 5 |
| ≥38 | 35° | 9 |

**④② 箱形柱的焊接**

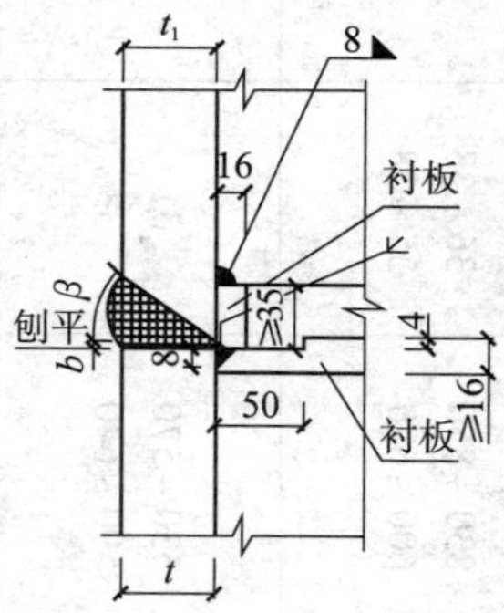

| t₁ | β | b |
|---|---|---|
| ≤36 | 45° | 5 |
| ≥38 | 35° | 9 |

**④③ 工字形梁翼缘与柱的焊接**

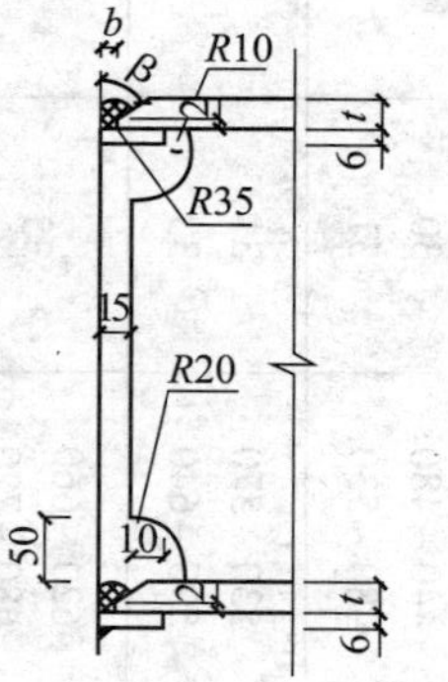

| t | β | b |
|---|---|---|
| 6~12 | 45° | 6 |
| ≥13 | 35° | 9 |

**④④ 工字形梁翼缘的焊接**

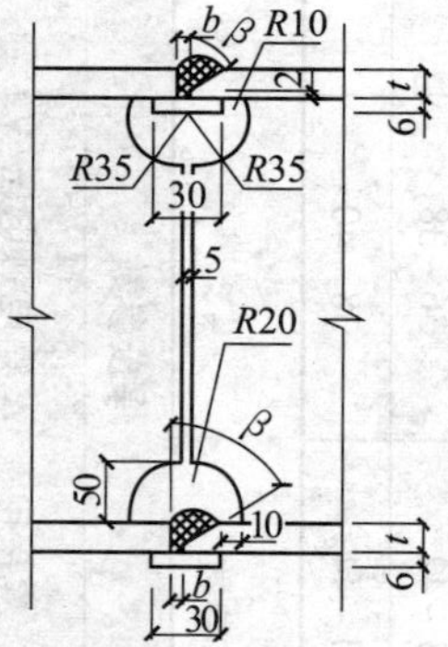

| t | β | b |
|---|---|---|
| 6~12 | 45° | 6 |
| ≥13 | 35° | 9 |

**④⑤ 工字形梁翼缘的焊接**

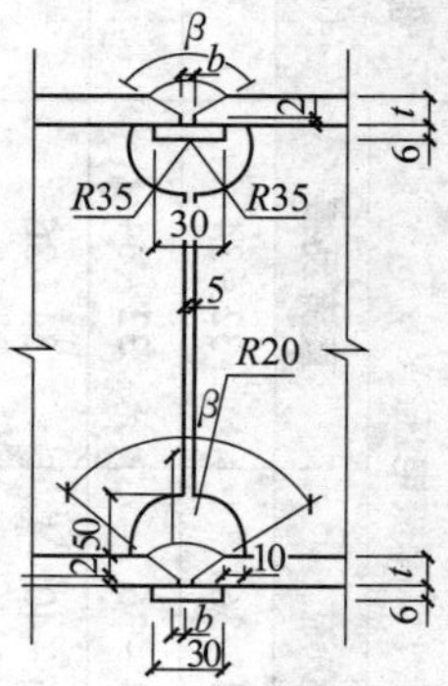

| t | β | b |
|---|---|---|
| 6~12 | 45° | 6 |
| ≥13 | 35° | 9 |

梁与柱采用完全焊透的坡口对接焊缝连接时，其梁端需作引弧板的加工大样

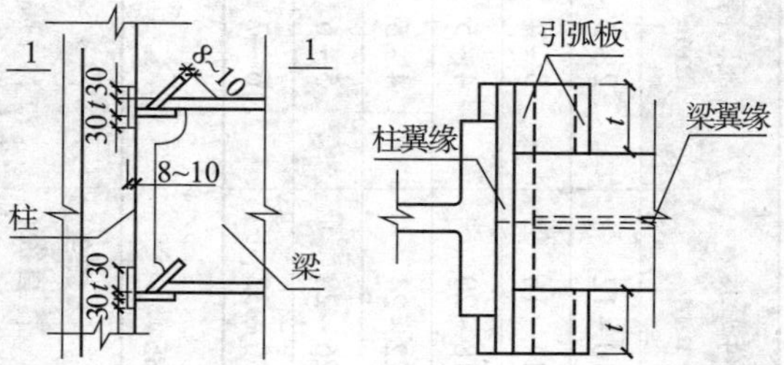

**④⑥ 工字形柱翼缘的焊接**

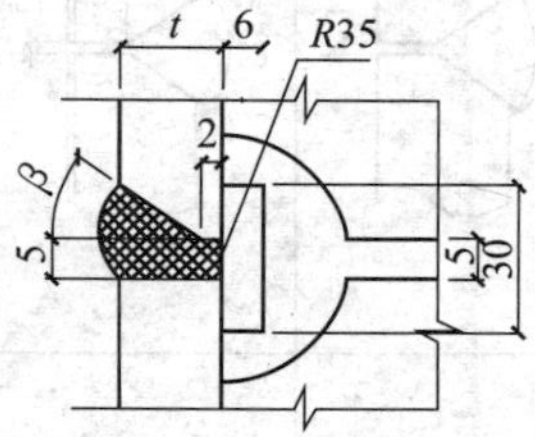

| t | β |
|---|---|
| ≤36 | 45° |
| ≥38 | 35° |

**④⑦ 工字形柱腹板的焊接**

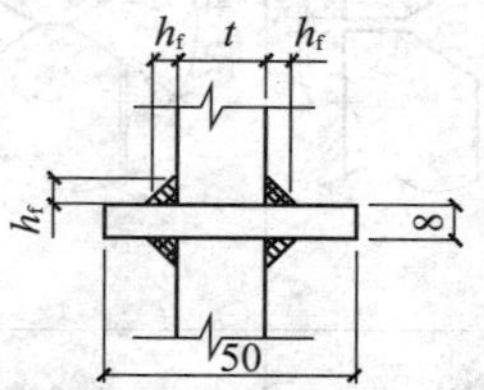

| t | 6 | 9 | 12 | 14 | 16 |
|---|---|---|---|---|---|
| h_f | 5 | 7 | 10 | 11 | 13 |

**④⑧ 工字形柱腹板的焊接**

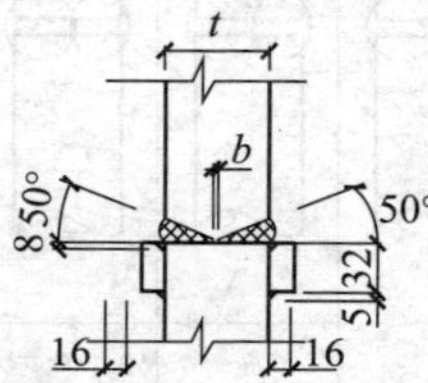

| t | b |
|---|---|
| ≥9 | 0~2 |

251

表 B4 不开坡口留间隙双面埋弧自动焊工艺参数

| 焊件厚度/ mm | 装配间隙/ mm | 焊接电流/ A | 焊接电压/V | | 焊接速度/ (m·h⁻¹) |
|---|---|---|---|---|---|
| | | | 交流 | 直流反接 | |
| 10 ~ 12 | 2 ~ 3 | 750 ~ 800 | 34 ~ 36 | 32 ~ 34 | 32 |
| 14 ~ 16 | 3 ~ 4 | 775 ~ 825 | 34 ~ 36 | 32 ~ 34 | 30 |
| 18 ~ 20 | 4 ~ 5 | 800 ~ 850 | 36 ~ 40 | 34 ~ 36 | 25 |
| 22 ~ 24 | 4 ~ 5 | 850 ~ 900 | 38 ~ 42 | 36 ~ 38 | 23 |
| 26 ~ 28 | 5 ~ 6 | 900 ~ 950 | 38 ~ 42 | 36 ~ 38 | 20 |
| 30 ~ 32 | 6 ~ 7 | 950 ~ 1 000 | 40 ~ 44 | 38 ~ 40 | 16 |

表 B5 对接接头埋弧自动焊参数

| 板厚/ mm | 焊丝直径/ mm | 接头形式 | 焊接参数 | | | |
|---|---|---|---|---|---|---|
| | | | 焊接顺序 | 焊接电流/A | 电弧电压/V | 焊接速度/ (m·min⁻¹) |
| 8 | 4 | | 正 反 | 440 ~ 480 480 ~ 530 | 30 31 | 0.50 |
| 10 | 4 | | 正 反 | 530 ~ 570 590 ~ 640 | 31 33 | 0.63 |
| 12 | 4 | | 正 反 | 620 ~ 660 680 ~ 720 | 35 | 0.42 0.41 |
| 14 | 5 | 80° 6 1.0 | 正 反 | 830 ~ 850 600 ~ 620 | 36 ~ 38 35 ~ 38 | 0.42 0.75 |
| 16 | 4 | 70°±5° 6±1 | 正 反 | 530 ~ 570 590 ~ 640 | 31 33 | 0.63 |
| | 5 | 70° 7 1.0 | 正 反 | 620 ~ 660 680 ~ 720 | 35 | 0.42 0.41 |
| 18 | 5 | 70° 10 1.0 | 正 反 | 850 800 | 36 ~ 38 | 0.42 0.50 |

（续表）

| 板厚/mm | 焊丝直径/mm | 接头形式 | 焊接参数 | | | |
|---|---|---|---|---|---|---|
| | | | 焊接顺序 | 焊接电流/A | 电弧电压/V | 焊接速度/(m/min⁻¹) |
| 20 | 4 | 70°±5°, 6±1 | 正反 | 780~820 | 29~32 | 0.33 |
| | 5 | 70° | 正反 | 700~750 | 36~38 | 0.46 |
| | 6 | 10, 1.0 | 正反 | 925 / 850 | 36 / 38 | 0.45 |
| 22 | 6 | 55°, 12, 1.0 | 正反 | 1 000 / 900~950 | 38~40 / 37~39 | 0.40 / 0.62 |
| 24 | 4 | 70°±5°, 6 | 正反 | 700~720 / 700~750 | 36~38 | 0.33 |
| | 5 | 80°, 8 | 正反 | 800 / 900 | 34 / 38 | 0.3 / 0.27 |
| 28 | 4 | 70°, 6 | 正反 | 825 | 30~32 | 0.27 |
| 30 | 4 | 45° / 45°, 4 | 正反 | 750~800 / 800~850 | 36~38 | 0.30 |
| | 6 | 60° / 60°, 6 | 正反 | 800 / 850~900 | 36 | 0.25 |

表 B6 厚壁多层埋弧焊工艺参数

| 接头形式 | 焊丝直径/mm | 焊接电流/A | 电弧电压/V | | 焊接速度/(m·min⁻¹) |
|---|---|---|---|---|---|
| | | | 交流 | 直流 | |
| | 4 | 600 ~ 710 | 36 ~ 38 | 34 ~ 36 | 0.4 ~ 0.5 |
| | 5 | 700 ~ 800 | 38 ~ 42 | 36 ~ 40 | 0.45 ~ 0.55 |

表 B7 搭接接头埋弧自动焊工艺参数

| 板厚/mm | 焊脚/mm | 焊丝直径/mm | 焊接参数 | | | a/mm | α/(°) | 简图 |
|---|---|---|---|---|---|---|---|---|
| | | | 焊接电流/A | 电弧电压/V | 焊接速度/(m·min⁻¹) | | | |
| 6 | | 4 | 530 | 32 ~ 34 | 0.75 | 0 | 55 ~ 60 | |
| 8 | 7 | 4 | 650 | 32 ~ 34 | 0.75 | 1.5 ~ 2.0 | 55 ~ 60 | |
| 10 | 7 | 4 | 600 | 32 ~ 34 | 0.75 | 1.5 ~ 2.0 | 55 ~ 60 | |
| 12 | 6 | 5 | 780 | 32 ~ 35 | 1 | 1.5 ~ 2.0 | 55 ~ 60 | |

表 B8 T 形接头单道埋弧自动焊焊接参数

| 焊脚/mm | 焊丝直径/mm | 焊接电流/A | 电弧电压/V | 焊接速度/(m·min⁻¹) | 送丝速度/(m·min⁻¹) | a/mm | b/mm | α/(°) | 简图 |
|---|---|---|---|---|---|---|---|---|---|
| 6 | 4 ~ 5 | 600 ~ 650 | 30 ~ 32 | 0.7 | 0.67 ~ 0.77 | 2 ~ 2.5 | ≤1.0 | 60 | |
| 8 | 4 ~ 5 | 650 ~ 770 | 30 ~ 32 | 0.42 | 0.67 ~ 0.83 | 2 ~ 3.0 | 1.5 ~ 2.0 | 60 | |

表 B9                        船形位置 T 形接头的单道埋弧自动焊焊接参数

| 焊脚/mm | 焊丝直径/mm | 焊接电流/A | 电弧电压/V | 焊接速度/（m·min⁻¹） | 送丝速度/（m·min⁻¹） |
|---|---|---|---|---|---|
| 6 | 5 | 600~700 | 34~36 | — | 0.77~0.83 |
| 8 | 4 | 675~700 | 34~36 | 0.33 | 1.83 |
|  | 5 | 700~750 | 34~36 | 0.42 | 0.83~0.92 |
| 10 | 4 | 725~750 | 33~35 | 0.27 | 2.0 |
|  | 5 | 750~800 | 34~36 | 0.3 | 0.9~1 |

表 B10                              焊接反变形参考数值

| 板厚 t/mm | f/mm (α+2)/2 反变形角度（平均值） | B/mm | | | | | | | | | | |
|---|---|---|---|---|---|---|---|---|---|---|---|---|
|  |  | 150 | 200 | 250 | 300 | 350 | 400 | 450 | 500 | 550 | 600 | 650 | 700 |
| 12 | 1°30′40″ | 2 | 2.5 | 3 | 4 | 4.5 | 5 | | | | | | |
| 14 | 1°22′40″ | 2 | 2.5 | 3 | 3.5 | 4 | 5 | 5.5 | | | | | |
| 16 | 1°4′ | 1.5 | 2 | 2.5 | 3 | 3.5 | 4 | 4 | 4.5 | 5 | 5 | | |
| 20 | 1° | 1 | 2 | 2 | 2.5 | 3 | 3.5 | 4 | 4.5 | 4.5 | 5 | 5 | |
| 25 | 55′ | 1 | 1.5 | 2 | 2.5 | 3 | 3 | 3.5 | 4 | 4 | 4.5 | 5 | 5 |
| 28 | 34′20″ | 1 | 1 | 1 | 1.5 | 2 | 2 | 2 | 2.5 | 2.5 | 3 | 3.5 | 3.5 |
| 30 | 27′20″ | 0.5 | 1 | 1 | 1 | 1.5 | 1.5 | 2 | 2 | 2 | 2.5 | 2.5 | 3 |
| 36 | 17′20″ | 0.5 | 0.5 | 0.5 | 1 | 1 | 1 | 1 | 1.5 | 1.5 | 1.5 | 1.5 | 2 |
| 40 | 11′20″ | 0.5 | 0.5 | 0.5 | 0.5 | 0.5 | 0.5 | 1 | 1 | 1 | 1 | 1 | 1 |

表 B11  φ1.2 焊丝 $CO_2$ 焊全熔透对接接头焊件的焊接工艺参数

| 板厚/mm | 焊丝直径/mm | 接头形式 | 装配间隙/mm | 焊接参数 | | | | | | 备注 |
|---|---|---|---|---|---|---|---|---|---|---|
| | | | | 层数 | 焊接电流/A | 电弧电压/V | 焊接速度/(m·min⁻¹) | 焊丝外伸长/mm | 气体流量/(L·min⁻¹) | |
| 6 | 1.2 | | 1.0~1.5 | 1 | 270 | 27 | 0.55 | 12~14 | 10~15 | |
| | 1.6 | | 1 | 1 | 400~430 | 36~38 | 0.80~0.83 | 16~22 | 15~20 | d 为焊丝直径 |
| | 1.2 | | 0~1 | 2 | 190 / 210 | 19 / 30 | 0.25 | 15 | 15 | |
| | 2.0 | | 1.6~2.2 | 1~2 | 280~300 | 28~30 | 0.30~0.37 | 10d 但不大于 40 | 16~18 | |
| 8 | 1.2 | | 1~1.5 | 2 | 120~130 / 130~140 | 26~27 / 28~30 | 0.3~0.5 / 0.4~0.5 | 12~40 | 20 | |
| | 1.6 | | 1 | 2 | 350~380 / 400~430 | 35~37 / 36~38 | 0.7 | 16~22 | 20~25 | 用铜垫板,单面焊双面成型 |
| | 1.6 | | 1.9~2.2 | 2 | 450 | 41 | 0.48 | 10d 但不大于 40 | 16~18 | 采用陡降外特性 |
| | 2.0 | | 1.9~2.2 | 2 | 350~360 | 34~36 | 0.40 | 10d 但不大于 40 | 16 | 采用陡降外特性 |
| | 2.0 | | 1.9~2.2 | 3 | 400~420 | 34~36 | 0.45~0.5 | 10d 但不大于 40 | 16~18 | 采用陡降外特性 |

（续表）

| 板厚/mm | 焊丝直径/mm | 接头形式 | 装配间隙/mm | 层数 | 焊接电流/A | 电弧电压/V | 焊接速度/(m·min⁻¹) | 焊丝外伸长/mm | 气体流量/(L·min⁻¹) | 备注 |
|---|---|---|---|---|---|---|---|---|---|---|
| 8 | 2.0 | 100° | 1.9~2.2 | 1 | 450~460 | 35~36 | 0.40~0.47 | 10d 但不大于 40 | 16~18 | 用铜垫板,单面焊双面成型 |
|  | 2.5 | 100° | 1.9~2.2 | 1 | 600~650 | 41~43 | 0.40 | 10d 但不大于 40 | 20 | 用铜垫板,单面焊双面成型 |
| 9 | 1.6 | | 1.0 | 1 | 420 | 38 | 0.5 | 16~22 | 20 |  |
|  | 1.6 |  | 0~1.5 | 2 | 340, 360 | 33.5, 34 | 0.45 | 15 | 20 |  |
| 10 | 1.2 | 40° | 1~1.5 | 2 | 130~140, 280~300, 300~320 | 20~30, 30~33, 37~39 | 0.3~0.5, 0.25~0.30, 0.70~0.82 | 15 | 20 | V 形坡口 |
|  | 1.2 |  |  | 2 | 300~320 | 37~39 | 0.70~0.82 | 15 | 20 | X 形坡口 |
|  | 2.0 |  |  |  | 600~650 | 37~38 | 0.60 | 10d 但不大于 40 | 20 | 采用陡降外特性 |

（续表）

| 板厚/mm | 焊丝直径/mm | 接头形式 | 装配间隙/mm | 层数 | 焊接参数 焊接电流/A | 电弧电压/V | 焊接速度/(m·min⁻¹) | 焊丝外伸长/mm | 气体流量/(L·min⁻¹) | 备注 |
|---|---|---|---|---|---|---|---|---|---|---|
| 12 | 1.2 | 60°/60° 坡口 | | 2 | 310 330 | 32 33 | 0.5 | 15 | 20 | 自动焊或半自动焊均可 |
| | 1.6 | I形 | 0~1.5 | 2 | 400~430 | 36~38 | 0.70 | 16~22 | 20~26.7 | |
| | 2.0 | I形 | 1.8~2.2 | 2 | 280~300 | 20~30 | 0.27~0.33 | 10d 但不大于 40 | 18~20 | |
| 16 | 1.2 | 50°/60°/60° 坡口 | | 3 | 120~140 300~340 300~340 | 25~27 33~35 35~37 | 0.40~0.50 0.30~0.40 0.20~0.30 | 15 | 20 | V形坡口 |
| | 1.6 | | | 2 | 410 430 | 34.5 36 | 0.27 0.45 | 20 | 20 | X形坡口 |
| | 1.2 | 40°/40° 坡口 | | 4 | 140~160 260~280 270~290 270~290 | 24~26 31~33 34~36 34~36 | 0.20~0.30 0.33~0.40 0.50~0.60 0.40~0.50 | 15 | 20 | |
| | 1.6 | 45°/45° 坡口 | | 4 | 400~430 400~430 | 36~38 36~38 | 0.50~0.60 0.50~0.60 | 16~22 | 25 | 无钝边 |

（续表）

| 板厚/mm | 焊丝直径/mm | 接头形式 | 装配间隙/mm | 层数 | 焊接参数 | | | | | 备注 |
|---|---|---|---|---|---|---|---|---|---|---|
| | | | | | 焊接电流/A | 电弧电压/V | 焊接速度/(m·min⁻¹) | 焊丝外伸长/mm | 气体流量/(L·min⁻¹) | |
| 20 | 1.2 | 50° | | 4 | 120~140 | 25~27 | 0.40~0.50 | 15 | 25 | |
| | | | | | 300~340 | 33~35 | 0.30~0.40 | | | |
| | | | | | 300~340 | 33~35 | 0.30~0.40 | | | |
| | | | | | 300~340 | 33~37 | 0.12~0.15 | | | |
| | 1.2 | 40° | | 4 | 140~160 | 24~26 | 0.25~0.30 | 15 | 20 | |
| | | | | | 260~280 | 31~33 | 0.45 | | | |
| | | | | | 300~320 | 35~37 | 0.40~0.50 | | | |
| | | | | | 300~320 | 35~37 | 0.40 | | | |
| 20 | 1.6 | 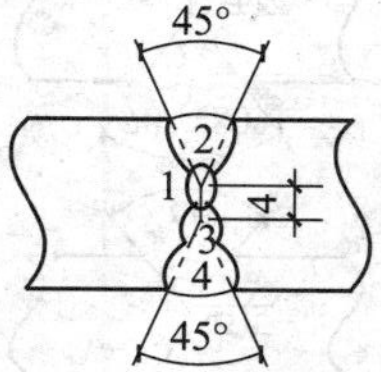 45° | 0~2.1 | 4 | 400~430 | 36~38 | 0.35~0.45 | 16~22 | 26.7 | |
| | 2 | 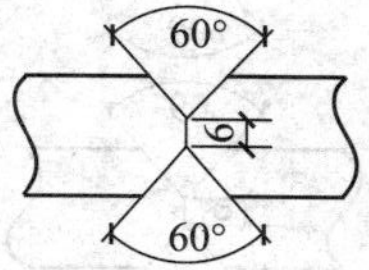 60° | | 2 | 440~460 | 30~32 | 0.27~0.35 | 20~30 | 21.7 | |
| | 2.5 | | | | | | | | | |
| 22 | 2 | 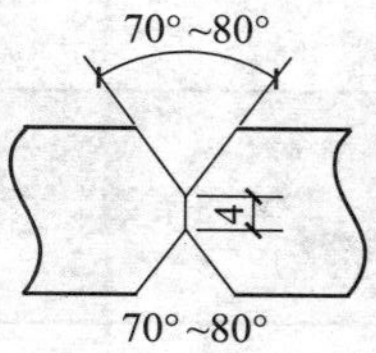 70°~80° | | | 360~400 | 38~40 | 0.4 | 10d 但不大于40 | 16~18 | 双面面层堆焊 |

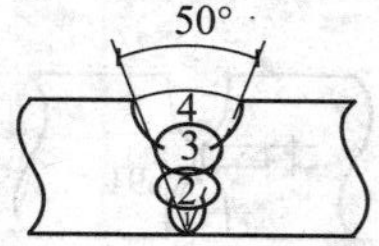

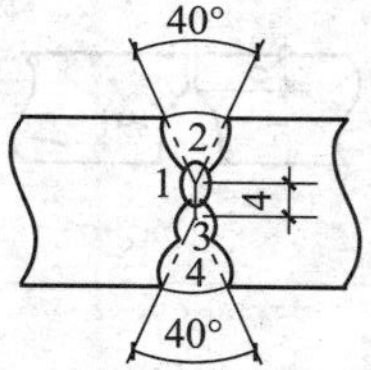

259

（续表）

| 板厚/mm | 焊丝直径/mm | 接头形式 | 装配间隙/mm | 层数 | 焊接参数 焊接电流/A | 电弧电压/V | 焊接速度/(m·min⁻¹) | 焊丝外伸长/mm | 气体流量/(L·min⁻¹) | 备注 |
|---|---|---|---|---|---|---|---|---|---|---|
| 25 | 1.6 / 2 | 60° 60° | 0~2.0 | 2 | 480 500 | 38 39 | 0.30 | 20 | 25 | 双面面层堆焊，材质16Mn |
| | 2.5 | | | 4 | 420~440 | 30~32 | 0.27~0.35 | 20~30 | 21.7 | |
| 32 | 2.5 | 70°~80° 60° | | | 600~650 | 41~43 | 0.4 | 10 $d$ 但不大于40 | 20 | |
| 40 以上 | 2 | 16° | 0~2.0 | 10层以上 | 440~500 | 30~32 | 0.27~0.35 | 20~30 | 21.8 | U形坡口 |
| | 2.5 | 16° | 0~2.0 | 10层以上 | 440~500 | 30~32 | 0.27~0.35 | 20~30 | 21.7 | |

表 B12

## φ1.2 焊丝 CO₂ 焊 T 形接头贴角焊焊件的焊接工艺参数

| 接头形式 | 板厚/mm | 焊丝直径/mm | 焊接参数 | | | | 焊角尺寸/mm | 焊丝对中位置 | 备注 |
|---|---|---|---|---|---|---|---|---|---|
| | | | 焊接电流/A | 电弧电压/V | 焊接速度/(m·min⁻¹) | 气体流量/(L·min⁻¹) | | | |
| 水平角焊 (40°~50°) | 1.6 | 0.8~1.0 | 90 | 19 | 0.50 | 10~15 | 3.0 | | |
| | 2.3 | 1.0~1.2 | 120 | 20 | 0.50 | 10~15 | 3.0 | | |
| | 3.2 | 1.0~1.2 | 140 | 20.5 | 0.50 | 10~15 | 3.5 | | |
| | 4.5 | 1.0~1.2 | 160 | 21 | 0.45 | 10~15 | 4.0 | | |
| | ≥5 | 1.6 | 260~280 | 27~29 | 0.33~0.43 | 16~18 | 5~6 | | 焊1层 |
| | ≥5 | 2.0 | 280~300 | 28~30 | 0.43~0.47 | 16~18 | 5~6 | | 焊1层 |
| | 6 | 1.2 | 230 | 23 | 0.55 | 10~15 | 6.0 | | |
| | 6 | 1.6 | 300~320 | 37.5 | | 20 | 5.0 | | |
| | 6 | 1.6 | 340 | 34 | | 20 | 5.0 | | |
| | 6 | 1.6 | 360 | 39~40 | 0.58 | 20 | 5.0 | | |
| | 6 | 2.0 | 340~350 | 35 | | 20 | 5.0 | | |
| | 8 | 1.6 | 390~400 | 41 | | 20~25 | 6.0 | | |
| | 12.0 | 1.2 | 290 | 28 | 0.5 | 10~15 | 7.0 | | |
| | 12.0 | 1.6 | 360 | 36 | 0.45 | 20 | 8.0 | | |
| 搭接角焊 | 1.2 | 0.8~1.2 | 90 | 19 | 0.5 | 10~15 | | 1 | |
| | 1.6 | 1.0~1.2 | 120 | 19 | 0.5 | 10~15 | | 1 | |
| | 2.3 | 1.0~1.2 | 130 | 20 | 0.5 | 10~15 | | 1 | |
| 搭接角焊 | 3.2 | 1.0~1.2 | 160 | 21 | 0.5 | 10~15 | | 2 | |
| | 4.5 | 1.2 | 210 | 22 | 0.5 | 10~15 | | 2 | |
| | 6.0 | 1.2 | 270 | 26 | 0.5 | 10~15 | | 2 | |
| | 8.0 | 1.2 | 320 | 32 | 0.5 | 10~15 | | 2 | |

# 附录 C  钢构件施工详图

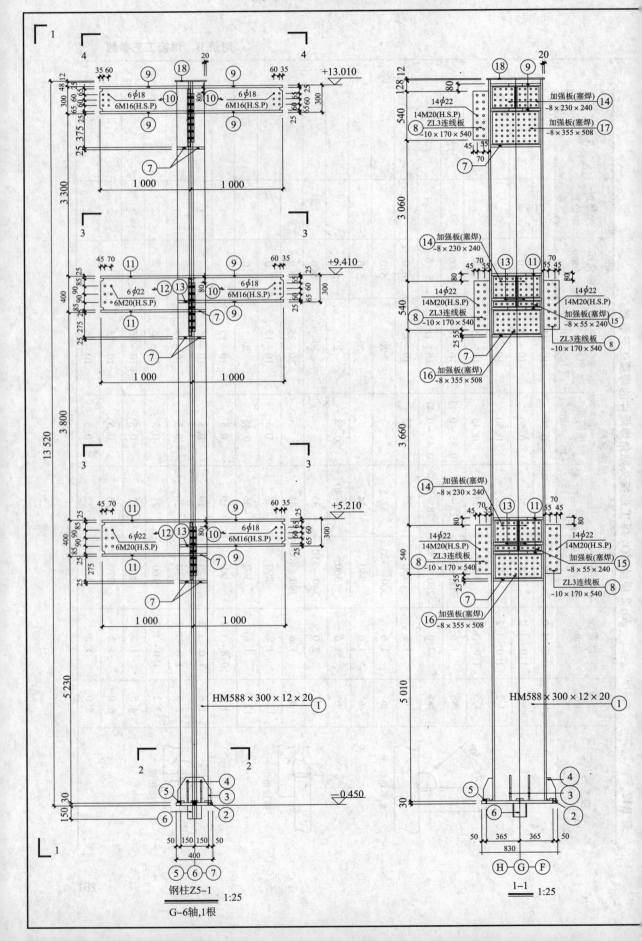

+13.010

6φ18
6M16(H.S.P)
6φ18
6M16(H.S.P)

1 000    1 000

+9.410

6φ22
6M20(H.S.P)
6φ18
6M16(H.S.P)

1 000    1 000

+5.210

6φ22
6M20(H.S.P)
6φ18
6M16(H.S.P)

1 000    1 000

HM588×300×12×20

-0.450

50 150 150 50
400

钢柱 Z5-1    1:25
G-6轴,1根

14φ22
14M20(H.S.P)
ZL3连线板
-10×170×540
加强板(塞焊)
-8×230×240
加强板(塞焊)
-8×355×508

加强板(塞焊)
-8×230×240
14φ22
14M20(H.S.P)
ZL3连线板
-10×170×540
14φ22
14M20(H.S.P)
加强板(塞焊)
-8×55×240
ZL3连线板
-10×170×540
加强板(塞焊)
-8×355×508

加强板(塞焊)
-8×230×240
14φ22
14M20(H.S.P)
ZL3连线板
-10×170×540
14φ22
14M20(H.S.P)
加强板(塞焊)
-8×55×240
ZL3连线板
-10×170×540
加强板(塞焊)
-8×355×508

HM588×300×12×20

50 365 365 50
830

H  G  F

1-1    1:25

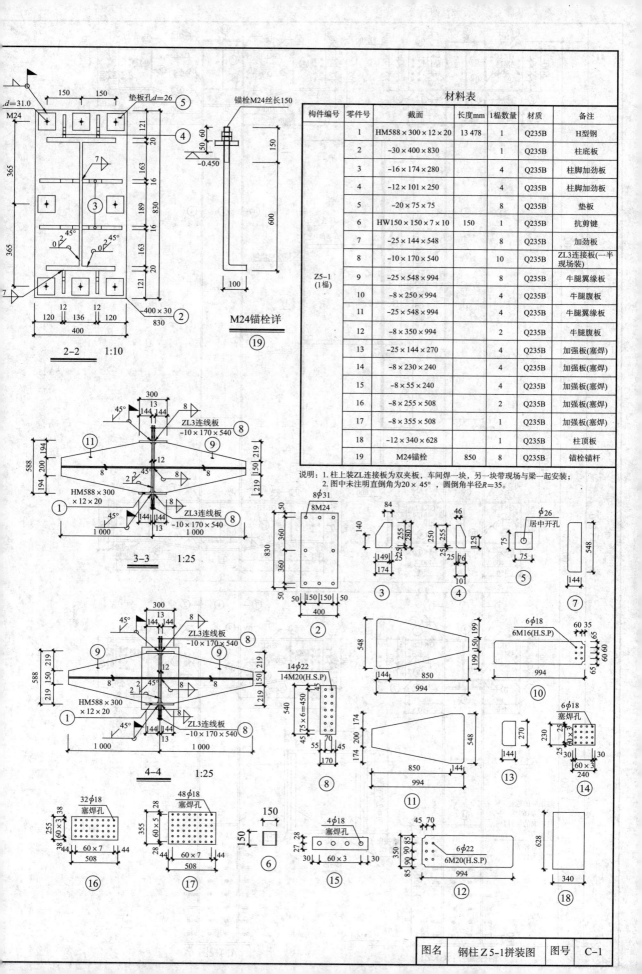

材料表

| 构件编号 | 零件号 | 截面 | 长度mm | 1榀数量 | 材质 | 备注 |
|---|---|---|---|---|---|---|
| Z5-1<br>(1榀) | 1 | HM588×300×12×20 | 13 478 | 1 | Q235B | H型钢 |
| | 2 | −30×400×830 | | 1 | Q235B | 柱底板 |
| | 3 | −16×174×280 | | 4 | Q235B | 柱脚加劲板 |
| | 4 | −12×101×250 | | 4 | Q235B | 柱脚加劲板 |
| | 5 | −20×75×75 | | 8 | Q235B | 垫板 |
| | 6 | HW150×150×7×10 | 150 | 1 | Q235B | 抗剪键 |
| | 7 | −25×144×548 | | 8 | Q235B | 加劲板 |
| | 8 | −10×170×540 | | 10 | Q235B | ZL3连接板(一半现场装) |
| | 9 | −25×548×994 | | 8 | Q235B | 牛腿翼缘板 |
| | 10 | −8×250×994 | | 4 | Q235B | 牛腿腹板 |
| | 11 | −25×548×994 | | 4 | Q235B | 牛腿翼缘板 |
| | 12 | −8×350×994 | | 2 | Q235B | 牛腿腹板 |
| | 13 | −25×144×270 | | 4 | Q235B | 加强板(塞焊) |
| | 14 | −8×230×240 | | 4 | Q235B | 加强板(塞焊) |
| | 15 | −8×55×240 | | 4 | Q235B | 加强板(塞焊) |
| | 16 | −8×255×508 | | 2 | Q235B | 加强板(塞焊) |
| | 17 | −8×355×508 | | 1 | Q235B | 加强板(塞焊) |
| | 18 | −12×340×628 | | 1 | Q235B | 柱顶板 |
| | 19 | M24锚栓 | 850 | 8 | Q235B | 锚栓锚杆 |

说明：1. 柱上装ZL连接板为双夹板，车间焊一块，另一块带现场与梁一起安装；
2. 图中未注明直倒角为20×45°，圆倒角半径R=35。

图名　钢柱Z5-1拼装图　图号　C-1

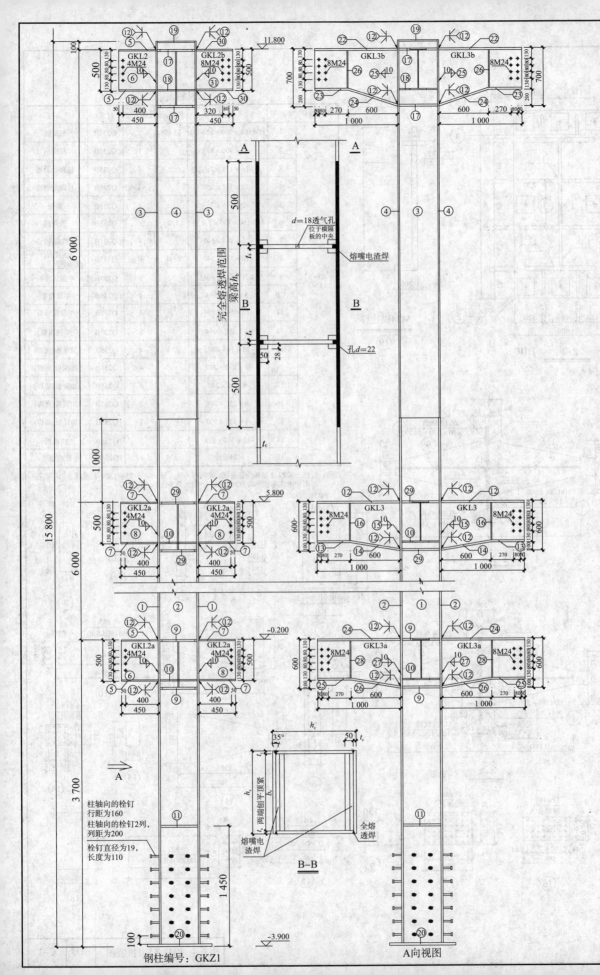

完全熔透范围

梁高 $h_b$

$d=18$透气孔
位于横隔板的中央

熔嘴电渣焊

孔 $d=22$

柱轴向的栓钉
行距为160
柱轴向的栓钉2列,
列距为200

栓钉直径为19,
长度为110

两端刨平顶紧

熔嘴电渣焊

全熔透焊

B–B

钢柱编号：GKZ1

A向视图

钢柱19G材料表

| 编号 | 规格 | 长度 | 单位数量 | 数量 | 材质 |
|---|---|---|---|---|---|
| 1 | 26×500 | 10 670 | 2 | 2 | Q345B |
| 2 | 26×448 | 10 670 | 2 | 2 | Q345B |
| 3 | 16×500 | 5 100 | 2 | 2 | Q345B |
| 4 | 16×468 | 5 100 | 2 | 2 | Q345B |
| 5 | 16×200 | 450 | 4 | 4 | Q345B |
| 6 | 8×468 | 450 | 2 | 2 | Q345B |
| 7 | 16×250 | 450 | 8 | 8 | Q345B |
| 8 | 8×468 | 450 | 4 | 4 | Q345B |
| 9 | 20×404 | 448 | 2 | 2 | Q345B |
| 10 | 16×404 | 448 | 2 | 2 | Q345B |
| 11 | 26×404 | 448 | 1 | 1 | Q345B |
| 12 | 24×(400~250) | 1 000 | 2 | 2 | Q345B |
| 13 | 24×250 | 400 | 2 | 2 | Q345B |
| 14 | 24×(400~250) | 608 | 2 | 2 | Q345B |
| 15 | 14×(452~552) | 1 000 | 2 | 2 | Q345B |
| 16 | 12×117 | 452 | 4 | 4 | Q345B |
| 17 | 24×424 | 468 | 2 | 2 | Q345B |
| 18 | 16×424 | 468 | 1 | 1 | Q345B |
| 19 | 16×468 | 468 | 1 | 1 | Q345B |
| 20 | 30×800 | 800 | 1 | 1 | Q345B |
| 21 | 20×80 | 80 | 4 | 4 | Q345B |
| 22 | 28×50 | 448 | 28 | 28 | Q345B |
| 23 | 28×50 | 468 | 12 | 12 | Q345B |
| 24 | 20×(360~250) | 1 000 | 2 | 2 | Q345B |
| 25 | 20×250 | 400 | 2 | 2 | Q345B |
| 26 | 20×(360~250) | 608 | 2 | 2 | Q345B |
| 27 | 14×(460~560) | 1 000 | 2 | 2 | Q345B |
| 28 | 12×117 | 460 | 4 | 4 | Q345B |
| 29 | 24×412 | 456 | 2 | 2 | Q345B |
| 30 | 20×300 | 450 | 2 | 2 | Q345B |
| 31 | 10×460 | 450 | 1 | 1 | Q345B |
| 32 | 24×(400~250) | 1 000 | 2 | 2 | Q345B |
| 33 | 24×250 | 400 | 2 | 2 | Q345B |
| 34 | 24×(400~250) | 632 | 2 | 2 | Q345B |
| 35 | 16×(452~652) | 1 000 | 2 | 2 | Q345B |
| 36 | 12×117 | 452 | 4 | 4 | Q345B |

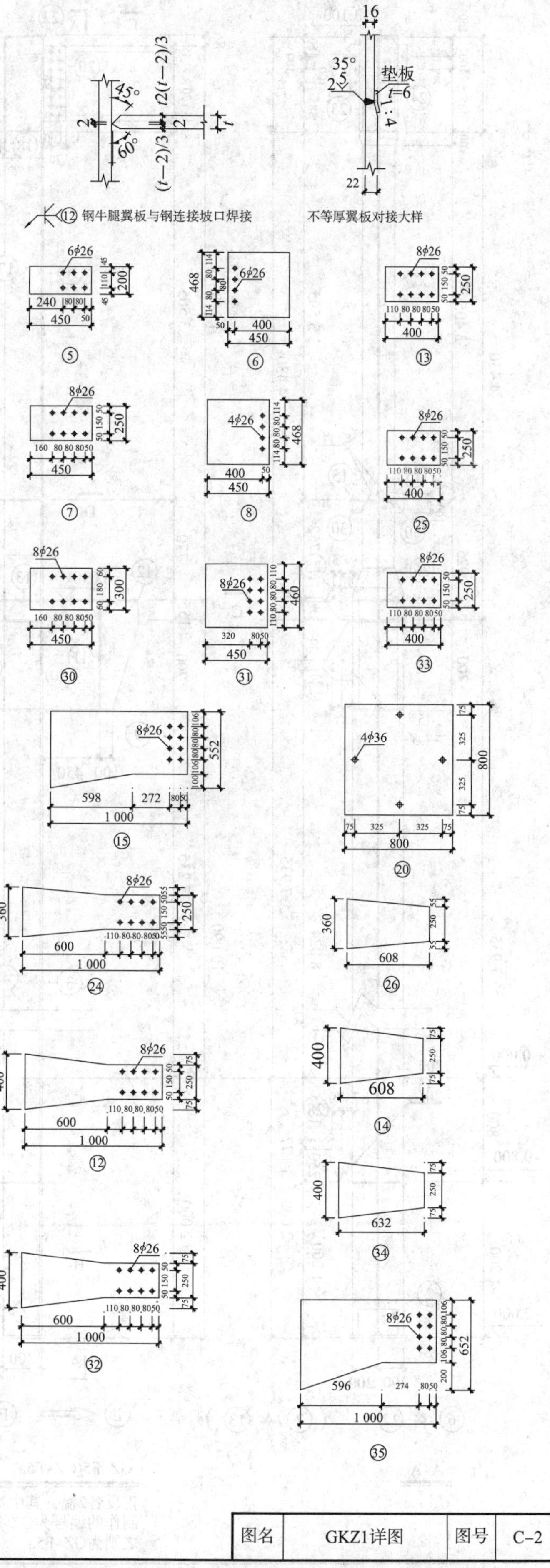

⑫ 钢牛腿翼板与钢连接坡口焊接
不等厚翼板对接大样
垫板
t=6
1:4


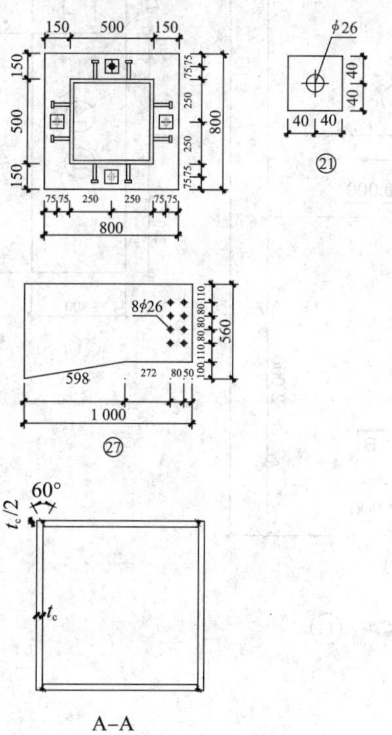

A–A


| 图名 | GKZ1详图 | 图号 | C–2 |
|---|---|---|---|

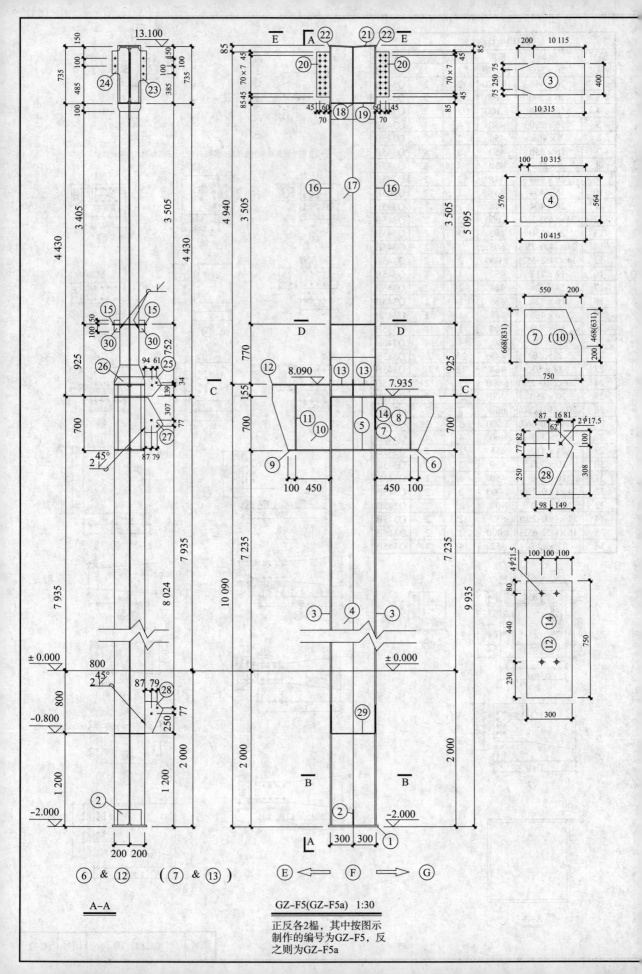

GZ-F5(GZ-F5a)  1:30

A–A

正反各2榀，其中按图示
制作的编号为GZ-F5，反
之则为GZ-F5a

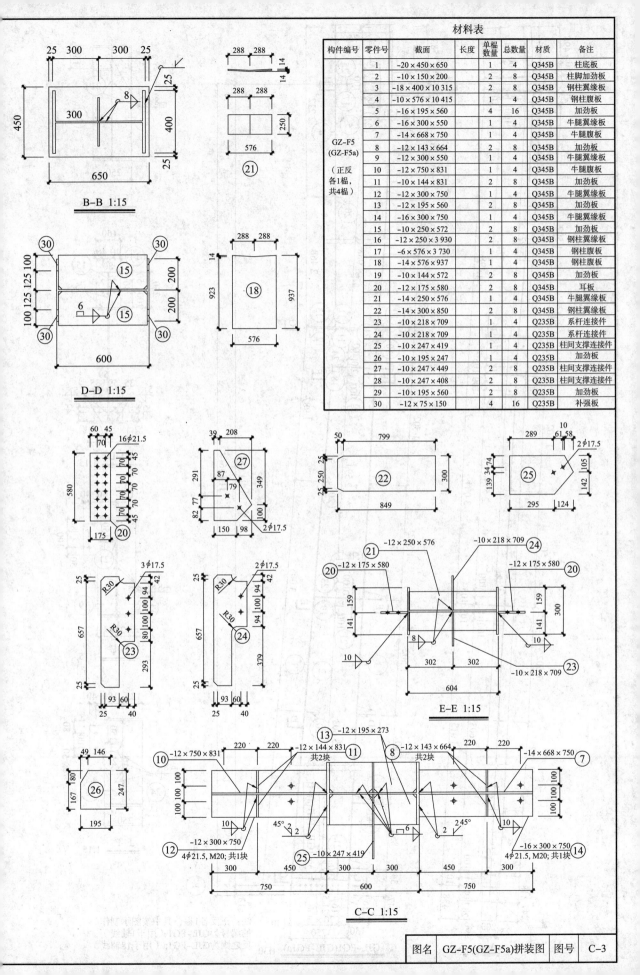

材料表

| 构件编号 | 零件号 | 截面 | 长度 | 单榀数量 | 总数量 | 材质 | 备注 |
|---|---|---|---|---|---|---|---|
| GZ-F5<br>(GZ-F5a)<br><br>（正反<br>各1榀，<br>共4榀） | 1 | −20 × 450 × 650 | | 1 | 4 | Q345B | 柱底板 |
| | 2 | −10 × 150 × 200 | | 2 | 8 | Q345B | 柱脚加劲板 |
| | 3 | −18 × 400 × 10 315 | | 2 | 8 | Q345B | 钢柱翼缘板 |
| | 4 | −10 × 576 × 10 415 | | 1 | 4 | Q345B | 钢柱腹板 |
| | 5 | −16 × 195 × 560 | | 4 | 16 | Q345B | 加劲板 |
| | 6 | −16 × 300 × 550 | | 1 | 4 | Q345B | 牛腿翼缘板 |
| | 7 | −14 × 668 × 750 | | 1 | 4 | Q345B | 牛腿腹板 |
| | 8 | −12 × 143 × 664 | | 2 | 8 | Q345B | 加劲板 |
| | 9 | −12 × 300 × 550 | | 1 | 4 | Q345B | 牛腿翼缘板 |
| | 10 | −12 × 750 × 831 | | 1 | 4 | Q345B | 牛腿腹板 |
| | 11 | −10 × 144 × 831 | | 2 | 8 | Q345B | 加劲板 |
| | 12 | −12 × 300 × 750 | | 1 | 4 | Q345B | 牛腿翼缘板 |
| | 13 | −12 × 195 × 560 | | 2 | 8 | Q345B | 加劲板 |
| | 14 | −16 × 300 × 750 | | 1 | 4 | Q345B | 牛腿翼缘板 |
| | 15 | −10 × 250 × 572 | | 2 | 8 | Q345B | 加劲板 |
| | 16 | −12 × 250 × 3 930 | | 1 | 4 | Q345B | 钢柱翼缘板 |
| | 17 | −6 × 576 × 3 730 | | 1 | 4 | Q345B | 钢柱腹板 |
| | 18 | −14 × 576 × 937 | | 1 | 4 | Q345B | 钢柱腹板 |
| | 19 | −10 × 144 × 572 | | 2 | 8 | Q345B | 加劲板 |
| | 20 | −12 × 175 × 580 | | 2 | 8 | Q345B | 耳板 |
| | 21 | −14 × 250 × 576 | | 1 | 4 | Q345B | 牛腿翼缘板 |
| | 22 | −14 × 300 × 850 | | 1 | 4 | Q345B | 钢柱翼缘板 |
| | 23 | −10 × 218 × 709 | | 1 | 4 | Q235B | 系杆连接件 |
| | 24 | −10 × 218 × 709 | | 1 | 4 | Q235B | 系杆连接件 |
| | 25 | −10 × 247 × 419 | | 1 | 4 | Q235B | 柱间支撑连接件 |
| | 26 | −10 × 195 × 247 | | 1 | 4 | Q235B | 加劲板 |
| | 27 | −10 × 247 × 449 | | 1 | 4 | Q235B | 柱间支撑连接件 |
| | 28 | −10 × 247 × 408 | | 1 | 4 | Q235B | 柱间支撑连接件 |
| | 29 | −10 × 195 × 560 | | 2 | 8 | Q235B | 加劲板 |
| | 30 | −12 × 75 × 150 | | 4 | 16 | Q235B | 补强板 |

B–B 1:15

D–D 1:15

E–E 1:15

C–C 1:15

| 图名 | GZ-F5(GZ-F5a)拼装图 | 图号 | C–3 |

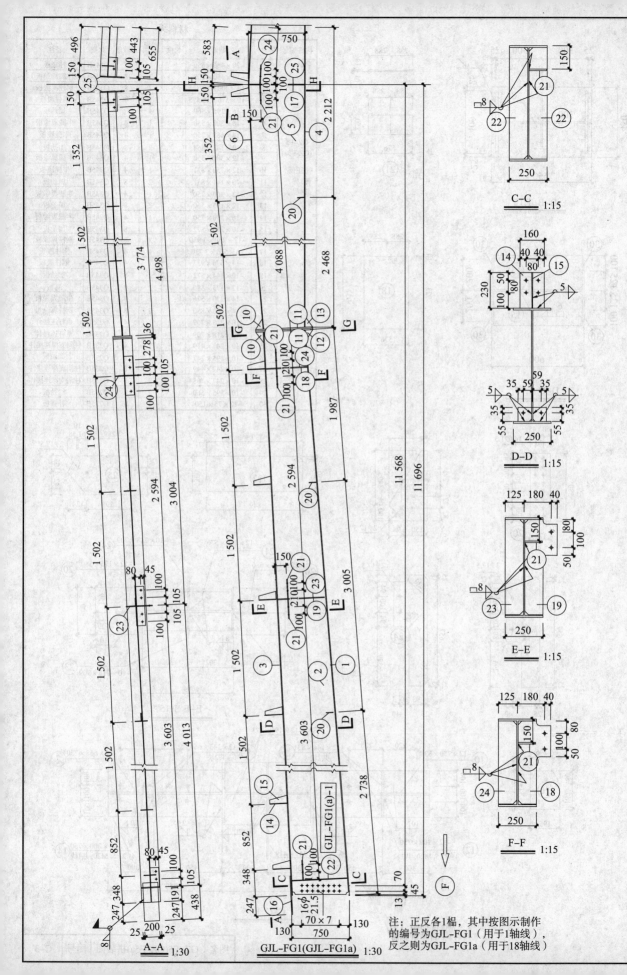

C–C  1:15

D–D  1:15

E–E  1:15

F–F  1:15

A–A  1:30

GJL-FG1（GJL-FG1a） 1:30

GJL-FG1(a)-1

注：正反各1榀，其中按图示制作
的编号为GJL-FG1（用于1轴线），
反之则为GJL-FG1a（用于18轴线）

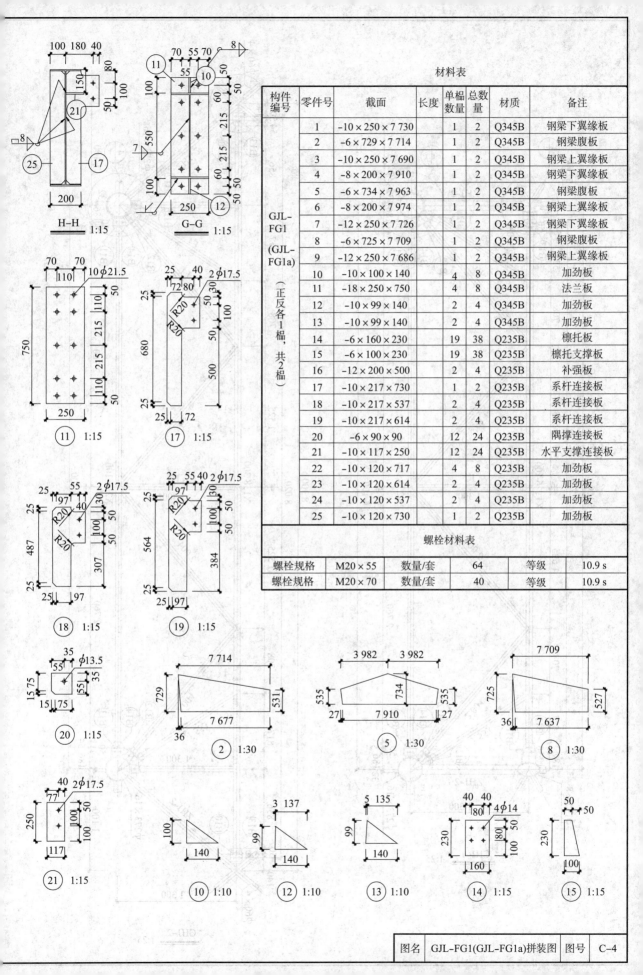

材料表

| 构件编号 | 零件号 | 截面 | 长度 | 单榀数量 | 总数量 | 材质 | 备注 |
|---|---|---|---|---|---|---|---|
| GJL-FG1 (GJL-FG1a) (正反各1榀, 共2榀) | 1 | $-10 \times 250 \times 7\,730$ | | 1 | 2 | Q345B | 钢梁下翼缘板 |
| | 2 | $-6 \times 729 \times 7\,714$ | | 1 | 2 | Q345B | 钢梁腹板 |
| | 3 | $-10 \times 250 \times 7\,690$ | | 1 | 2 | Q345B | 钢梁上翼缘板 |
| | 4 | $-8 \times 200 \times 7\,910$ | | 1 | 2 | Q345B | 钢梁下翼缘板 |
| | 5 | $-6 \times 734 \times 7\,963$ | | 1 | 2 | Q345B | 钢梁腹板 |
| | 6 | $-8 \times 200 \times 7\,974$ | | 1 | 2 | Q345B | 钢梁上翼缘板 |
| | 7 | $-12 \times 250 \times 7\,726$ | | 1 | 2 | Q345B | 钢梁下翼缘板 |
| | 8 | $-6 \times 725 \times 7\,709$ | | 1 | 2 | Q345B | 钢梁腹板 |
| | 9 | $-12 \times 250 \times 7\,686$ | | 1 | 2 | Q345B | 钢梁上翼缘板 |
| | 10 | $-10 \times 100 \times 140$ | | 4 | 8 | Q345B | 加劲板 |
| | 11 | $-18 \times 250 \times 750$ | | 4 | 8 | Q345B | 法兰板 |
| | 12 | $-10 \times 99 \times 140$ | | 2 | 4 | Q345B | 加劲板 |
| | 13 | $-10 \times 99 \times 140$ | | 2 | 4 | Q345B | 加劲板 |
| | 14 | $-6 \times 160 \times 230$ | | 19 | 38 | Q235B | 檩托板 |
| | 15 | $-6 \times 100 \times 230$ | | 19 | 38 | Q235B | 檩托支撑板 |
| | 16 | $-12 \times 200 \times 500$ | | 1 | 2 | Q235B | 补强板 |
| | 17 | $-10 \times 217 \times 730$ | | 1 | 2 | Q235B | 系杆连接板 |
| | 18 | $-10 \times 217 \times 537$ | | 2 | 4 | Q235B | 系杆连接板 |
| | 19 | $-10 \times 217 \times 614$ | | 2 | 4 | Q235B | 系杆连接板 |
| | 20 | $-6 \times 90 \times 90$ | | 12 | 24 | Q235B | 隅撑连接板 |
| | 21 | $-10 \times 117 \times 250$ | | 12 | 24 | Q235B | 水平支撑连接板 |
| | 22 | $-10 \times 120 \times 717$ | | 4 | 8 | Q235B | 加劲板 |
| | 23 | $-10 \times 120 \times 614$ | | 2 | 4 | Q235B | 加劲板 |
| | 24 | $-10 \times 120 \times 537$ | | 2 | 4 | Q235B | 加劲板 |
| | 25 | $-10 \times 120 \times 730$ | | 1 | 2 | Q235B | 加劲板 |

螺栓材料表

| 螺栓规格 | M20×55 | 数量/套 | 64 | 等级 | 10.9 s |
|---|---|---|---|---|---|
| 螺栓规格 | M20×70 | 数量/套 | 40 | 等级 | 10.9 s |

| 图名 | GJL-FG1(GJL-FG1a)拼装图 | 图号 | C-4 |
|---|---|---|---|

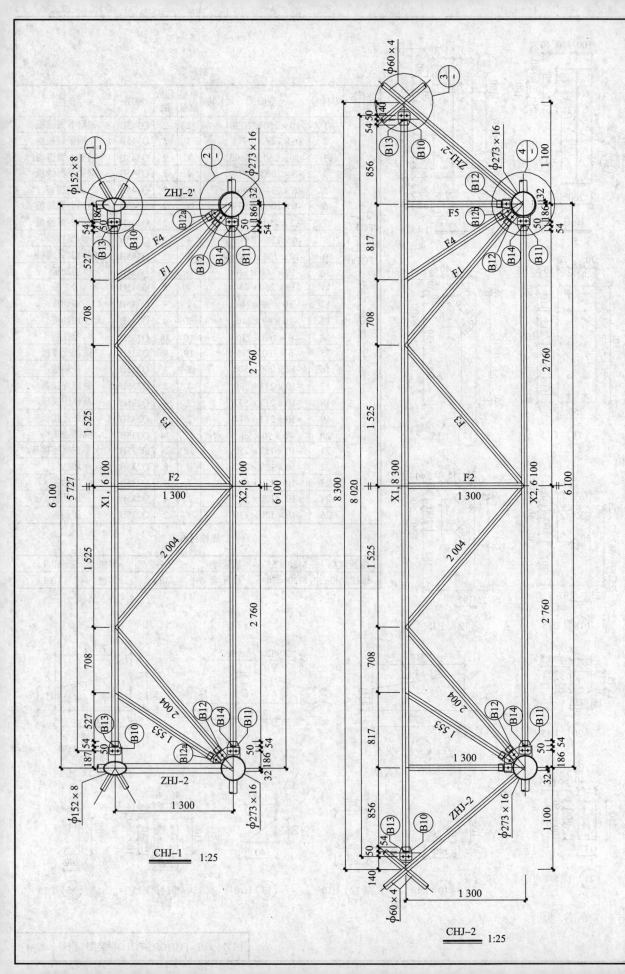

CHJ-1　1:25

CHJ-2　1:25

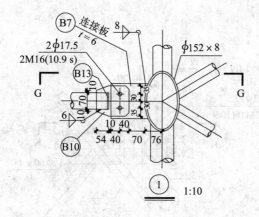

连接板 8
B7
$2\phi17.5$
2M16(10.9 s)
B13
$\phi152\times8$
G — G
B10

① 1:10

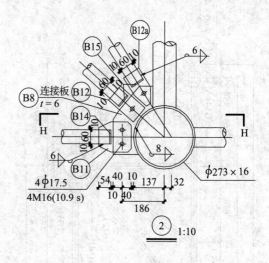

B12a
B15
B12
连接板 B8
$t=6$
B14
H — H
B11
$\phi273\times16$
$4\phi17.5$
4M16(10.9 s)

② 1:10

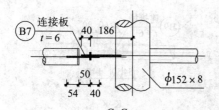

连接板 B7
$t=6$
40    186
50
54    40
$\phi152\times8$

G–G    1:10

注：连接板厚中心与节点轴线重合。

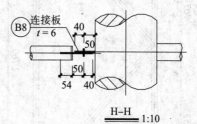

连接板 B8
$t=6$
40
50
50
54    40

H–H    1:10

注：连接板厚中心与节点轴线重合。

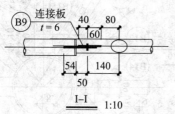

连接板 B9
$t=6$
40    80
60
54    140
50

I–I    1:10

注：连接板厚中心与节点轴线重合。

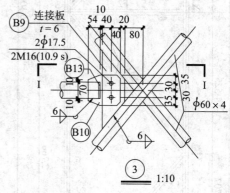

连接板 B9
$t=6$
$2\phi17.5$
2M16(10.9 s)
B13
10
B10
$\phi60\times4$

③ 1:10

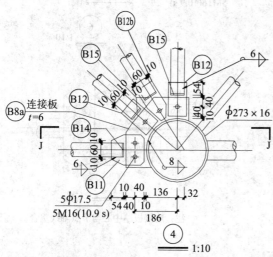

B12b
B15
B15
B12
连接板 B8a
$t=6$
B12
B14
$\phi273\times16$
B11
$5\phi17.5$
5M16(10.9 s)
54 40    10
186

④ 1:10

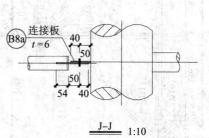

连接板 B8a
$t=6$
40
50
50
54    40

J–J    1:10

注：连接板厚中心与节点轴线重合。

| 图名 | 景观塔楼连廊钢结构<br>CHJ-1~3详图一 | 图号 | C-5 |

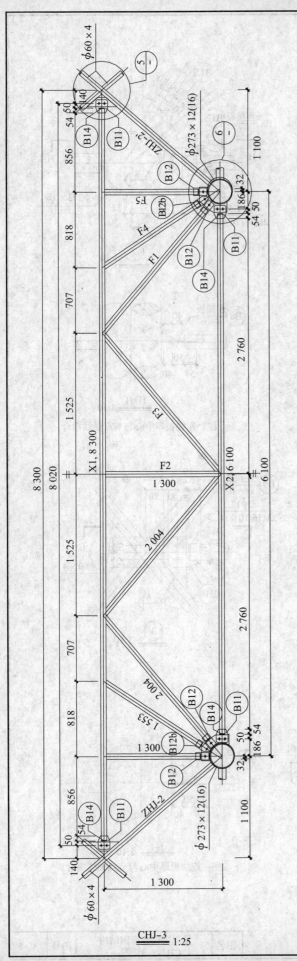

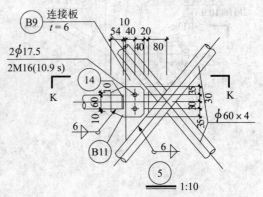

$2\phi17.5$
2M16(10.9 s)

B9 连接板 $t = 6$

$\phi60 \times 4$

⑤ 1:10

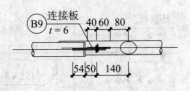

B9 连接板 $t = 6$

K–K 1:10

注：连接板厚中心与节点轴线重合。

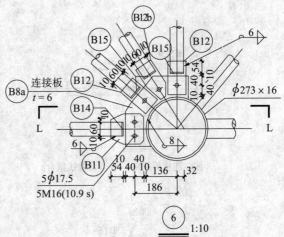

B8a 连接板 $t = 6$

$\phi273 \times 16$

$5\phi17.5$
5M16(10.9 s)

⑥ 1:10

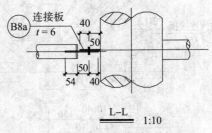

B8a 连接板 $t = 6$

L–L 1:10

注：连接板厚中心与节点轴线重合。

CHJ-3 1:25

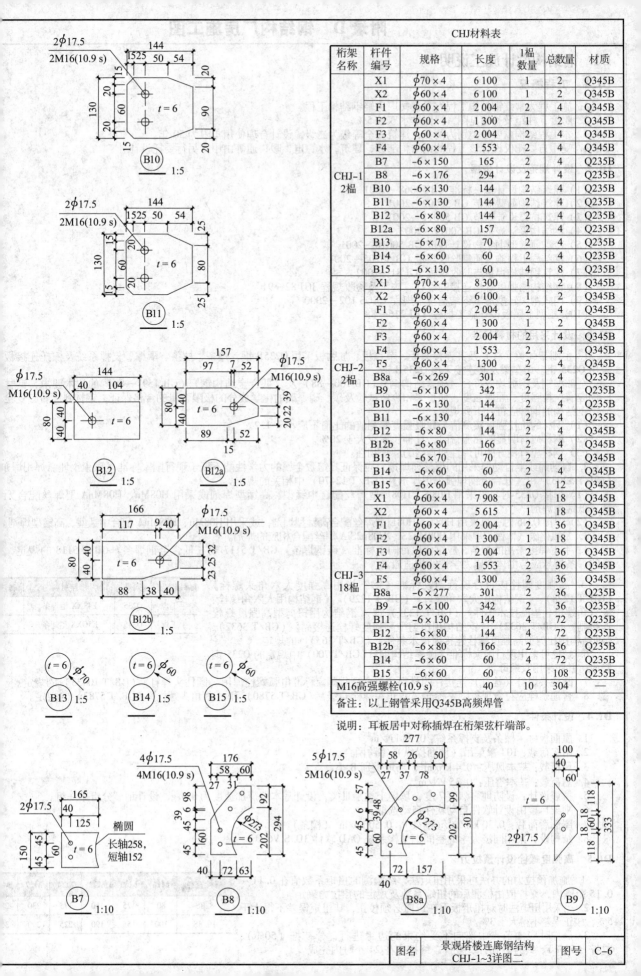

CHJ材料表

| 桁架名称 | 杆件编号 | 规格 | 长度 | 1榀数量 | 总数量 | 材质 |
|---|---|---|---|---|---|---|
| CHJ-1<br>2榀 | X1 | $\phi 70 \times 4$ | 6 100 | 1 | 2 | Q345B |
| | X2 | $\phi 60 \times 4$ | 6 100 | 1 | 2 | Q345B |
| | F1 | $\phi 60 \times 4$ | 2 004 | 2 | 4 | Q345B |
| | F2 | $\phi 60 \times 4$ | 1 300 | 1 | 2 | Q345B |
| | F3 | $\phi 60 \times 4$ | 2 004 | 2 | 4 | Q345B |
| | F4 | $\phi 60 \times 4$ | 1 553 | 2 | 4 | Q345B |
| | B7 | $-6 \times 150$ | 165 | 2 | 4 | Q235B |
| | B8 | $-6 \times 176$ | 294 | 2 | 4 | Q235B |
| | B10 | $-6 \times 130$ | 144 | 2 | 4 | Q235B |
| | B11 | $-6 \times 130$ | 144 | 2 | 4 | Q235B |
| | B12 | $-6 \times 80$ | 144 | 2 | 4 | Q235B |
| | B12a | $-6 \times 80$ | 157 | 2 | 4 | Q235B |
| | B13 | $-6 \times 70$ | 70 | 2 | 4 | Q235B |
| | B14 | $-6 \times 60$ | 60 | 2 | 4 | Q235B |
| | B15 | $-6 \times 130$ | 60 | 4 | 8 | Q235B |
| CHJ-2<br>2榀 | X1 | $\phi 70 \times 4$ | 8 300 | 1 | 2 | Q345B |
| | X2 | $\phi 60 \times 4$ | 6 100 | 1 | 2 | Q345B |
| | F1 | $\phi 60 \times 4$ | 2 004 | 2 | 4 | Q345B |
| | F2 | $\phi 60 \times 4$ | 1 300 | 1 | 2 | Q345B |
| | F3 | $\phi 60 \times 4$ | 2 004 | 2 | 4 | Q345B |
| | F4 | $\phi 60 \times 4$ | 1 553 | 2 | 4 | Q345B |
| | F5 | $\phi 60 \times 4$ | 1300 | 2 | 4 | Q345B |
| | B8a | $-6 \times 269$ | 301 | 2 | 4 | Q235B |
| | B9 | $-6 \times 100$ | 342 | 2 | 4 | Q235B |
| | B10 | $-6 \times 130$ | 144 | 2 | 4 | Q235B |
| | B11 | $-6 \times 130$ | 144 | 2 | 4 | Q235B |
| | B12 | $-6 \times 80$ | 144 | 2 | 4 | Q345B |
| | B12b | $-6 \times 80$ | 166 | 2 | 4 | Q345B |
| | B13 | $-6 \times 70$ | 70 | 2 | 4 | Q345B |
| | B14 | $-6 \times 60$ | 60 | 2 | 4 | Q345B |
| | B15 | $-6 \times 60$ | 60 | 6 | 12 | Q345B |
| CHJ-3<br>18榀 | X1 | $\phi 60 \times 4$ | 7 908 | 1 | 18 | Q345B |
| | X2 | $\phi 60 \times 4$ | 5 615 | 1 | 18 | Q345B |
| | F1 | $\phi 60 \times 4$ | 2 004 | 2 | 36 | Q345B |
| | F2 | $\phi 60 \times 4$ | 1 300 | 1 | 18 | Q345B |
| | F3 | $\phi 60 \times 4$ | 2 004 | 2 | 36 | Q345B |
| | F4 | $\phi 60 \times 4$ | 1 553 | 2 | 36 | Q345B |
| | F5 | $\phi 60 \times 4$ | 1300 | 2 | 36 | Q345B |
| | B8a | $-6 \times 277$ | 301 | 2 | 36 | Q235B |
| | B9 | $-6 \times 100$ | 342 | 2 | 36 | Q235B |
| | B11 | $-6 \times 130$ | 144 | 4 | 72 | Q235B |
| | B12 | $-6 \times 80$ | 144 | 4 | 72 | Q235B |
| | B12b | $-6 \times 80$ | 166 | 2 | 36 | Q235B |
| | B14 | $-6 \times 60$ | 60 | 4 | 72 | Q235B |
| | B15 | $-6 \times 60$ | 60 | 6 | 108 | Q235B |
| M16高强螺栓(10.9 s) | | | 40 | 10 | 304 | — |

备注：以上钢管采用Q345B高频焊管

说明：耳板居中对称插焊在桁架弦杆端部。

| 图名 | 景观塔楼连廊钢结构<br>CHJ-1~3详图二 | 图号 | C-6 |

# D1.　钢结构设计施工说明

## D1.1　工程概况

1. 施工程为常虹钢结构工程有限公司厂房轻钢结构工程。
2. 跨度，柱距及长度见图，屋面排水双坡 5%。
3. 本工程结构重要性类别为两类，建筑安全等级为二级，设计合理使用年限为 50 年。
4. 受甲方委托仅设计该工程的钢结构部分，建筑，水，电，暖，通等由甲方另行委托设计。

## D1.2　设计规范及设计依据

（1）建筑结构设计统一标准 GB 50068—2001
（2）建筑结构荷载规范 GB 50002—2001
（3）建筑抗震设计规范 GB 50011—2001
（4）钢结构设计规范 GB 50017—2003
（5）冷冻薄壁型钢结构设计规范 GB 50018—2001
（6）钢结构工程施工质量验收规范 GB 50205—2001
（7）建筑钢结构焊接与验收规程 JGJ 81—2002
（8）钢结构离强度螺栓连接的设计、施工及验收规程 JGJ 82—91
（9）门式刚架轻型房屋钢结构技术规程 CECS 102—2000
（10）压型金属板设计施工规程 YBJ 216—88

## D1.3　设计采用的材料标准

1. 主刚架（梁、柱）及其连接端板、节点板、加劲板采用 Q235B 钢，檩条、拉条、隔撑、支撑系统及檩托连接板采用 Q235 钢。吊车梁及其连接采用 Q235B 钢。

全部型钢及钢板均应符合《碳素结构钢》（GB 700—88）及《低合金结构钢》（GB 1591—88）的技术要求，钢材厂均应有抗拉强度、屈服强度、伸长率和冷弯试验及碳、磷、硫的化学成分的极限含量的合格保证，钢材到厂后应复验。

钢结构的钢材应符合下列规定：
（1）钢材的抗拉强度实测值与屈服强度实测值的比值不应小于 1.2。
（2）钢材应有明显的屈服台阶，且伸长率应大于 20%。
（3）钢材应有良好的可焊性和合格的冲击韧性。

2. 自动焊或半自动焊采用的焊丝和焊剂，应保证其熔敷金属的力学性能不低于现行国家标准《碳素钢埋弧焊用焊剂》（GB/T 5293）和《低合金钢埋弧焊用焊剂》（GB/T 12470）中相关的规定。
（1）焊接 Q235 时，可采用 H08A、H08E 型焊丝配合中锰型、高锰型焊剂或采用 H08Mn、H08MnA 型焊丝配合无锰型、低锰型焊剂。
（2）焊接 Q345 时，可采用 H08A、H08E 型焊丝配合高锰型焊剂，或采用 H08Mn、H08MnA 配合中锰型、高锰型焊剂。
3. 二氧化碳气体保护焊采用 H08Mn2Si、H08n2SiA 焊丝配合相应的焊剂。
4. 手工焊接采用的焊条，应符合现行国家标准《碳钢焊条》GB/T 5117 或《低合金钢焊条》GB/T 5118 的规定，选择的焊条型号应与主体金属力学性能相适应。

5. 高强度螺栓应符合现行国家标准《钢结构用高强度大六角头螺栓》（GB/T 1228）、《钢结构用大六角螺母》（GB/T 1229）、《钢结构用大六角螺栓、大六角螺母、垫圈技术条件》（GB/T 1231）或《钢结构用扭剪型高强度螺栓连接副》（GB/T 3632）、《钢结构用扭剪型高强度螺栓连接副》（GB/T 3632）、《钢结构用扭剪型高强度螺栓连接副技术条件》（GB/T 3633）的规定。

| 焊接方法 | 钢号 | 焊接材料 | 备注 |
|---|---|---|---|
| 手工焊 | Q235 | E43XX 型焊条 | |
| 手工焊 | Q345 | E50XX 型焊条 | |

6. 螺栓可采用现行国家标准《碳素结构钢》（GB/T 700）中规定的 Q235 钢制成，并应采用双螺母。
7. 圆柱头焊钉（栓钉）连接件的材料应符合现行国家标准电弧螺栓焊用《圆柱头焊钉》（GB/T 10433）的规定。
8. 普通螺栓应符合现行国家标准《六角头螺栓 C 级》（GB/T 5780）和《六角头螺栓》（GB/T 5782）的规定。

## D1.4　设计条件

1. 屋面板材 + 檩条及支撑系统：$0.25 \text{ kN/m}^2$。
2. 吊车荷载：10T 单梁吊（地面操纵）每跨两合。
3. 风荷载：基本风压：$0.4 \text{ kN/m}^2$，场地类别 B 类。
4. 雪荷载：基本雪压：$0.35 \text{ kN/m}^2$。
5. 抗震设计：设防地震烈度 7 度，场地土类别 III 类，设计基本地震加速度为 $0.1 \text{ g}$，设计地震分组第一组。
6. 刚架自重由设计软件自动软件自动选取。
7. 屋面活荷载：$0.30 \text{ kN/m}^2$（刚架），$0.50 \text{ kn/m}^2$（檩条）。
8. 结构设计采用同济大学的空间钢结构系统 CAD 软件 3D3S V6.0。

## D1.5　高强度螺栓设计预拉力

1. 施加预拉力的办法可采用扭矩法，经检测的扭矩系数值在 0.11 ~ 0.15 范围内，终拧值由检测后的扭矩系数及规定的预拉力确定。
2. 当采用扭矩法时对扭矩扳手在班前必须校正，其扭矩误差不得大于 5%，校正误差不得大于 3%。
3. 施拧时应由节点中部向不受约束的边缘进行，分初拧（50%）、复拧（50%）、终拧，初拧、复拧、终拧应在 24 小时内完成。

| 螺栓直径 | M16 | M20 | M22 | M24 | M27 | M |
|---|---|---|---|---|---|---|
| 8.8S | 80 | 125 | 150 | 175 | 230 | 28 |
| 10.8S | 100 | 155 | 190 | 225 | 290 | 35 |

## 1.6 焊接与制作

1. 钢梁和钢柱的焊脚尺寸为 8 mm，其余焊缝同较薄焊件厚度，焊缝长度为满焊。焊接 H 型钢的翼缘板拼接缝和腹板拼缝的间距不应小于 200 mm。翼缘板拼接长度不应小于 2 倍板宽：腹板拼接宽度不应小于 300 mm，长度不应小于 600 mm。

2. 刚架构件的翼缘与端板的连接，应采用全熔透对接焊缝，焊缝等级二级。腹板与端板的连接应采用角对接组合焊（如图 D-1 所示）或与腹板等强的角焊缝。坡口形式应符合现行国家标准《气焊、手工电弧焊及气体保护焊焊缝坡口基本形式与尺寸》（GB/T 985）的规定。

3. 焊缝检验

（1）所有焊缝表面均应做外观检查，焊波应均匀，焊缝边缘应圆滑过渡到母材。焊缝表面不得有夹渣、裂纹、未溶合孔、焊瘤及弧坑。

（2）二级焊缝应采用超声波探伤进行内部缺陷的检验，超生波探伤不能对缺陷作出判断时（如厚度小于 8 mm 钢材的接焊缝），应采用射线探伤，其内部缺陷分级及探伤方法应符合现行国家标准的规定。

4. 系杆、支撑系统、隅撑、檩托、拉条等非主要受力构件的焊缝等级可为三级。

5. 钢结构的材料、放样、号料和切割、矫正、弯曲和边缘加工、制作摩擦面的加工、除锈、编号和发运应遵照《钢构工程施工质量验收规范》（GB 50205—2001）的有关规定。

## 1.7 防锈等级

同网建筑要求，耐火等级二级。梁、柱均涂刷 SF 超薄型防火涂料。

## 1.8 防锈及涂装

1. 所有的钢构表面均应进行喷砂除锈，除锈等级为 Sa2.5 级，在钢材表面除锈检验合格后，应在要求时限内进行涂。现场补漆应用风动或电动工具除锈，达到 St3 级。

2. 所有的钢构件应进防锈防腐防火涂装。防锈漆可选用溶剂型无机富锌底漆防火面漆，除防火涂料外总漆膜厚度不于 150 μm。

3. 防锈漆防火涂料应相容，不产生化学反应。当防火涂料同时具有防锈和装饰功能时可取消面漆。

4. 超薄型防火涂层厚度宜根据耐火时限直接采用实际构件耐火试验数据。防火涂料必须有国家检测机构对其耐火性认可的检测报告及生产许可证并经设计认可。防火涂料的施工宜由专业队伍承担，并按 GB 50525、CECS 24 检查验收。

5. 涂漆时应注意，凡是高强度螺栓连接范围内及柱脚底板，不允许涂刷油漆或有油污。待连接安装完毕后，连接板、缝周围应作封闭处理并补刷油漆。

## 1.9 屋面材料及围护结构

1. 墙体围护 1.2 m 以下砖墙，1.2 m 以上为单层彩钢板。

2. 采用 3 mm 钢板折弯天沟（天沟内氧丁橡胶二度防腐）、φ150UPVC 雨水管。

3. 屋面为角驰三彩钢板 +50 mm 厚保温棉。

4. 压型钢板的计算及构造应符合 YBJ 216—88 的规定。

5. 屋面板之间的连接及面板与檩条或梁采用的连接，宜采用带橡皮垫圈的自钻自攻螺钉。其金属连接件应符合现行国家准《自贴自攻螺钉》（GB/T 15856）。1~4 和《紧固件机械性能—自钻自攻螺钉》（GB/T 3098.11）的规定。

## 1.10 其他

1. 高强度螺栓孔径大小未注明的，M20 及其以上为直径 +2 mm，M20 以下为直径 +1.5 mm。

2. 普通 C 级螺栓孔径未注明的，M16 以上为直径 +1.5 mm，M16 及其以下为直径 +1 mm。

3. 地脚螺栓孔径未注明的为直径 +5 mm。

4. 高强度螺栓连接接触面处理方法为喷砂，摩擦面的抗滑移系数为 0.45，并应根据《钢结构工程施工质量验收规范》GB 50205—2001）做摩擦面的抗滑移系数试验。

5. 刚架在施工中应及时安装支撑，必要时应增设缆风绳充分固定。施工单位应根据现场情况及设计要求制定详细的施工织计划及吊装方案，并根据其安装及吊装方案对施工荷载进行验算，且须经建设、设计、监理单位认可。

6. 刚架柱脚的锚栓应采用可靠方法定位，确保基础顶面的平面尺寸和标高符合设计要求。

7. 柱脚在地面以下的部分应采用强度等级较低的混凝土包裹（保护层厚度不应小于 50 mm），并应使包裹的混凝土高地面不小于 150 mm，当柱脚底面在地面以上时，柱脚底面应高出地面不小于 100 mm。

8. 焊工必须经考试合格并取得合格证书。持证焊工必须在其考试合格项目及其认可范围内施焊。

9. 除另有注明，设计图中所注尺寸单位为毫米，标高单位为米。所注标高为相对标高。

10. 施工时应与其它各专业图纸密切配合，预留洞、管预埋件应事先核对，以免错漏而影响工程质量。

11. 连接节点板等应按实际尺寸放样后方可加工。

12. 遇有不清之处请与设计人员联系，当需要修改设计时必须取得设计单位同意，并签署设计变更文件。

13. 本说明未详尽之处参照国家现行规范规定执行。

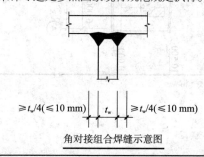

角对接组合焊缝示意图

| | | 图名 | 钢结构设计施工说明图 | 图号 | D-1 |

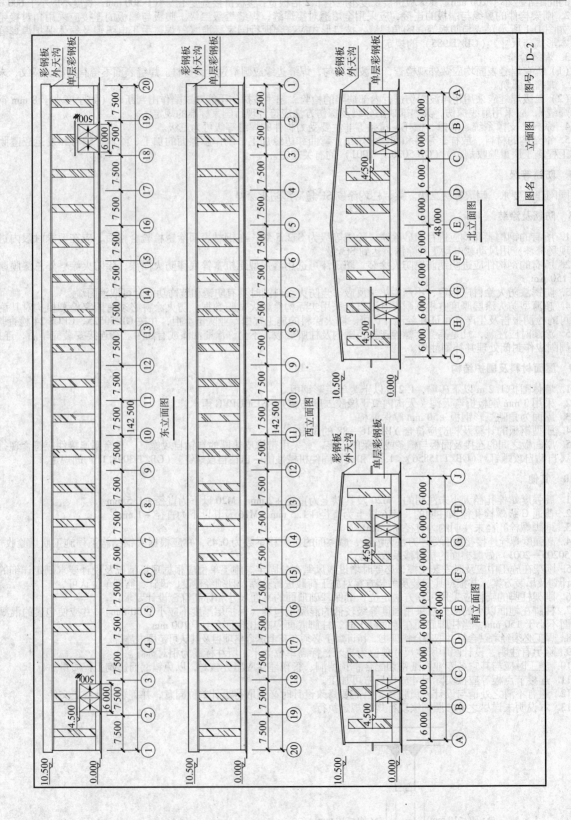

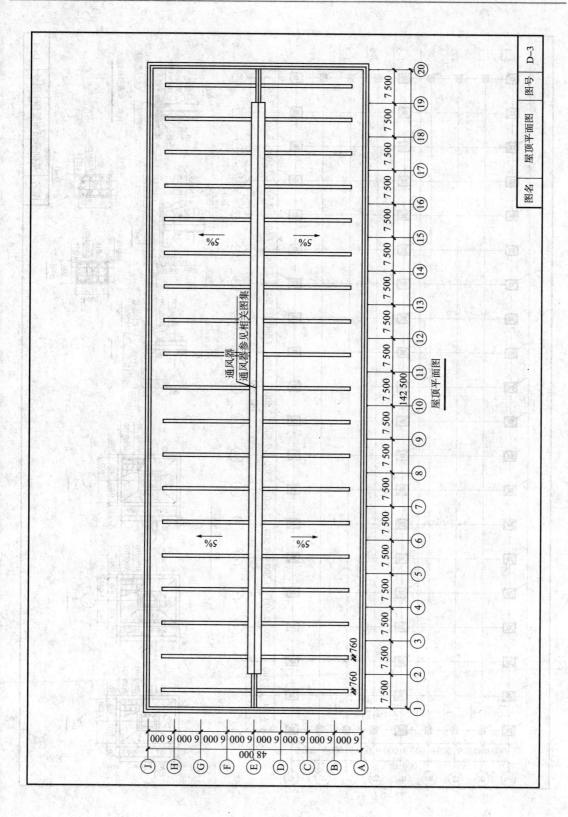

屋顶平面图

| 图名 | 屋顶平面图 | 图号 | D-3 |

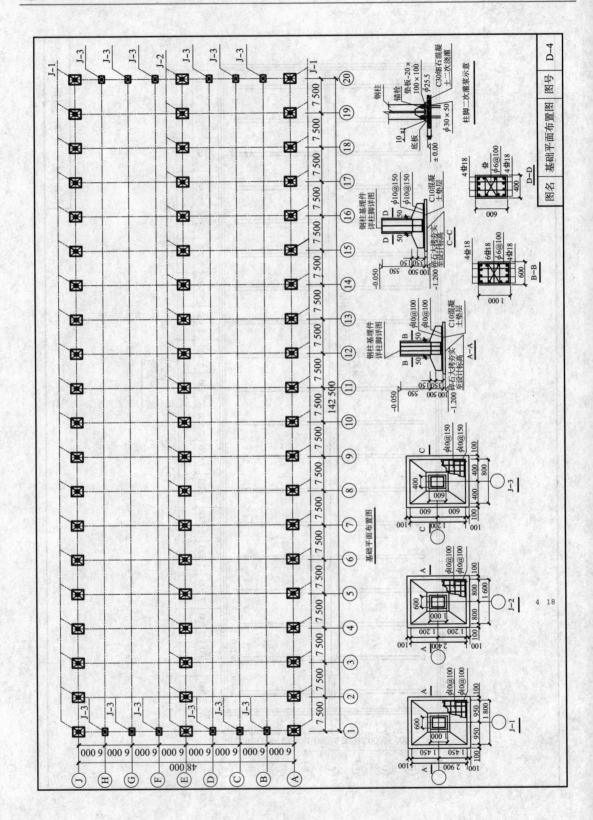

基础平面布置图

| 图名 | 基础平面布置图 | 图号 | D-4 |

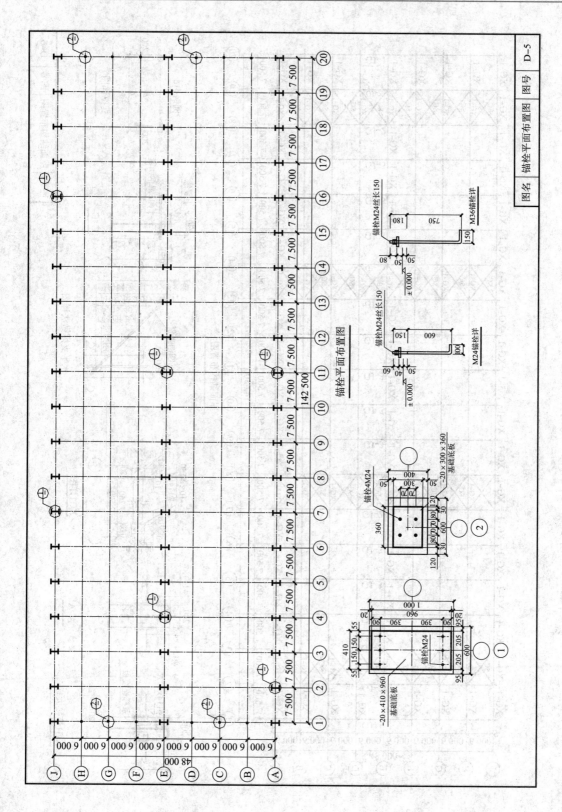

锚栓平面布置图

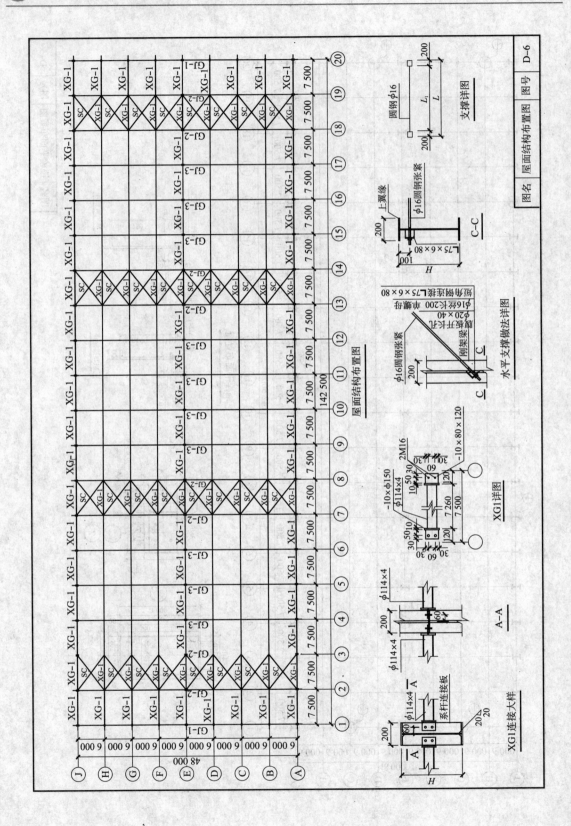

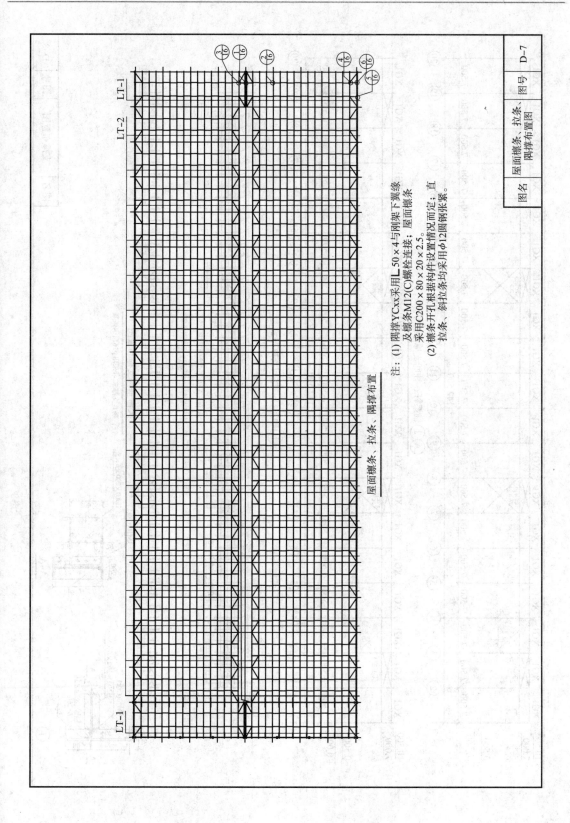

注: (1) 隅撑YCxx采用L 50×4与刚架下翼缘
     及檩条M12(C)螺栓连接; 屋面檩条
     采用C200×80×20×2.5。
   (2) 檩条开孔根据构件设置情况而定; 直
     拉条、斜拉条均采用φ12圆钢张紧。

屋面檩条、拉条、隅撑布置

| 图名 | 屋面檩条、拉条、隅撑布置图 | 图号 | D-7 |

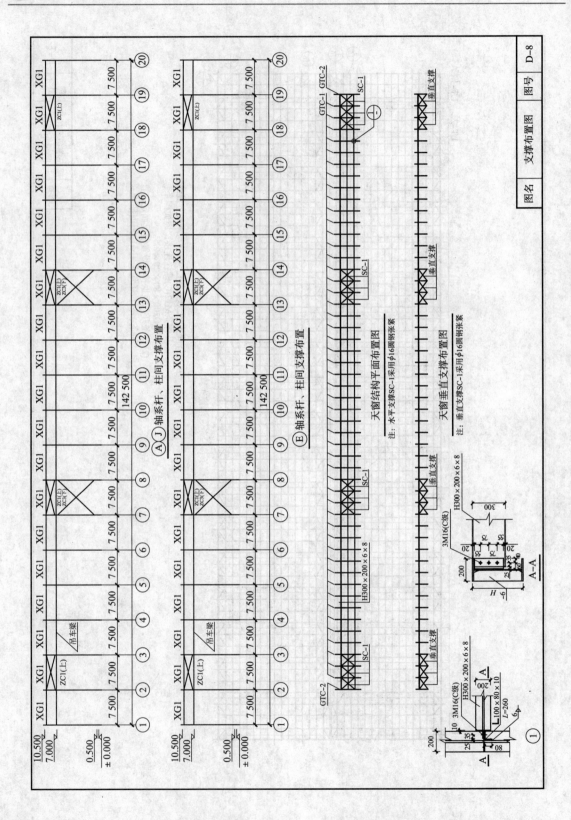

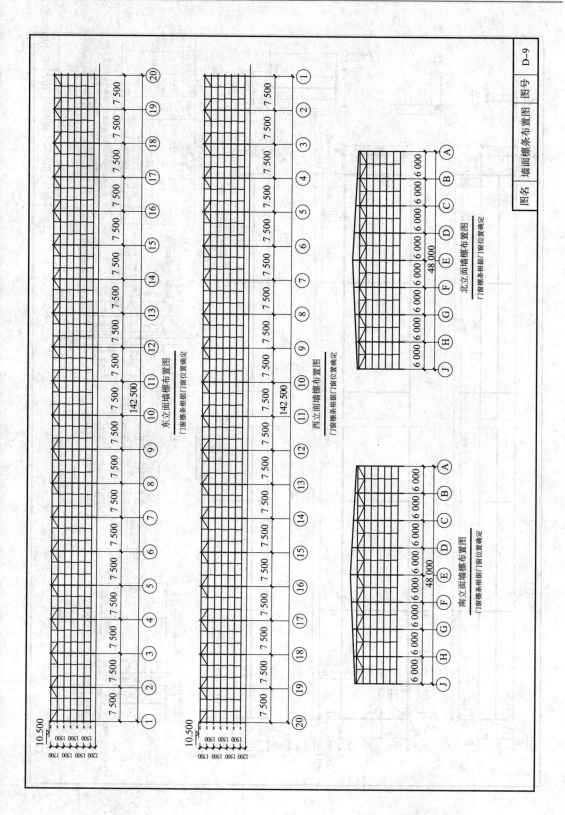

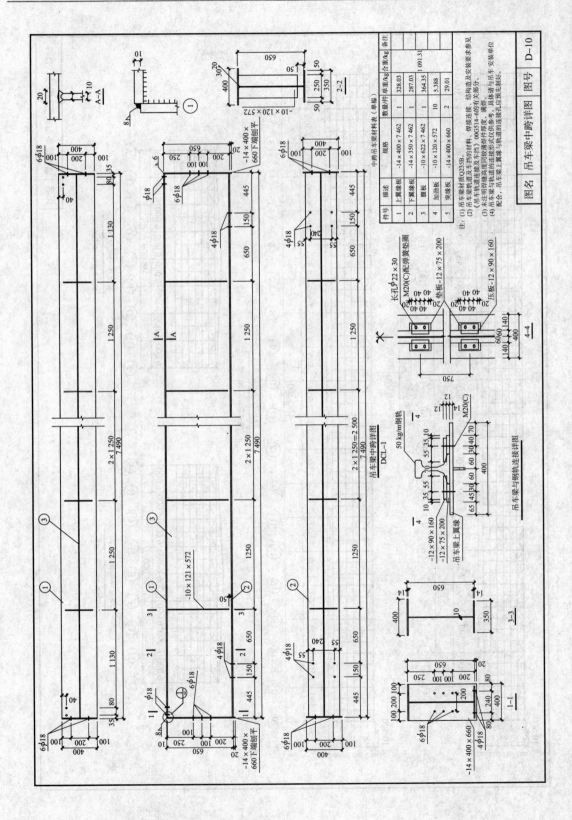

中跨吊车梁材料表（单幅）

| 件号 | 描述 | 规格 | 数量/件 | 单重/kg | 含重/kg | 备注 |
|---|---|---|---|---|---|---|
| 1 | 上翼缘板 | -14×400×7 462 | 1 | | 328.03 | |
| 2 | 下翼缘板 | -14×350×7 462 | 1 | | 287.03 | |
| 3 | 腹板 | -10×622×7 462 | 1 | | 364.35 | |
| 4 | 加劲板 | -10×120×572 | 10 | 5.388 | | |
| 5 | 支承板 | -14×400×660 | 2 | 29.01 | | |
| | | | | | 1 091.31 | |

注：(1) 吊车梁材拒Q235B。
(2) 吊车梁轨道及手工焊所需的材料、焊接连接、结构构造及安装要求等参见结构设计总说明。
(3) 吊车梁轨道连接车的下料 00G514-6的所有部分。
(4) 未注明附缝高度间施焊缝焊角焊缝焊件厚度薄厚度。吊车梁与轨道的连接形式仅供参考，具体由吊车梁安装单位配合。吊车梁上翼缘与轨道连接形式应须孔制钢好。

图名 | 吊车梁中跨详图 | 图号 | D-10

图号 D-10

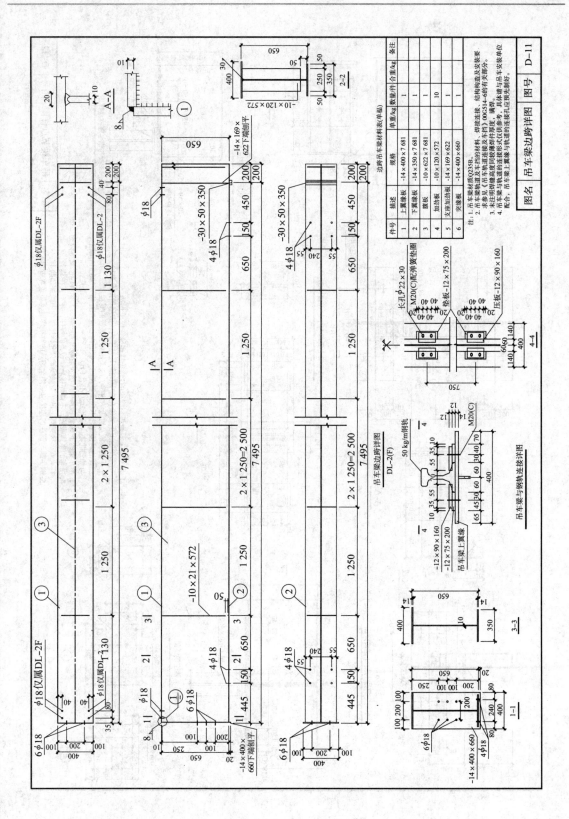

吊车梁边跨详图

| | | 边跨吊车梁材料表(单榀) | | | |
|---|---|---|---|---|---|
| 件号 | 描述 | 规格 | 单重/kg | 数量/件 | 合重/kg | 备注 |
| 1 | 上翼缘板 | -14×400×7 681 | | 1 | |
| 2 | 下翼缘板 | -14×350×7 681 | | 1 | |
| 3 | 腹板 | -10×622×7 681 | | 1 | |
| 4 | 加劲板 | -10×120×572 | | 10 | |
| 5 | 支座加劲板 | -14×169×622 | | 1 | |
| 6 | 突缘板 | -14×400×660 | | 1 | |

注:1. 吊车梁材质Q235B。
2. 吊车梁轨道及其车辆道接及车挡?见 000514-6的有关部分。
3. 吊车梁道与钢轨道同规格焊件作焊接。未注明焊缝高度按连接形式以供连接。吊车梁与轨道的连接与钢焊接制别。

| 图名 | 吊车梁边跨详图 | 图号 | D-11 |
|---|---|---|---|

吊车梁边跨详图 DL-2(F)

吊车梁与钢轨连接详图

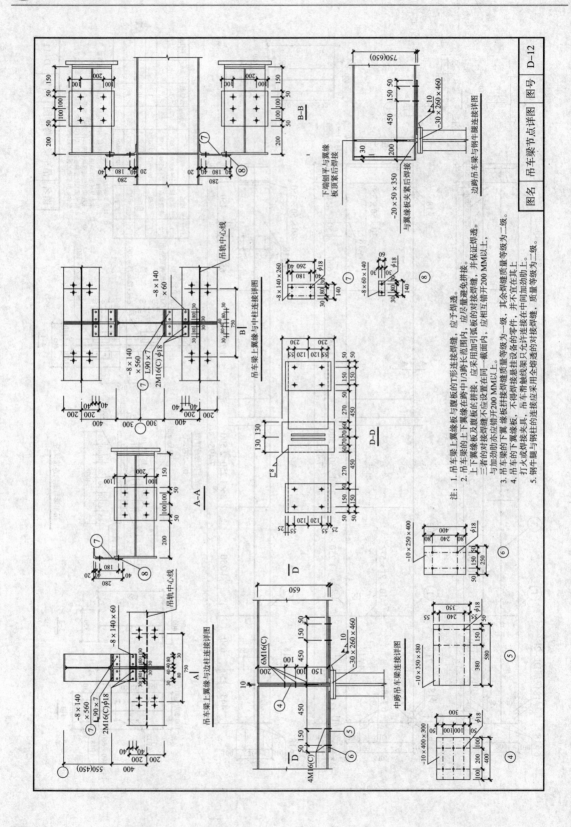

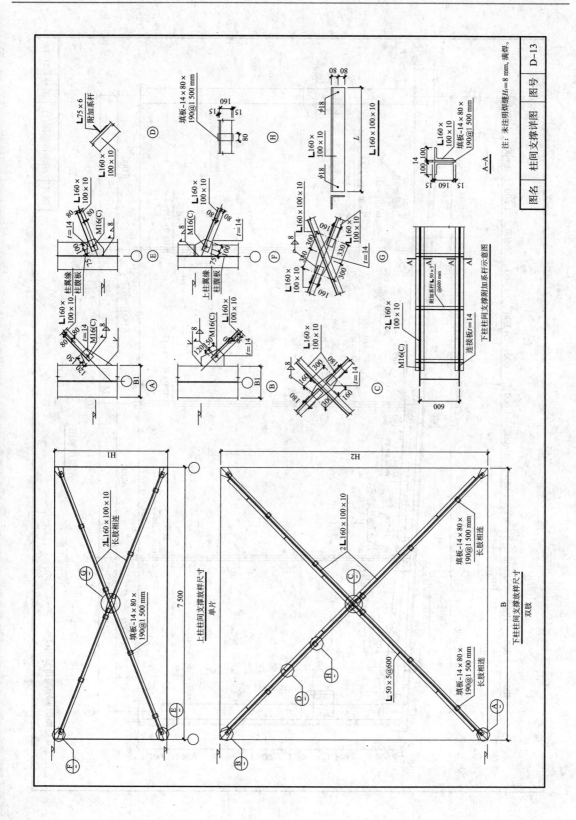

图名　柱间支撑详图　图号　D-13

注：未注明焊缝 $h_f = 8$ mm，满焊。

上柱柱间支撑放样尺寸 单片

下柱柱间支撑放样尺寸 双肢

下柱柱间支撑加系杆示意图

建筑钢结构制作与安装

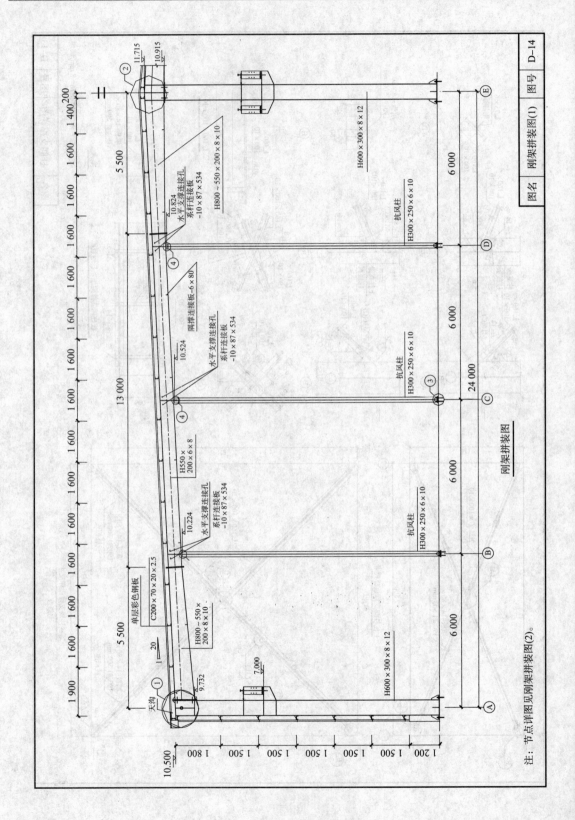

刚架拼装图

注：节点详图见刚架拼装图(2)。

| 图名 | 刚架拼装图(1) | 图号 | D-14 |

288

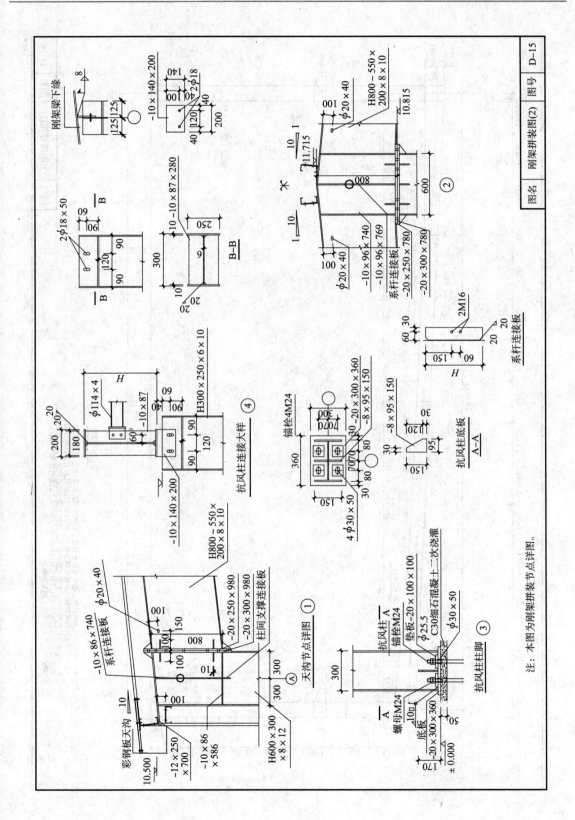

注：本图为刚架拼装节点详图。

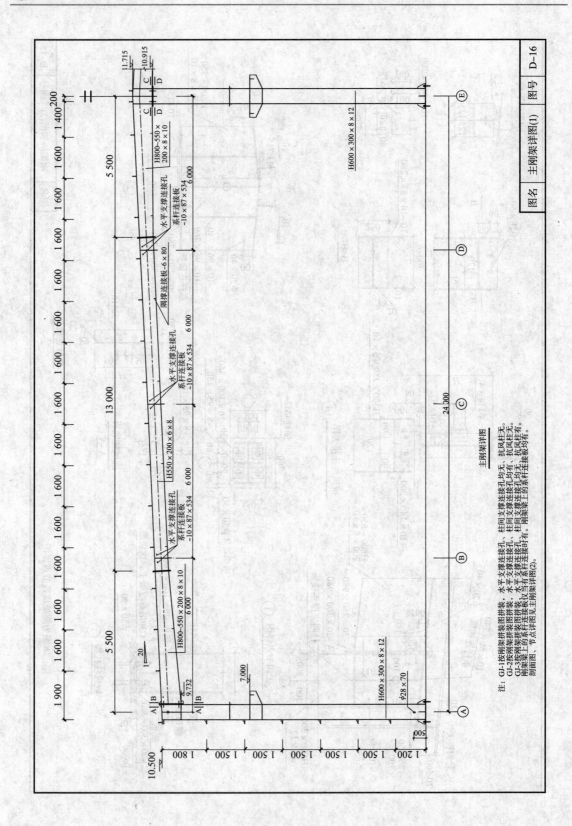

主刚架详图

注：GJ-1按刚架拼装图拼装，水平支撑连接孔、水平支撑连接孔均无，柱间支撑连接孔均无，抗风柱无。
GJ-2按刚架拼装图拼装，水平支撑连接孔、柱间支撑连接孔均有，抗风柱无。
GJ-3按刚架拼装图拼装，水平支撑连接孔均无、柱间支撑连接孔均无，抗风柱有。
刚架梁上的系杆连接板以又有系杆连接时才有。刚架梁上的系杆连接板均有。
剖面图、节点详图见主刚架详图(2)。

| 图名 | 主刚架详图(1) | 图号 | D-16 |
| --- | --- | --- | --- |

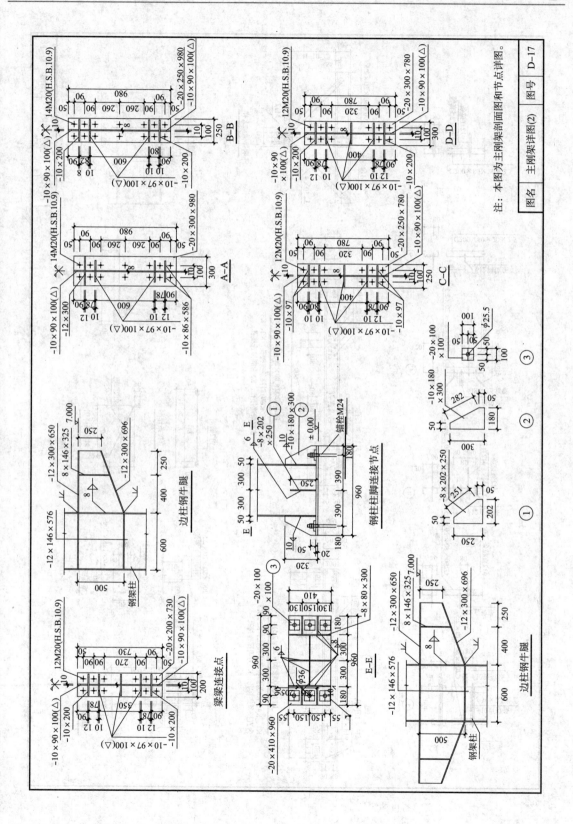

建筑钢结构制作与安装

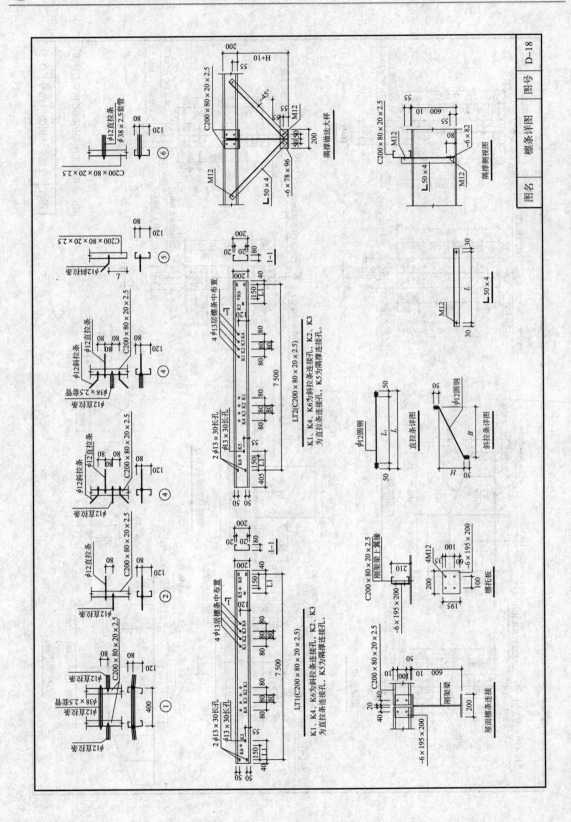

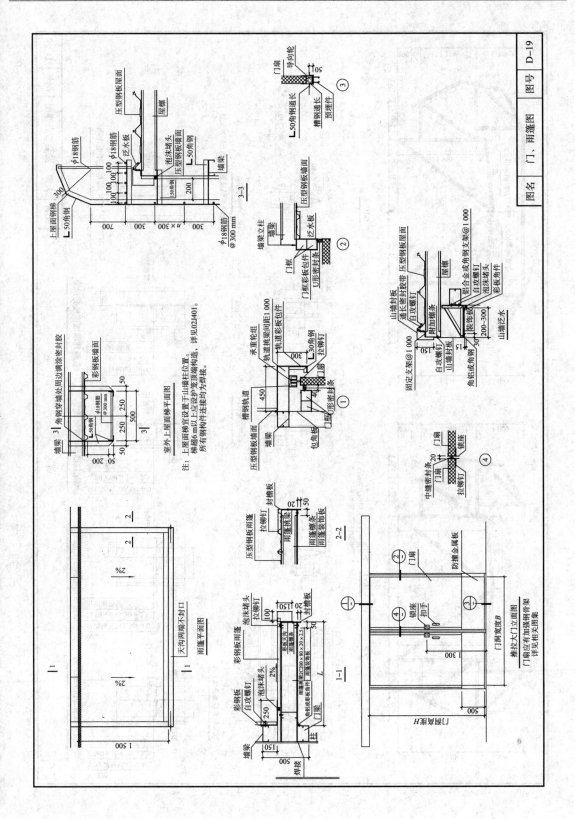

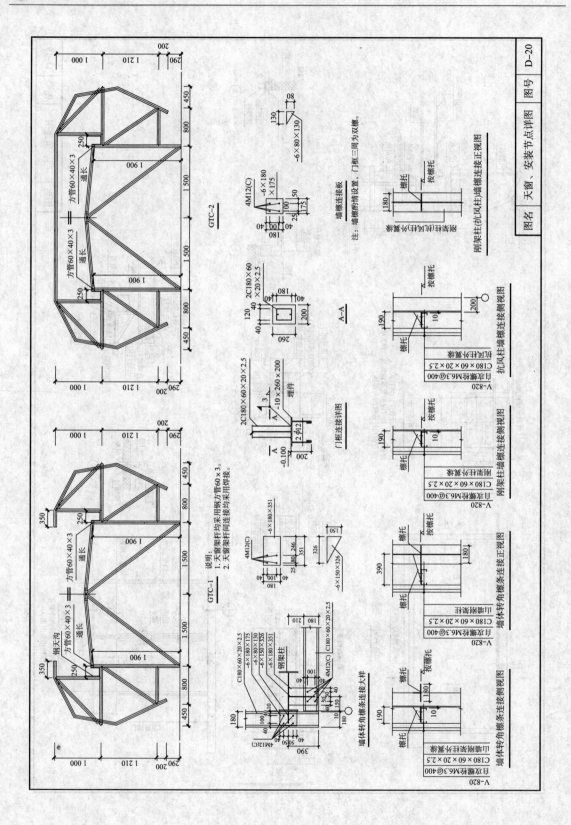

## 【参考文献】

[1] 北京土木建筑学会. 钢结构工程施工技术措施 [M]. 北京：经济科学出版社，2005.

[2] 杜绍堂. 钢结构施工 [M]. 北京：高等教育出版社，2009.

[3] 本书编委会. 钢结构施工员一本通 [M]. 北京：中国建材工业出版社，2009.

[4] 钢结构施工方案范例精选，筑龙网，北京：中国电力出版社，2007.

[5] 陈友泉，魏潮. 门式刚架轻型房屋钢结构设计与施工疑难问题释义 [M]. 北京：中国建筑工业出版社，2009.

[6] 中华人民共和国建设部. GB 50205—2001 钢结构工程施工质量验收规范 [S]. 北京：中国计划出版社，2002.

[7] 谢国昂，王松涛. 钢结构设计深化及详图表达 [M]. 北京：中国建筑工业出版社，2010.

[8] 尹显奇. 钢结构工程施工问答实录 [M]. 北京：机械工业出版社，2009.

[9] 杨文柱. 网架结构制作与施工 [M]. 北京：机械工业出版社，2005.

[10] 孙邦丽. 钢结构工程常见质量问题及处理200例 [M]. 天津：天津大学出版社，2010.

[11] 胡建琴，常自晶. 钢结构施工技术与实训 [M]. 北京：化学工业出版社，2010.

[12] 吴欣之. 现代建筑钢结构安装技术 [M]. 北京：中国电力出版社，2009.

[13] 李星荣. 钢结构工程施工图实例图集 [M]. 北京：机械工业出版社，2006.

[14] 上海市建设工程质量监督总站，上海市工程建设监督研究院. 建筑安装工程质量工程师手册 [M]. 上海：上海科学技术文献出版社，2001.

[15] 中国建筑标准设计研究院. 03G102 钢结构设计制图深度和表示方法 [S]. 北京：中国建筑标准设计研究院出版社，2003.

[16] 中国建筑工程总公司. ZJQ00-SG-005—2003 钢结构工程施工工艺标准 [S]. 北京：中国建筑工业出版社，2005.

[17] 中国钢结构协会. 建筑钢结构施工手册 [M]. 北京：中国计划出版社，2002.

[18] 中国工程建设标准化协会标准. CECS102：2002 门式刚架轻型房屋钢结构技术规程 [S]. 北京：中国计划出版社，2003.

[19] 中华人民共和国行业标准. JGJ 81—2002，J218—2002 建筑钢结构焊接技术规程 [S]. 北京：中国建筑工业出版社，2002.

[20] 中华人民共和国行业标准. JGJ 99—1998 高层民用建筑钢结构技术规程 [S]. 北京：中国建筑工业出版社，1998.

[21] 中华人民共和国行业标准. JGJ 46—2005 施工现场临时用电安全技术规范 [S]. 北京：中国建筑工业出版社，2005.